动态赋能
网络空间防御

Dynamically-enabled
Cyber Defense

杨林 于全 编著

人民邮电出版社
北京

图书在版编目（CIP）数据

动态赋能网络空间防御 / 杨林, 于全编著. -- 北京: 人民邮电出版社, 2018.7（2023.1重印）
国之重器出版工程. 学术中国·院士系列. 未来网络创新技术研究系列
ISBN 978-7-115-48561-8

Ⅰ. ①动… Ⅱ. ①杨… ②于… Ⅲ. ①计算机网络—网络安全 Ⅳ. ①TP393.08

中国版本图书馆CIP数据核字(2018)第102676号

内 容 提 要

本书提出了基于动态赋能的网络空间防御，深入剖析了系统同源同质带来的问题，归纳总结了当前动态化技术发展的基本现状。以整个被防御的信息系统实体层次结构为依托，从自身内部的硬件平台、软件服务、信息数据和外部的网络通信4个方面分别研讨了目前主流的动态化防御技术，探讨其可能的演进路线，梳理与现有安全技术产品的关系，并对这些技术的安全增益、系统综合效率等方面进行宏观分析和讨论。

本书主要面向对动态赋能的网络空间防御感兴趣的电子信息相关专业的研究生和从事网络安全科研工作的学者及工程技术人员，可作为电子信息相关研究生课程的教材，也适合于从事相关研究的科研工作者阅读与参考。

◆ 编　著　杨　林　于　全
责任编辑　代晓丽　刘　琳
责任印制　杨林杰

◆ 人民邮电出版社出版发行　北京市丰台区成寿寺路11号
邮编　100164　电子邮件　315@ptpress.com.cn
网址　http://www.ptpress.com.cn
固安县铭成印刷有限公司印刷

◆ 开本：710×1000　1/16
印张：18.25　　　　　　2018年7月第1版
字数：338千字　　　　　2023年1月河北第4次印刷

定价：128.00元

读者服务热线：(010)81055493　印装质量热线：(010)81055316
反盗版热线：(010)81055315

《国之重器出版工程》
编辑委员会

编辑委员会主任：苗　圩

编辑委员会副主任：刘利华　辛国斌

编辑委员会委员：

冯长辉	梁志峰	高东升	姜子琨	许科敏
陈　因	郑立新	马向晖	高云虎	金　鑫
李　巍	高延敏	何　琼	刁石京	谢少锋
闻　库	韩　夏	赵志国	谢远生	赵永红
韩占武	刘　多	尹丽波	赵　波	卢　山
徐惠彬	赵长禄	周　玉	姚　郁	张　炜
聂　宏	付梦印	季仲华		

专家委员会委员（按姓氏笔画排列）：

于　全	中国工程院院士
王　越	中国科学院院士、中国工程院院士
王小谟	中国工程院院士
王少萍	"长江学者奖励计划"特聘教授
王建民	清华大学软件学院院长
王哲荣	中国工程院院士
尤肖虎	"长江学者奖励计划"特聘教授
邓玉林	国际宇航科学院院士
邓宗全	中国工程院院士
甘晓华	中国工程院院士
叶培建	人民科学家、中国科学院院士
朱英富	中国工程院院士
朵英贤	中国工程院院士
邬贺铨	中国工程院院士
刘大响	中国工程院院士
刘辛军	"长江学者奖励计划"特聘教授
刘怡昕	中国工程院院士
刘韵洁	中国工程院院士
孙逢春	中国工程院院士
苏东林	中国工程院院士
苏彦庆	"长江学者奖励计划"特聘教授
苏哲子	中国工程院院士
李寿平	国际宇航科学院院士

李伯虎	中国工程院院士
李应红	中国科学院院士
李春明	中国兵器工业集团首席专家
李莹辉	国际宇航科学院院士
李得天	国际宇航科学院院士
李新亚	国家制造强国建设战略咨询委员会委员、中国机械工业联合会副会长
杨绍卿	中国工程院院士
杨德森	中国工程院院士
吴伟仁	中国工程院院士
宋爱国	国家杰出青年科学基金获得者
张　彦	电气电子工程师学会会士、英国工程技术学会会士
张宏科	北京交通大学下一代互联网互联设备国家工程实验室主任
陆　军	中国工程院院士
陆建勋	中国工程院院士
陆燕荪	国家制造强国建设战略咨询委员会委员、原机械工业部副部长
陈　谋	国家杰出青年科学基金获得者
陈一坚	中国工程院院士
陈懋章	中国工程院院士
金东寒	中国工程院院士
周立伟	中国工程院院士

郑纬民　中国工程院院士
郑建华　中国科学院院士
屈贤明　国家制造强国建设战略咨询委员会委员、工业和信息化部智能制造专家咨询委员会副主任
项昌乐　中国工程院院士
赵沁平　中国工程院院士
郝　跃　中国科学院院士
柳百成　中国工程院院士
段海滨　"长江学者奖励计划"特聘教授
侯增广　国家杰出青年科学基金获得者
闻雪友　中国工程院院士
姜会林　中国工程院院士
徐德民　中国工程院院士
唐长红　中国工程院院士
黄　维　中国科学院院士
黄卫东　"长江学者奖励计划"特聘教授
黄先祥　中国工程院院士
康　锐　"长江学者奖励计划"特聘教授
董景辰　工业和信息化部智能制造专家咨询委员会委员
焦宗夏　"长江学者奖励计划"特聘教授
谭春林　航天系统开发总师

 前　言

互联网是 20 世纪人类最伟大的技术发明之一。自诞生以来，历经半个世纪的发展，互联网已成为驱动全球经济社会发展的重要基础设施，深刻地改变了人们的生产、生活方式。然而，利益与风险总是并存，网络攻击像梦魇一样伴随着信息化的过程，如影随形，无法摆脱，网络安全已成为影响人类社会发展的全球性问题。

漏洞是网络攻防活动能够发生的前提，是网络不安全的根源，是攻防双方争夺的战略资源。信息系统是由人设计和实现出来的，人的天生惰性和认知局限性，导致漏洞无法避免，随着系统复杂性的增大，漏洞问题将更加严重。在网络攻防活动中，攻方发现漏洞、利用漏洞；防方发现漏洞、修补漏洞，降低漏洞被利用的机会。但是在漏洞面前，攻防双方是不平等的。攻方掌握了一个未公开漏洞，就可能长驱直入，直捣黄龙；防方掌握了再多的漏洞，也不敢高枕无忧。随着攻方掌握分析系统的时间越长，发现的漏洞将越来越多，系统也将越来越危险。因此，攻防双方存在严重的不对称性，小攻大防、一点攻全局防。

APT(Advanced Persistent Threat, 高级持续性威胁) 是网络安全的心腹大患。Advanced 是指高级的、先进的、大投入的，强调有背景的组织行为、国家行为。Persistent 是指长期的、持续的，因此也是最为可怕的。敌手在长期地、持续地盯着你、研究你、分析你，攻方有可能比我们自己还要了解被保护的系统。攻方持续不断地发现问题，持续不断地研发出对付你的武器。我们有没有像攻方那样研究过自己的系统，持续不断地关注被保护的系统有什么安全漏洞？我们在持续不断地发展信息化，持续不断地上新项目，持续不断地建新系统，却未能持续不断地关注这些信息系统的安全。敌手在持续不断地发现问题，我们却在持续不断地积累问题。

从安全的视角看，信息系统建设还存在诸多问题。很多系统还在解决功能的有

无,无暇顾及系统自身有什么安全漏洞,更谈不上安全漏洞的监督检查,没有意识,也没有精力去关注漏洞和安全,更不会持续地关注安全。在信息系统建设过程中,人们习惯将安全体系建设等同于一般的系统建设,将安全体系构建理解为安全产品的静态堆砌,"连通即好"竟然经常成为安全就绪的标志。信息系统开通有个状态固化的过程,状态一旦固化,能力则随之固化。信息系统强调"三互",即互联、互通、互操作,要求技术体制统一,在工程实践中则往往是以有形产品代无形体制,用同样的产品统一体制,这样的体制一经统一,能力随之统一。信息系统架构的静态性、相似性和确定性,以及信息产品的"同源、同构、同制",给攻方刺探网络特性、掌握系统漏洞、实施攻击渗透提供了极大便利,导致信息系统始终处于被动挨打的局面,单个攻击手段一旦对局部生效,往往便能很快扩散开来,对全网造成大面积影响,一破百破,一瘫百瘫。

基于先验知识和精确识别的传统防护手段,难以应对未知漏洞和未知攻击威胁;基于静态性、相似性、确定性构建的信息系统,难以应对动态的、专业的、持续的高强度攻击。漏洞是安全问题的根源,但挖漏洞、堵漏洞却不可能成为解决安全问题的根本。挖漏洞竞赛,对防方和攻方而言,胜败游戏规则本就不平等,防方挖得再多,堵得再好,也挡不住攻方哪怕是一次防方未知的漏洞攻击。防方要想摆脱这种被动局面,就必须改变这种不平等的游戏规则,从防方跟着攻方走,改为攻方跟着防方走。网络空间动态防御是形成易守难攻不对称防御能力的很好途径。

在军事领域,动态防御的思想可谓源远流长。《孙子兵法》云:"兵者,诡道也"。意思是用兵之道,在于千变万化,出其不意。动态目标防御(Moving Target Defense)就是将"变"的思想运用于网络空间防御,其创新性在于一反常态,由阵地保卫战改为运动战或游击战。在部署、运行信息系统时,通过有效降低信息系统的确定性、相似性和静态性,增加其随机性,降低其可预见性,从而构建持续变化、不相似、不确定的信息系统,让信息系统对外呈现不可预测的变化状态,攻击者难以有足够时间发现或利用信息系统的安全漏洞,更不容其持续探测、反复攻击,从而大大提高了攻击的难度和代价。显然,这是防护策略的大转变和游戏规则的大变革,改变了网络易攻难守的不对称局面。

本书在动态目标防御基础上,提出动态赋能网络空间防御这一概念,将"变"的思想全面应用于网络空间各个环节,用体系化的动态防御思路颠覆传统的防护思路,对信息系统全生命周期全面贯彻动态安全理念,即要求信息系统在研制、部署、运行等各个阶段,不仅要完成其自身功能,而且要在硬件平台、软件服务、信息数据、网络通信等各层次上都能变换其与安全相关的特征属性。这种变换涉及时间和空间两个维度,可能是某个属性单独变换,也可能是多个属性同时变换。通过这些变换,增强信息系统内生安全性。另外,这种动态赋能思想指导下的防御体系,不仅是在前台实施防护，还要集约调度聚集在后台的专业资源和专业力量，将新的安全能力源源不断地向前台动态输出，提供全局赋能的新活力。从体系角度看，动态赋能就是要将静态设防的死装备，变成动态赋能的活体系，形成前台防护、后台赋能的动态主动网络空间防御体系。

动态赋能网络空间防御是对网络空间安全防御技术和体系的一种探索，是将安全能力作为信息系统自身标准属性的一种设想。未来的网络空间防御体系一定是在动态赋能思想指导下的安全体系。因此，各类系统动态化、随机化的技术、方法及其与现有防护手段的关系、贡献、兼容、演进问题，对下一代防护产品甚至信息产品带来的挑战和问题，都是本书关注的问题。

目前，围绕动态防御的相关理论研究已取得一些进展，一些关键技术的发展也使动态防御的工程应用成为可能。由于动态赋能防御研究涉及面广、难度大，目前的研究成果还较为零散、系统性不强。为了便于读者更为系统地理解动态赋能防御所涉及的技术，本书归纳总结了当前动态防御技术发展的基本现状，提出了动态赋能防御的体系架构，以信息系统的实体层次结构为依托，从系统平台、软件服务、信息数据和网络通信 4 个方面分别研讨了动态防御技术，探讨其可能的演进路线，梳理与现有安全技术的关系，并对动态赋能防御的安全增益、系统综合效率等方面进行了分析和讨论。本书期望将动态赋能网络空间防御的相关思想、技术和成果呈现给读者，将先进的理念、技术和方法落到实处，为以能力为导向的网络空间安全提供支撑，也为未来具有内生安全能力的信息系统结构设计与软/硬件产品开发提供参考。

希望本书的出版有助于我国网络空间安全领域相关研究人员准确把握网络空间安全的技术发展方向，为下一代 IT 基础设施的发展提供思路；有助于推动未来网络空间主动防御体系的构建，让安全不再是信息系统发展的障碍，让安全成为信息系统发展的内生能力。

由于动态赋能网络空间防御涉及面广、技术难度大且尚不够成熟，虽然我们付出了很大努力，书中仍可能存在疏漏。不当之处，敬请读者批评指正。

作　者

目　录

第 1 章　绪论 ……………………………………………………………… 001

  1.1　信息化时代的发展与危机 ………………………………………… 002
      1.1.1　信息化的蓬勃发展 …………………………………………… 002
      1.1.2　信息化的美好体验 …………………………………………… 003
      1.1.3　信息化带来的危机 …………………………………………… 005
  1.2　无所不能的网络攻击 ………………………………………………… 010
      1.2.1　网络犯罪 ……………………………………………………… 010
      1.2.2　APT …………………………………………………………… 011
  1.3　无法避免的安全漏洞 ………………………………………………… 015
      1.3.1　层出不穷的 0day 漏洞 ……………………………………… 015
      1.3.2　大牌厂商产品的不安全性 …………………………………… 016
      1.3.3　SDL 无法根除漏洞 …………………………………………… 020
      1.3.4　安全厂商防御的被动性 ……………………………………… 021
  1.4　先敌变化的动态赋能 ………………………………………………… 024
      1.4.1　兵法中的因敌变化 …………………………………………… 025
      1.4.2　不可预测性原则 ……………………………………………… 029
      1.4.3　动态赋能的网络空间防御思想 ……………………………… 031

第 2 章　动态赋能防御概述 ……………………………………………… 033

  2.1　动态赋能的网络空间防御概述 ……………………………………… 034
      2.1.1　网络空间防御的基本现状 …………………………………… 034

　　2.1.2　网络空间动态防御技术的研究现状 ·············· 036
　　2.1.3　动态赋能网络空间防御的定义 ·············· 037
　　2.1.4　动态赋能网络空间防御体系架构 ·············· 039
2.2　动态赋能防御技术 ·············· 040
　　2.2.1　动态赋能架构技术 ·············· 042
　　2.2.2　软件动态防御技术 ·············· 044
　　2.2.3　网络动态防御技术 ·············· 047
　　2.2.4　平台动态防御技术 ·············· 049
　　2.2.5　数据动态防御技术 ·············· 050
　　2.2.6　动态赋能防御效能评估与智能决策技术 ·············· 051
　　2.2.7　动态赋能防御技术的本质——时空动态化 ·············· 054
2.3　动态赋能与赛博杀伤链 ·············· 055
　　2.3.1　软件动态防御与杀伤链 ·············· 056
　　2.3.2　网络动态防御与杀伤链 ·············· 056
　　2.3.3　平台动态防御与杀伤链 ·············· 057
　　2.3.4　数据动态防御与杀伤链 ·············· 058
2.4　动态赋能与动态攻击面 ·············· 058
　　2.4.1　攻击面 ·············· 058
　　2.4.2　攻击面度量 ·············· 060
　　2.4.3　动态攻击面 ·············· 061
2.5　本章小结 ·············· 065
参考文献 ·············· 065

第 3 章　软件动态防御 ·············· 071

3.1　引言 ·············· 072
3.2　地址空间布局随机化技术 ·············· 073
　　3.2.1　基本情况 ·············· 073
　　3.2.2　缓冲区溢出攻击技术 ·············· 075
　　3.2.3　栈空间布局随机化 ·············· 079
　　3.2.4　堆空间布局随机化 ·············· 082
　　3.2.5　动态链接库地址空间随机化 ·············· 083
　　3.2.6　PEB/TEB 地址空间随机化 ·············· 085
　　3.2.7　基本效能与存在的不足 ·············· 087
3.3　指令集随机化技术 ·············· 088

    3.3.1 基本情况 ……………………………………………………… 088
    3.3.2 编译型语言 ISR ………………………………………………… 089
    3.3.3 解释型语言 ISR ………………………………………………… 093
    3.3.4 基本效能与存在的不足 ………………………………………… 098
  3.4 就地代码随机化技术 …………………………………………………… 098
    3.4.1 基本情况 ……………………………………………………… 098
    3.4.2 ROP 工作机理 …………………………………………………… 099
    3.4.3 原子指令替换技术 ……………………………………………… 103
    3.4.4 内部基本块重新排序 …………………………………………… 103
    3.4.5 基本效能与存在的不足 ………………………………………… 105
  3.5 软件多态化技术 ………………………………………………………… 106
    3.5.1 基本情况 ……………………………………………………… 106
    3.5.2 支持多阶段插桩的可扩展编译器 ……………………………… 107
    3.5.3 程序分段和函数重排技术 ……………………………………… 108
    3.5.4 指令填充随机化技术 …………………………………………… 108
    3.5.5 寄存器随机化 ………………………………………………… 110
    3.5.6 反向堆栈 ……………………………………………………… 110
    3.5.7 基本效能与存在的不足 ………………………………………… 111
  3.6 多变体执行技术 ………………………………………………………… 111
    3.6.1 基本情况 ……………………………………………………… 111
    3.6.2 技术原理 ……………………………………………………… 112
    3.6.3 基本效能与存在的不足 ………………………………………… 115
  3.7 本章小结 ………………………………………………………………… 116
  参考文献 ……………………………………………………………………… 117

第 4 章　网络动态防御 ………………………………………………………… 123

  4.1 引言 ……………………………………………………………………… 124
  4.2 动态网络地址转换技术 ………………………………………………… 127
    4.2.1 基本情况 ……………………………………………………… 127
    4.2.2 DyNAT 的技术原理 ……………………………………………… 128
    4.2.3 DyNAT 的工作示例 ……………………………………………… 132
    4.2.4 IPv6 地址转换技术 ……………………………………………… 134
    4.2.5 基本效能与存在的不足 ………………………………………… 136
  4.3 基于 DHCP 的网络地址空间随机化分配技术 ………………………… 138

　　4.3.1　基本情况 …………………………………………………… 138
　　4.3.2　网络蠕虫的传播原理 ………………………………………… 138
　　4.3.3　网络地址空间随机化抽象模型 ……………………………… 139
　　4.3.4　系统原理和部署实施 ………………………………………… 140
　　4.3.5　基本效能与存在的不足 ……………………………………… 142
4.4　基于同步的端信息跳变防护技术 …………………………………… 143
　　4.4.1　基本情况 …………………………………………………… 143
　　4.4.2　DoS 攻击原理 ………………………………………………… 144
　　4.4.3　端信息跳变的技术原理 ……………………………………… 145
　　4.4.4　端信息跳变核心技术 ………………………………………… 147
　　4.4.5　基本效能与存在的不足 ……………………………………… 150
4.5　针对 DDoS 攻击的覆盖网络防护技术 ……………………………… 151
　　4.5.1　基本情况 …………………………………………………… 151
　　4.5.2　覆盖网络的体系结构 ………………………………………… 152
　　4.5.3　DDoS 攻击原理 ……………………………………………… 152
　　4.5.4　DynaBone 技术原理 ………………………………………… 153
　　4.5.5　DynaBone 的安全策略 ……………………………………… 156
　　4.5.6　基本效能与存在的不足 ……………………………………… 157
4.6　本章小结 ……………………………………………………………… 158
参考文献 ……………………………………………………………………… 159

第 5 章　平台动态防御

5.1　引言 …………………………………………………………………… 164
5.2　基于可重构计算的平台动态化 ……………………………………… 165
　　5.2.1　基本情况 …………………………………………………… 166
　　5.2.2　技术原理 …………………………………………………… 166
　　5.2.3　基本效能与存在的不足 ……………………………………… 176
5.3　基于异构平台的应用热迁移 ………………………………………… 176
　　5.3.1　基本情况 …………………………………………………… 177
　　5.3.2　技术原理 …………………………………………………… 177
　　5.3.3　基本效能与存在的不足 ……………………………………… 185
5.4　Web 服务动态多样化 ………………………………………………… 185
　　5.4.1　基本情况 …………………………………………………… 185
　　5.4.2　技术原理 …………………………………………………… 186

            5.4.3 基本效能与存在的不足 ·· 189
    5.5 基于入侵容忍的平台动态化 ··· 190
            5.5.1 基本情况 ··· 190
            5.5.2 技术原理 ··· 191
            5.5.3 基本效能与存在的不足 ·· 197
    5.6 本章小结 ·· 197
    参考文献 ·· 199

第6章 数据动态防御 ·· 203

    6.1 引言 ·· 204
    6.2 数据随机化 ··· 206
            6.2.1 基本情况 ··· 206
            6.2.2 技术原理 ··· 207
            6.2.3 基本效能与存在的不足 ·· 210
    6.3 N变体数据多样化 ··· 211
            6.3.1 基本情况 ··· 211
            6.3.2 技术原理 ··· 211
            6.3.3 基本效能与存在的不足 ·· 216
    6.4 面向容错的N-Copy数据多样化 ··· 217
            6.4.1 基本情况 ··· 217
            6.4.2 技术原理 ··· 218
            6.4.3 基本效能与存在的不足 ·· 220
    6.5 应对Web应用安全的数据多样化 ······································· 221
            6.5.1 基本情况 ··· 221
            6.5.2 技术原理 ··· 222
            6.5.3 基本效能与存在的不足 ·· 226
    6.6 本章小结 ·· 226
    参考文献 ·· 227

第7章 动态赋能防御效能评估 ·· 231

    7.1 引言 ·· 232
    7.2 动态赋能防御效能整体评估 ··· 234
            7.2.1 层次分析法 ··· 234
            7.2.2 模糊综合评估 ·· 236

　　　　7.2.3　马尔可夫链评估 ·· 238
　　　　7.2.4　综合评估算例 ·· 239
　7.3　基于漏洞分析的动态赋能防御效能评估 ···························· 245
　　　　7.3.1　漏洞评估思想 ·· 245
　　　　7.3.2　漏洞分析方法 ·· 245
　　　　7.3.3　漏洞分类方法 ·· 247
　　　　7.3.4　漏洞分级方法 ·· 249
　7.4　基于攻击面度量的动态赋能防御效能评估 ························· 256
　　　　7.4.1　基于随机 Petri 网的攻击面度量方法 ······················· 257
　　　　7.4.2　基于马尔可夫链的攻击面度量方法 ························· 260
　7.5　动态赋能防御与系统可用性评估 ·································· 266
　　　　7.5.1　博弈论方法 ·· 267
　　　　7.5.2　对系统开发、部署、运维的影响 ····························· 270
　7.6　本章小结 ··· 271
　参考文献 ·· 273

名词索引 ·· 275

第 1 章
绪论

网络将人类从工业时代带进了信息时代,在短短几十年里,就彻底改变了人类社会的面貌和人们的生产生活方式。无数新生的信息产品给个人的工作生活带来了新奇而美好的体验,但也存在巨大的隐患和风险。网络攻击所导致的安全风险与安全威胁,像梦魇一样伴随着信息化的进程无法摆脱。在实践当中,人们逐渐认识到漏洞是安全问题的本源,其客观存在性以及现有防护的被动性使网络攻防具有易攻难守的不对称态势。为此,本书提出了动态赋能的理念,将中国传统文化中"变"的思想进行系统化、体系化的应用,设计动态变化的技术机理和体系,以期彻底改变安全防护工作长期以来的被动局面。

1.1 信息化时代的发展与危机

互联网技术自问世以来，先是被用在军事、教育和科研部门，后来迅速向政治、经济、社会和文化等各个领域渗透。网络把人类从工业时代带进了信息时代，其速度之快，出乎人们的预料。在短短几十年里，网络已彻底改变人类社会的面貌和人们的生产生活方式。

1.1.1 信息化的蓬勃发展

当前，信息技术发展的总趋势是以互联网技术的发展和应用为中心，从典型的技术驱动发展模式向技术驱动与应用驱动相结合的模式转变。一方面，家用电器和个人移动终端都向网络终端设备的方向发展，形成了网络终端设备的多样化和个性化，逐步改变了曾经计算机网络一统天下的局面；另一方面，电子政务、远程教育、电子商务等技术日趋成熟，互联网对个人生活方式的影响逐步深化，从基于信息获取和沟通娱乐需求的个性化应用，发展到与医疗、教育、交通等公用服务深度融合的民生服务。与此同时，随着"互联网＋"行动计划的出台，互联网将带动传统产业的变革和创新。未来，在物联网、云计算、大数据等技术应用的带动下，互联网将加速农业、现代制造业和生产服务业的转型升级，形成以互联网为基础设施和实现工具的经济发展新形态。

今天，中国已成为网络大国。仅以互联网为例，自1994年互联网正式引入我国以来，在短短20多年时间里，我国互联网迅速发展，普及率已超过世界平均水平，互联网已成为我国重要的社会基础设施。据中国互联网络信息中心（CNNIC）统计数据，截至2017年12月，我国网民规模达7.72亿，手机网民规模达7.53亿，.CN域名总数为2 085万，网站总数为553万。统计显示，各种网络应用十分活跃，网民的人均周上网时长达27小时，搜索引擎用户规模达6.40亿，网络新闻用户规模达5.55亿，网络购物用户规模达5.33亿，使用网上支付的用户规模达5.31亿，使用过网上预订机票、火车票、酒店或旅游度假产品的网民规模达3.76亿，互联网理财网民规模达1.29亿，即时通信用户的规模达7.20亿。

移动互联网发展迅速，手机网民规模继续保持增长，网民上网设备逐渐向手机端集中。随着手机终端的大屏化和手机应用体验的不断提升，手机作为网民主要上网终端的趋势进一步明显。移动商务类应用发展迅速，助力消费驱动型经济发展。移动互联网技术的发展和智能手机的普及，促使网民的消费行为逐渐向移动终端迁移和渗透。由于移动终端即时、便捷的特性更好地契合了网民的商务类消费需求，伴随着手机网民规模的快速增长，移动商务类应用成为拉动网络经济增长的新引擎。

物联网概念更加深入人心，物联网正成为经济社会绿色、智能、可持续发展的关键基础和重要引擎。物联网应用仍处于发展初期，物联网在行业领域的应用逐步广泛深入，在公共市场的应用开始显现，M2M(Machine to Machine，机器对机器)通信、车联网、智能电网是近两年全球发展较快的重点应用领域。M2M是率先形成完整产业链和内在驱动力的应用，车联网是市场化潜力最大的应用领域之一，全球智能电网应用逐步进入发展高峰期。不远的将来，我们还将从今天的物联网（Internet of Things, IOT）时代步入万物互联（Internet of Everything, IoE）的时代，所有的东西将会获得语境感知、增强的处理能力和更好的感应能力，创造出无限可能。

1.1.2　信息化的美好体验

信息技术发展不断带来各种惊喜。在信息时代的今天，无数新生的信息产品就像竞相绽放的花蕊，给人无限美好的感觉，给个人工作生活的方方面面带来方便、快捷、丰富或时尚的体验。

网购让你足不出户买到满意商品。还有什么东西不能在网上买到吗？恐怕已经很少了。现在，当你乔迁新居后，只需要通过电脑或手机，进入一家

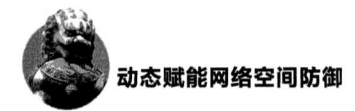
动态赋能网络空间防御

电商的主页,根据自己的需要搜索到心仪的电器,下单即可,剩下的就是在家等着收货,电商会派人上门安装调试,而几年前,你可能还要揣着大把现金跑到一个较远的电器城,挨家比较各种电器的性能和价格,选定电器后自己找车运回家。

微信让沟通变成零距离。不知何时,你已经不再使用QQ和亲戚朋友联系了,你习惯了微信,随时有感而发,发个朋友圈,随时看到好友发的各种信息。突然有一天,微信里面蹦出一个群,里面有好多熟悉的名字,都是毕业多年未联系的大学同学,这些同学们分布在世界各地,但是从同学群建立的那一刻起,你们之间的距离变成在手机屏幕上点几下的距离。有一天下班回家,你发现年迈的母亲也学会了玩微信,她捧着平板电脑,兴奋地和远方的亲戚视频聊天,在随后的几天,她把好久不联系的亲戚朋友都挨个联系了一遍。

打车软件让你出行更方便。因为待在一个像北京这样的超大型城市你摇不上号而无法买车,打车也不太好打,于是滴滴打车、快的打车出现了,它能迅速通知到周围几百台出租车,很快有司机和你联系,一分钟之后,一辆的士来到你跟前。

互联网金融助力理财、创业。过去两年,阿里巴巴、百度、腾讯等互联网企业纷纷推出金融服务和产品,在支付、借贷、汇兑、理财等传统金融领域攻城略地,种种迹象表明,互联网正加速向金融领域进军。事实上,互联网金融正从单纯的支付业务向转账汇款、跨境结算、小额信贷、现金管理、资产管理、供应链金融等传统金融业务领域渗透。以小额信贷为例,数据显示,中国电商小贷累计贷款2013年已有2 300亿元。可以预期,未来将有更多涉及小微企业的贷款业务将依托阿里小贷这样的电商平台完成。

小小的手环给你带来健康的生活方式。手环可以记录你的睡眠、运动等数据,让你随时掌握自己身体状况,成为健康小秘书。你可以给自己设定目标,比如,每天行走8 000步,你可以设置提醒,保证每天都能达到目标。手环会做专业统计,告诉你在哪个时间段,你行走了多少千米,消耗了多少千卡热量,估算所消耗能量相当于一瓶可乐或者一个煎蛋,成为减肥者的福音。手环会将你的运动数据与云端其他用户作比较,告诉你的步数超过百分之多少的其他用户。手环还会告诉你昨晚你睡了几个小时,深睡几个小时,让你有数据来评价自己的睡眠质量。

你会因为出行没有买到火车票而烦恼,却不能一直在电脑前守着等待有人退票,于是"抢票"软件出现了,输入你要的车次,它会替你完成"抢票"工作。

当你的小孩到了上学年龄,你因为他即将离开你的视线而放心不下时,儿童手表出现了,通过定位,你随时可以知道他在哪里,他有需要时也可以和你通话。

诸如此类的惊喜还可以列举很长一段。上面这些可能还只是开始，今后还会有更多的惊喜出现。

1.1.3 信息化带来的危机

互联网既是"机会之窗"，给人们带来诸多便利和好处，又是"易受攻击之窗"，存在巨大的隐患风险。社会对互联网的依赖性越强，网络信息的安全就越重要，网络攻击带来的威胁就越严重。随着互联网向社会各行各业的渗透，绝大多数国家的通信、电力、金融业、运输系统等网络都已经连成一体，形成一个巨大的网络，给各国带来巨大的安全风险。网络没有边界，但对于一个主权国家而言，保护关系国计民生的重要国家关键基础设施和民用网络是巨大的挑战。世界上几乎所有国家一致认为，目前网络空间非常脆弱，漏洞百出，网络安全令人担忧。

信息化的迅猛发展必然带来诸多网络安全威胁等伴生性问题，我国也不例外。我国基础网络仍存在较多漏洞风险，云服务日益成为网络攻击的重点目标。域名系统面临严峻的拒绝服务攻击，针对重要网站的域名解析篡改攻击频发。网络攻击威胁日益向工业互联网领域渗透，已发现我国部分地址感染专门针对工业控制系统的恶意程序事件。分布式反射型的拒绝服务攻击日趋频繁，大量伪造攻击数据分组来自境外网络。针对重要信息系统、基础应用和通用软/硬件漏洞的攻击利用活跃，漏洞风险向传统领域、智能终端领域泛化演进。网站数据和个人信息泄露现象依然严重，移动应用程序成为数据泄露的新主体。移动恶意程序不断发展演化，环境治理仍然面临挑战。

用于各种新设施的建成、新技术的应用、新产品的涌现，人们在享受便利和好处的同时，也无法忽略头顶上的朵朵乌云，如果不采取有效的措施，将造成各种各样不可预料的严重后果。

（1）工控系统威胁：置国家于危险之中

工控系统现在已经普通应用于几乎所有的工业领域和关键基础设施中，涉及的方面广泛。因此，工控系统的安全问题对国民经济的正常运转和国家的安全构成重大威胁。2010年出现的震网（Stuxnet）病毒，其攻击目标直指西门子公司的 SIMATIC WinCC 系统，这是一种运行与 Windows 平台的监控和数据采集（Supervisory Control and Data Acquisition，SCADA）系统，被广泛应用于钢铁、汽车、电力、运输、水利、化工、石油等工业系统。Stuxnet 能够控制物理系统参数，使用 PLC Rootkit 修改控制系统参数并隐藏 PLC 变动,从而对真实物理设备和系统造成物理损害。伊朗政府后来确认其第一座核电站——布什尔核电站遭到 Stuxnet 蠕虫的攻击,造成 1/5 的离心机报废。

(2)云计算平台:数据安全隐忧

云平台技术的深入发展及其对服务模式的重构,使服务无处不在。云平台服务是一种混合的服务模式,这种特征既可能引入传统的威胁,又会带来新的威胁。而云平台与传统系统平台的部署模式不同,使其更容易受到威胁,例如,2011 年 Sony(索尼)公司的 PlayStation 网络和 Sony 在线娱乐遭受一系列攻击,造成在线游戏云平台网络瘫痪,并使用户账户的数据安全受到威胁。

(3)移动智能终端:知道危险却离不开

现在移动智能终端已伴随几乎每个用户的日常生活,这些设备除了可以通过基站或无线网络连接互联网,还可以打电话、发短信、彩信、拍照、录音、导航、定位、蓝牙传输以及近场通信(Near Field Communication,NFC)。丰富的各种功能在提升终端适用性的同时,也引入了更多形态的漏洞。以短信为例,2012 年,法国黑客 pod2g 发现了存在于苹果智能手机(iPhone)所有版本中的短信欺骗漏洞,利用该漏洞,任何人都可以伪造号码向任何 iPhone 用户发送短信,并将受害者的回复短信引导至伪造号码。2015 年 7 月,以色列 Zimperium 移动安全公司研究人员 Joshua Drake 发现 Android 系统核心组件 Stagefright 框架存在允许黑客执行远程恶意程序的严重安全漏洞,一旦用户接收并打开一条彩信,通过浏览器下载特定视频文件或者打开嵌入多媒体内容的网页,黑客就能入侵手机。该漏洞俨然成为 Android 系统最危险的漏洞,影响 95% 的 Android 用户。

以智能手机为代表的移动智能终端携带了许多高价值的用户信息。因此,用户数的迅速增加吸引了许多厂商,包括恶意程序开发者的关注,以搜集用户信息尤其是其隐私信息为主要目的的程序不断涌现。

(4)智能手环:没开包就被强制控制

作为一款兴起没多久的高科技可穿戴智能设备,智能手环的普及率已经相当高。目前市场上的手环品牌也是五花八门,用户可选择的产品非常多,如图 1-1 所示。手环一般都会事无巨细地记录用户的信息。很多用户一出门就会戴上他们的智能产品,黑客一旦侵入,就能轻易地得知用户的住址、工作甚至喜欢的餐厅。央视节目中有过演示,使用一款软件强制与一个尚未开封使用的新手环配对,即可让手环在包装盒里执行动作。一位技术人员戴着智能手环在一个房间内活动,另一名技术人员在其他房间内破解手环,如图 1-2 所示。电脑画面中显示,佩戴手环者的一举一动均可以被实时监测,并以圆点抖动的形式展现。根据圆点抖动幅度,破解者甚至可以判断佩戴者的运动行为。

图 1-1 五花八门的智能手环产品

图 1-2 通过智能手环监控用户

互联网安全专家林伟解释："在 ATM 机上取款，攻击者可以根据手环运动定位，分析还原你输入的是什么密码，甚至完整还原你的生活作息习惯，包括你什么时候睡得比较沉，这时小偷入室盗窃，你可能完全没有防备。"

（5）闪付卡：轻轻一划个人隐私全泄露

闪付（Quick Pass）代表银联的非接触式支付产品及应用，具备小额快速支付的特征。用户选购商品或服务，确认相应金额，使用具备闪付功能的银行卡支付。在具备银联闪付的非接触支付终端上，轻松一挥便可快速完成支付。除了银行卡外，部分移动终端，如智能手机，也支持闪付功能。具有银联认证的闪付移动产品包括三星、HTC 等手机品牌的部分型号。闪付利用了 NFC 技术，NFC 是一种近距离的高频无线通信技术，该技术可以在 10 cm 的距离内实现电子身份的识别或者数据的传输。在央视节目攻击演示中，技术人员把带有闪付功能的银行卡装入钱包并放入裤袋，另一技术人员用智能手机在其裤袋旁轻轻一划，立刻就读取了包括银行卡号、刷卡信息、持卡人姓名身份证号、近期交易记录在内的多项个人信息，如图 1-3 所示。闪付卡安全防护不足会导致用户大量隐私泄露。

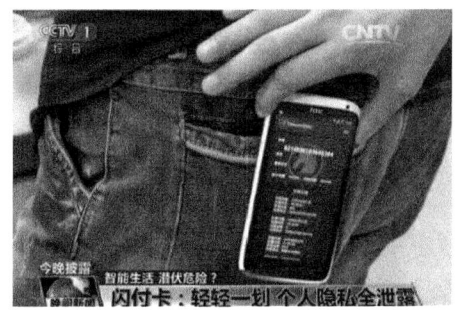
图 1-3 闪付卡泄露个人信息

现在请拿出你的钱包，看看你的银行卡右侧有没有闪付标识，如果有的话，你得小心了。

（6）特斯拉：粉丝多不代表安全

智能交通系统是未来交通系统的发展方向，带来更加高效、快捷的体验。智能车辆是智能交通的重要组成部分，它是一个集环境感知、规划决策、多等级辅助驾驶等功能于一体的综合系统。电动汽车特斯拉（Tesla）被称为是汽车行业的"苹果"，如图1-4所示。不少IT互联网科技企业的大佬都是特斯拉的粉丝，例如Google的创始人拉里·佩奇。2014年7月，360称特斯拉汽车应用程序存在设计缺陷，可致使攻击者远程操控车辆，实现车辆开锁、鸣笛、闪灯以及车辆行驶中开启天窗等操作。对于360指出的漏洞，特斯拉方面作出回应称，愿意与安全研究人员合作，应对与修复该漏洞。2015年8月，在DEF CON 23数字安全会议上，如图1-5所示，安全专家Kevin Mahaffey和Marc Rogers演示了通过Model S存在的缺陷打开车门、启动并成功将车开走，此外，还能向Model S发送"自杀"命令，在车辆正常行驶过程中突然关闭系统引擎让车辆停下来。

图1-4 电动汽车特斯拉　　图1-5 安全专家演示破解特斯拉

（7）医疗设备：也能要了你的命

目前，很多医疗系统使用物联网设备实现医生计算机对患者随身携带的治疗设备的控制，一旦这种连接被攻击者利用，很容易给患者的身体造成巨大的损伤。2011年12月，Macfee公司安全研究人员Barnaby Jack在当年的黑帽大会迪拜分会上公布了存在于胰岛素泵中的漏洞。胰岛素泵是一种植入人体用于给糖尿病患者定时注射胰岛素的设备，该类设备使用无线网络进行通信。该漏洞使攻击者可以操控胰岛素泵的注射剂量，如果一次注射大剂量胰岛素可能导致患者陷入昏迷。2012年，Barnaby Jack宣布可以让多家厂商生产的心脏起搏器停止工作，只需十几米之外的一台笔记本电脑，就能让心脏起搏器放出830 V的电压，足以将人致死。

（8）智能家居：将财产安全交给未知

智能家居系统一般支持通过移动智能终端（如智能手机、平板电脑等）远程控制家居运行。因此,移动终端的安全隐患可能引起连锁反应,导致严重后果。图 1-6 是智能家居示意,其中,家庭网络最容易被攻击且危害较为严重。目前,智能家居系统,多采用 Wi-Fi 无线通信技术,因此,会将 Wi-Fi 信号暴露在公共环境中,攻击者通过对无线路由的攻击,就能获得整个智能家居的控制权,进而对该系统中的各种智能家电进行操作和控制,威胁用户财产的安全。在 2013 年黑帽大会上,两名研究人员演示了远程控制各种家用网络连接设备,进而控制各种家居设备的实例。

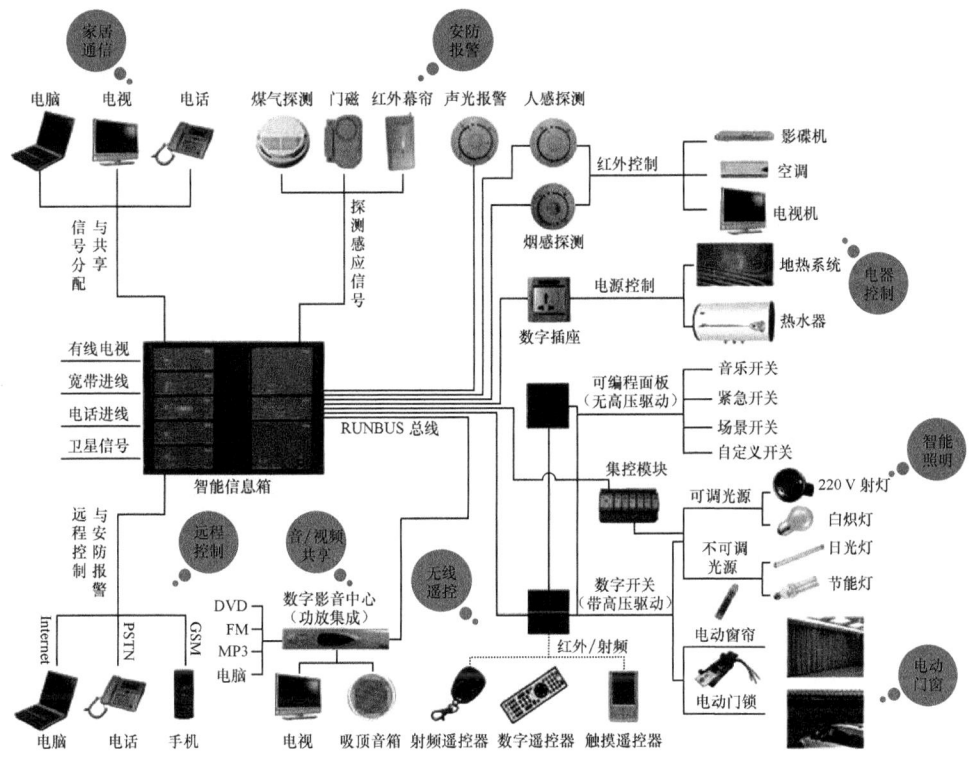

图 1-6　智能家居示意

今天,我们已经被各种新的信息产品所吸引和包围,已经感受到它们的无穷魅力,我们的生活也确实因为这些信息产品而变得更加美好。人与各种设备已经连接成一张巨大的网络,我们身在这个巨大的网络中,而这个网络就像高速列车一样行驶在万物互联的轨道上。国家的基础设施在这张网上,企业的数据和业务在这张网上,个人各种有价值的信息也在这张网上。也许你还没有意识到,国家、企业、个人都已经身处巨大的风险中,只是你不知道何时何地危险将以何种方式变为事实,或是已经变成事实而你仍不自知。

1.2 无所不能的网络攻击

网络攻击向梦魇一样伴随着信息化的过程，无法摆脱。攻击的目标五花八门，只要是连在网络上的终端，都有可能成为目标。而网络攻击背后的实施者可能是一个人、一个组织，也可能是一个主权国家。网络攻击可能以一个玩笑、一次网络犯罪或一次网络战争（Cyber War）的形式呈现。开一个玩笑可能无伤大雅，实施一次网络犯罪可能造成被害人生命财产损失，而网络战争虽然没有硝烟，却可能导致更加惨烈的后果。

1.2.1 网络犯罪

网络攻击通常是黑客所为。我们知道，一枚硬币有两个面，所谓黑客也有好坏之分。在行业内，通常用帽子的颜色来区别黑客的好坏：白帽子，指的是那些精通安全技术，但是做着反黑客、保护用户安全性的工作；而黑帽子，则是指利用黑客技术造成破坏、甚至进行网络犯罪的群体。

网络犯罪，是指行为人运用计算机技术，借助于网络对其系统或信息进行攻击、破坏或者利用网络进行其他犯罪的总称。网络诈骗式的犯罪是网络犯罪的另外一种形式，偏重的是社工知识的运用，而不是纯技术的运用，两者是有区别的。本书主要涉及利用技术实施网络犯罪。

随着大数据、大网络和智能制造时代的到来，各种信息系统、信息产品在研发、运行过程中引入大量的安全漏洞，针对这些漏洞，每天都有人摸索出大量的新渗透方法和技术，也有人用这些技术去实现各种不可告人的目的。

尽管网络监控手段日趋完备，网络安全立法也在不断推进和细化，统计显示网络犯罪的数量并未得到有效控制。图1-7为美国国土安全部和互联网举报中心的统计数据，从中可以看出通过各种渠道举报的案例总数仍居高不下。

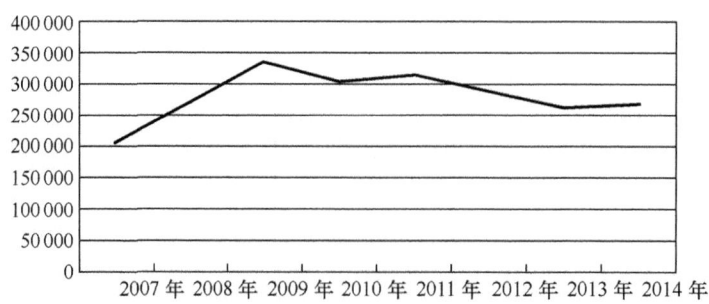

图1-7 报道的网络犯罪案例数量

前文提到的安全研究人员虽然也被称为黑客，但实际上他们都是白帽子。他们不遗余力地寻找各种漏洞，通知相应厂商整改修补，告诉世人存在的各种危险性。而网络罪犯可能是一群毫无底线、不择手段的人，他们利用各种漏洞实施攻击，达到不同的诉求。

这些年来，网络罪犯可谓作恶多端，坑了别人，也可能害了自己。

（1）李俊悲剧："熊猫烧香"其实不入流

2007年，湖北小伙李俊编写的蠕虫病毒变种"熊猫烧香"，通过大面积感染的方式肆虐网络，主流杀毒软件几乎全部被拿下。用户计算机中毒后会出现蓝屏、频繁重启以及系统硬盘中数据文件被破坏等现象。同时，病毒的某些变种通过局域网进行传播，进而感染局域网内所有计算机，最终导致企业局域网瘫痪，无法正常使用。据统计，"熊猫烧香"具有多达上百种变种，感染了数百万台计算机。"熊猫烧香"利用了一个PE程序感染方式，利用的是已知的漏洞，有编程基础的人不难做到。李俊执意要通过一种破坏性的方式显示自己的存在，然而带给自己的是长达两年的牢狱之灾。

（2）好莱坞女星私密照外泄，黑客称利用苹果云服务漏洞

2014年8月，多位好莱坞女星的私密照开始在网上疯传，其中包括奥斯卡影后詹妮弗·劳伦斯、"蜘蛛女"克里斯汀·邓斯特等人。据报道，这些照片最早在美国的4chan论坛被公开，发布者声称是黑客通过攻击苹果的iCloud账号获取的。后经证实，黑客发布的照片是真实的。事情已经过去了一年多，罪犯仍然逍遥法外。

（3）如家等连锁酒店开房信息遭泄露

酒店开房记录查询，2 000万条酒店开房记录遭泄露。2013年，包括如家、汉庭、锦江之星等在内一大批经济连锁酒店和星级酒店的住客开房记录遭攻击泄露，有好事者一度开通在线查询网站，输入姓名或身份证即可查询个人开房信息。后来，国内第三方漏洞监测平台发布报告，惠达驿站为国内大量酒店提供的无线门户认证系统存在信息泄露的安全漏洞，通过这个漏洞，酒店客户的姓名、身份证、开房日期等敏感信息一览无余。

从上述这些网络犯罪的实例可以看出，实施网络犯罪的动机可能五花八门，攻击的方式也多种多样，但是这些网络攻击能够成功，都离不开各种漏洞的成功利用。俗话说，苍蝇不叮无缝的蛋，正是因为信息产品、信息系统本身存在各种已知或者未知的漏洞，才为犯罪分子实施网络犯罪提供了可乘之机。

1.2.2 APT

2010年1月Google的一名雇员点击即时消息中的一条恶意链接，引发

的一系列事件导致这个搜索引擎巨人的网络被侵入数月,并且造成各种系统的数据被窃取。这次十分著名的攻击事件被称为 Google Aurora(极光)攻击。2010年7月,震网病毒攻击了伊朗的核设施,导致其1/5的离心机报废,震动全球。该攻击主要利用了微软操作系统中的5个漏洞,其中,有4个是全新的0day 漏洞,通过一套完整的入侵和传播流程,突破了工业控制专用局域网的物理限制,伪造驱动程序的数字签名,利用 WinCC 系统的2个漏洞,对系统开展破坏性攻击。它是第一个直接破坏现实世界中工业基础设施的恶意代码。从此,APT(Advanced Persistent Threat,高级持续性威胁)成为信息安全圈子人尽皆知的时髦名词。

1. APT 历史回顾

与 APT 相关的网络攻击事件构成的时间线如图 1-8 所示。其中,一些案例的名称表示一系列攻击或入侵企图,并且影响众多对象。最早曝光的 APT 攻击可追溯到 1998 年开始的月光迷宫(Moonlight Maze)攻击。根据事后的报告,该攻击主要针对五角大楼、NASA、美国能源部、国家实验室和私立大学的计算机,攻击者成功获得了成千上万的文件。自 2006 年开始,APT 攻击事件呈现持续性增长,APT 也逐渐被揭开其神秘面纱。其中,著名的攻击事件包括震网、RSA SecurID 攻击、Operation Aurora(极光行动)等。

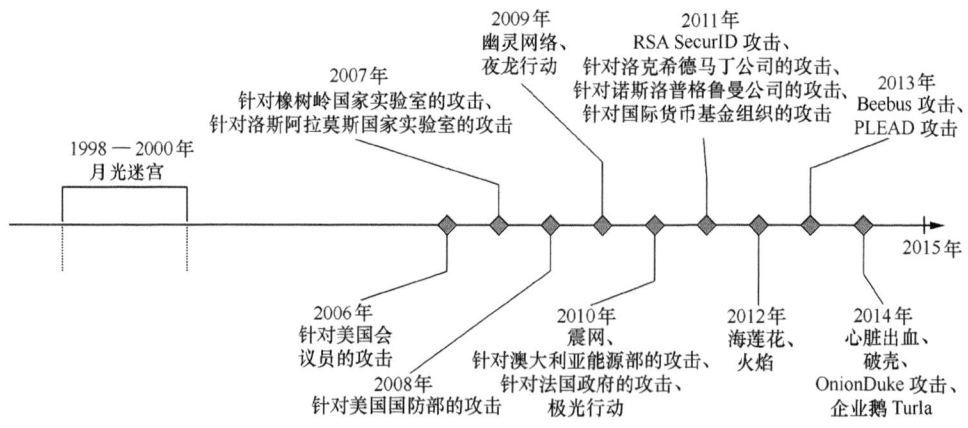

图 1-8 APT 发展历程

当前,APT 已成为各级各类网络所面临的主要安全威胁。它使网络威胁从随机攻击变成有目的、有组织、有预谋的群体式攻击。

很难给 APT 一个准确的定义。维基百科的解释为:APT 是一种针对政府、企业等特定目标进行的长期、复杂的有组织网络攻击行为,攻击背后通常得到某个政府或特定组织的支持。美国国家标准与技术研究所（National Institute of Standards and Technology，NIST）给出的定义是："精通复杂技术的攻击者利用多种攻击向量（如网络、物理和欺诈），借助丰富资源创建机会实现自己目的。"这些目的通常包括对目标企业的信息技术架构进行篡改从而盗取数据（例如将数据从内网输送到外网），执行或阻止一项任务、程序，又或者是潜入对方架构中伺机进行偷取数据。

APT 是针对一个特定组织所做的复杂且多方位的网络攻击，不管是从攻击者所使用的技术还是从他们对目标内部的了解来看，这种攻击都是非常先进的。APT 可能采取多种手段，例如，恶意软件、漏洞扫描、针对性入侵以及利用恶意的内部人员破坏安全措施。APT 是长期且多阶段的攻击，APT 攻击的早期阶段可能集中在收集关于网络设置和服务器操作系统的详细信息等工作；接着，攻击者的经历会放在安装 Rootkit 或其他恶意软件中，以取得控制权，或是以命令方式与控制服务器建立连接；随后的攻击可能集中在复制机密或敏感数据，以窃取知识产权。

2. APT 攻击特点

APT 攻击利用了多种攻击手段，包括各种最先进的网络攻击技术和社会工程学方法，一步一步地获取进入内部网络的权限。APT 攻击往往利用网络的内部操作人员作为攻击跳板。为了实施有目的的攻击，APT 攻击者通常会针对被攻击对象编写专门的攻击程序，而不是使用一些公开、通用的攻击代码。此外，APT 攻击具有持续性，甚至长达数年，这种持续体现在攻击者不断尝试各种攻击手段，以及渗透到网络内部后长期蛰伏，不断收集各种重要机密数据信息，甚至达到瘫痪整个被攻击系统的目的。

一是有组织的攻击。早期的攻击行为常常是单打独斗。而 APT 攻击方法复杂，有较明确的组织者和领导者，并形成一定的协作流程。

二是以政治或者经济利益为攻击目标。早期的攻击行为通常是随机扫描一段地址，发现存在问题的主机后进行攻击，随机性强，而 APT 通过攻击获取某种政治或经济利益，且具备一定的研究及攻击实力。Stuxnet 的攻击者并没有广泛地去传播病毒，而是针对核电站相关工作人员的家用电脑、个人电脑等能够接触互联网的计算机发起感染攻击，以此为第一道攻击跳板，进一步感染相关人员的移动设备，病毒以移动设备为桥梁进入"堡垒"内部，随即潜伏下来。病毒很有耐心地逐步扩散，一点一点地进行破坏。这是一次十分成功的 APT 攻击，而其最为恐怖的地方就在于极为巧妙地控制了攻击范围，目标非常明确，攻击十分精准。

三是长时间持续攻击。攻击者为实现某个特定目的，会持续不断地对网络进行监听和信息收集，这个持续性甚至长达 1 年，如果木马程序与控制中心失去联系，攻击者会重新尝试连接，不达目的誓不罢休。

四是更具有隐蔽性。传统攻击一般会引起网速变慢或宕机，给受害者留下一些可见的破坏线索。APT 则是企图不留任何痕迹地逃避"追捕"，做到尽可能乱真，尽量不让自己的入侵行为对用户系统造成明显的破坏。攻击得手后，获得的重要信息也会经由秘密通道悄无声息地转移。

五是 0day 漏洞的利用。利用 0day 漏洞是 APT 攻击的一个显著的特点，传统的杀毒软件、IPS/IDS、防火墙等都是基于特征库的防御体系，特征库中没有 0day 漏洞的攻击特征，无法抵御 0day 漏洞利用工具的攻击。安全防护软件、安全防护设备自身也可能存在 0day 漏洞，被攻击者利用来逃避检测或者当作隐蔽快捷的攻击通道。

3. APT 防护

APT 的核心是恶意攻击者通过细致的观察分析，精心布局，使用各种各样的手段，悄然入侵，长期潜伏，搜索寻获机密数据、高价值数据，偷走数据而不触发任何警戒，让用户丢了数据还毫无察觉。这使传统基于规则、基于知识的防火墙、入侵检测和预防系统（IDS/IPS）很难被触发，被动式的防御方法已经无法及时有效地发现 APT 的入侵威胁。应对 APT 的威胁，需要我们展开一种新的思维。可以从 4 个层面部署分层控制来实现深度防御网络安全的方法，应对 APT 的威胁和挑战。

第一，加强宏观安全管理。包括健全企业安全管理制度；实施网络安全评估，找出企业网络中存在的漏洞或者可能的缺失以及整个网络最薄弱的环节在哪里，做到心中有数，及时整改完善。

第二，增强终端用户安全素养。提高终端用户安全意识，整个安全里面最薄弱的环节就是人。一条通用法则是：你不能阻止愚蠢行为发生，但你可以对其加以控制。完善终端用户知识结构，使其掌握基本的安全知识。

第三，异常行为检测。无论哪种攻击，都可能会在主机和网络中产生异常行为。相应的系统异常行为检测则可分为主机行为检测和网络行为分析两个方面。通过主机行为异常和网络异常行为的分析和关联，发现 APT 存在的端倪。

第四，研究大数据分析技术应对 APT 的挑战。相比于传统攻击，APT 带来两大难题：一是 A 难题，高级入侵手段带来的难题；另一个是 P 难题，即持续性攻击带来的难题。这使基于特征匹配的边界防御技术和基于单个时间点的实时检测技术都难以施效。为此，需要对整个网络内部所有节点的访问行为进行可持续监控；需要从多个角度综合分析安全事件，进行整合；需要以时间对抗时间，对长时间、全流量数据进行深度分析。

近年来 APT 攻击的发展和曝光告诉我们，攻击者在持续不断地发现问题，持续不断地研发出攻击武器，也在持续不断地盯紧目标，而网络和信息技术在持续不断地发展过程中，也在持续不断地积累问题。确定性、相似性、静止性及漏洞的持续性是现有网络信息系统的致命安全缺陷，这些缺陷导致当前网络信息系统始终处于被动挨打的局面，有找不尽的安全漏洞、打不完的安全补丁，只好一味地追求防卫系统的强度。但是，事实一次又一次地证明了，多么先进的防护技术和机制，多么严密的防护软件和系统，也经不起攻击者长期地观察、分析和反复攻击。

1.3 无法避免的安全漏洞

在实践当中，人们逐渐认识到漏洞是安全问题的本源。在漏洞面前，攻防双方并不平等，恶意攻击者只要有一个漏洞，就可能直捣黄龙，防护者即使发现并消除再多漏洞，也不敢高枕无忧。

1.3.1 层出不穷的 0day 漏洞

每年，安全研究人员、爱好者、黑客等都会从各种平台和软件上挖掘出数量庞大的漏洞。根据 Exploit(漏洞利用程序)Database 获得的数据，以 2014 年为例，表 1-1 给出了特定操作系统的 Exploit 数量。根据中国国家漏洞库公布的数据，自 2008 年以来，每年新增漏洞数量情况见表 1-2。

表 1-1　特定操作系统的 Exploit 数量

操作系统	Exploit 数量
Linux	73
Windows	239
Mac OSX	5

表 1-2　中国国家漏洞库公布的年度漏洞数

年份	新增漏洞数量
2014	8 623
2013	7 025
2012	7 198
2011	5 353
2010	4 649
2009	5 736
2008	5 622

上述是已经被发现且公开的漏洞数据，现实情况是，各种平台和软件上还有未被发现或者发现后未公开的各种安全漏洞，其数量无法估计。对于已经发现且公开的漏洞，厂商可以采取有针对性的防护措施，而对于不知道的漏洞，防护工作则无从谈起。

1.3.2　大牌厂商产品的不安全性

近年来，国内国际网络安全行业蓬勃发展，安全防护技术也在飞速进步。以微软为代表的厂商不断推出各种新的安全防护机制、手段、方法、理念，这些新技术、新方法确实为用户和互联网的安全作出了巨大的贡献，但是互联网变得更加安全了吗？

1. Pwn2Own 与浏览器安全

Pwn2Own 是全世界最著名、奖金最丰厚的黑客大赛，由美国五角大楼网络安全服务商、惠普旗下 TippingPoint 的项目组 ZDI（Zero Day Initiative，0day 倡议）主办，Google、微软、苹果、Adobe 等互联网和软件巨头都对比赛提供支持，通过黑客攻击挑战来完善自身产品。

2015 年的 Pwn2Own 被称为史上最难的比赛，各厂商在产品中应用了最新、最全的安全防御技术和机制，因此，互联网和软件巨头们信心十足，纷纷宣称其产品的安全性已经达到史上最强。赛事开始后结果如何？产品是否像厂商宣称的那么安全？让我们一起回顾一下在加拿大温哥华举办的这场大赛。

首先，看一下 64 位 Windows 8.1 操作系统中号称"独角兽"级别防护的 IE11。赛前，IE 被普遍认为有望保住"不破金身"。技术上来说，要想在 Pwn2Own 2015 上攻破 IE 浏览器，需要面对以下五大难关。

① 微软漏洞防御软件 EMET。
② IE 开启了增强沙箱保护（Enhanced Protected Mode，EPM）。
③ IE 开启了"针对增强保护模式启用 64 位进程"选项。
④ 新增隔离堆、延迟释放、CFG 等微软新的安全机制。
⑤ 禁止重启、注销系统。

来自国内的 360 Vulcan Team 团队却选择知难而上，专门向 IE "独角兽"级别防护发出挑战。在赛前抽签排序中，360 Vulcan Team 排在第六组出场，也是第一个挑战 IE 的参赛团队。根据比赛规则，360 Vulcan Team 远程、无接触地对一台全新的、无任何第三方预装的 64 位 Windows 8.1 操作系统电脑开启 64 位进程的 IE11 发起攻击，利用多个 0day 漏洞组合突破其全部防御措施，最终获得该系统的控制权。至此 IE11 完全沦陷了！

现在再来看其他浏览器，Mozilla Firefox 浏览器被安全专家 ilxu1a 在不到一秒内攻破；Safari 浏览器在开赛第一天内被韩国黑客 Jung Hoon Lee 利用未初始化堆栈指针漏洞攻破；Google Crome 浏览器稳定版和 Beta 版也都被 Jung Hoon Lee 利用缓冲区溢出竞态状态在同一天攻破。Pwn2Own 2015 的最终结果：在两天的比赛中，Windows 曝出了 5 个漏洞，IE 11 曝出 4 个漏洞，Firefox 有 3 个漏洞，Adobe Reader 和 Flash 分别有 3 个漏洞，Safari 有 2 个漏洞，Chrome 有 1 个漏洞。这些数字已经说明了一切。

攻击与防御总是在此消彼长、彼此砥砺中共同向前发展的。一种新的攻击技术出现后总会有相应的防护技术或机制来保护或缓解，同样，一种新的攻击缓解技术或防御机制出现后，也总会有相应的技术或方法能够找到其逻辑或实现上的漏洞，突破或绕过其限制，从而令防护失效。换言之，软件的漏洞不可避免，各种安全防护机制也并非万能。

2. 安全厂商安全

在所使用的软件或系统发生安全问题时，我们通常会希望安全厂商能够给出有效的解决方案，帮助我们尽快解决问题或麻烦。安全厂商在互联网生态中客观上也起到了免疫系统的作用。但是作为互联网生态中的免疫系统，要求安全厂商其自身必须是健康和安全的，那么安全厂商本身的安全性到底如何？首先来看一下最近炒得沸沸扬扬的 FireEye 漏洞事件。

FireEye 是一家为企业提供安全防护产品的美国网络安全公司，以解决 0day 攻击著称。FireEye 成立于 2004 年。通过在客户的系统上加载虚拟机，可以观测所有的网络行为。2012 年，成立仅 8 年的 FireEye 订单价值超过 1 亿美元，订单增长率超过了 100%。其合作伙伴与客户已达 1 000 多家，有 1/4

的财富100强企业在使用该公司产品。

FireEye宣称能够解决两大真正的安全难题——能够阻止公司此前无法阻止的网络攻击,即0day攻击和APT。但是FireEye自己提供的0day解决方案这次似乎并没有派上用场。

具体事件是,研究人员Kristian Erik Hermansen从FireEye核心产品中发现一个0day漏洞,该漏洞会导致未经授权的文件泄露。他还提供了一个简短的触发漏洞例子以及用户数据库文件副本。Hermansen在披露这个漏洞时写道:"FireEye设备允许未经授权远程访问Root文件系统,Web服务器以Root身份运行。现在这家安全公司呈现了完美的安全示范,你为何还要相信这些人将设备在你的网络中运行呢?这只是FireEye/Mandiant众多0day漏洞中的一个而已。而FireEye的安全专家们在过去的18个多月对此竟然没有进行任何修复。可以肯定的是,Mandiant员工把这个漏洞和其他缺陷一同编码进了产品当中。更可悲的是,FireEye没有外部安全研究人员报告步骤。"那么,FireEye自己的安全状况到底如何?

事件发生后不久,媒体CSOonline给Hermansen发送了邮件并询问详情,Hermansen在回信中称,在与另一位研究员Ron Perris合作时,他们发现了FireEye产品中存在的30个漏洞,包括多个远程Root权限漏洞。Hermansen在寄给Salted Hash的邮件中称,在一年半的时间里他尝试了使用负责任的渠道联系FireEye解决问题,但对方每次都说空话。Hermansen认为,这些情况应该被披露,产品存在漏洞,大家都应该知道,特别是存在远程Root漏洞的、政府批准的安全港(Gov-approved Safe Harbor)设备。

在安全厂商中,仅是FireEye被曝过漏洞吗?答案是否定的。老牌杀毒软件厂商中,无论是卡巴斯基、Macfee,还是诺顿、趋势科技等都曾被曝出现严重漏洞。事实再一次地证明,安全厂商也无法杜绝其软件漏洞。而如果拥有大量专业安全研究人员的安全厂商都无法保证其产品的安全性,用户和互联网的安全又有谁能够保证?

3. 苹果XcodeGhost病毒事件及其延伸

通常我们认为,从信誉良好的、有严格审核机制的APP Store等应用市场中下载的正版软件,是不会存在后门等安全问题的。但此次苹果XcodeGhost事件给了APP Store等应用市场的信誉和审核机制一记响亮的耳光。

事情要回溯到2015年9月12日,TSRC(腾讯安全响应中心)在跟进一个漏洞时,发现有APP在启动、退出时会通过网络向某个域名发送异常的加密流量,行为非常可疑,于是终端安全团队立即跟进,经过一个周末加班加点的分析和追查，基本还原了其感染方式、病毒行为、影响面。该后门目前已感染数千个苹果 APP Store 应用，其中包括微信、网易云音乐、滴滴、12306、高德地图等知名 APP。

XcodeGhost 会造成的危害主要有以下几点。

① 在受感染的 APP 启动、后台、恢复、结束时，上报信息至黑客控制的服务器。

② 黑客可以下发伪协议命令在受感染的 iPhone 中执行。

③ 黑客可以在受感染的 iPhone 中弹出内容由服务器控制的对话框窗口。

④ 远程控制模块协议存在漏洞，可被中间人攻击。

分析过程中发现，异常流量 APP 都是大公司的知名产品，也是都是从 APP Store 下载并具有官方的数字签名，因此，并不存在 APP 被恶意篡改的可能。随后，腾讯安全团队把精力集中到开发人员和相关编译环境中。果然，很快从开发人员的 Xcode 中找到了答案。

原来开发人员的 Xcode 安装包中，被别有用心的人植入了远程控制模块，通过修改 Xcode 编译参数，将这个恶意模块自动地部署到任何通过 Xcode 编译的苹果 APP（iOS/Mac）中。因此，该事件的罪魁祸首是开发人员从非苹果官方渠道下载 Xcode 开发环境。

4. XcodeGhost 事件的延伸——UnityGhost

XcodeGhost 事件尚未结束，国内最主流的移动游戏引擎之一——Unity 又出问题了。2015 年 9 月 21 日（23:21），百度安全实验室成员 @evil_xi4oyu 透露，已经确认有非官方渠道的 Unity 4.X 被篡改加入恶意后门。乌云知识库作者蒸米对 Unity 恶意后门样本 UnityGhost 进行分析后发现，该样本行为和 XcodeGhost 非常相似，也会收集手机上的基础信息上传到 init.icloud-diagnostics.com，并具备远程控制能力。在接收到服务器指令后，UnityGhost 可以进行以下多种恶意行为。

① 下载安装企业证书的 APP。

② 弹 APP Store 的应用进行应用推广。

③ 弹钓鱼页面进一步窃取用户信息。

④ 如果用户手机中存在某 URL Scheme 漏洞，还可以进行 URL Scheme 攻击等。

这次苹果的 XcodeGhost 以及后续的 UnityGhost 事件，不仅是厂商的公共危机，更多地还需要引发我们普通用户对安全问题的思考。在苹果封闭的系统当中，通过 APP Store 等信誉良好的应用市场下载的软件，其安全隐私问题尚且面临考验,在 Android 等更多开源系统当中,这类安全问题可能会更加突出,而且还会随着智能设备的普及而更加严峻。

上述安全事件告诉我们,那些通常被认为具有雄厚技术力量和高安全意识的厂商,如微软、苹果等,在现实中表现也不尽人意,而 FireEye、卡巴斯基等大牌安全厂商也无法做到让用户完全放心。

1.3.3　SDL 无法根除漏洞

SDL(Security Development Lifecycle,安全开发流程)是微软公司最早提出嵌入软件工程中开展的、帮助解决软件安全问题的办法。SDL 是一个安全保证的过程,其重点是软件开发,它在开发的所有阶段都引入了安全和隐私的原则。自 2004 年起,SDL 一直都是微软在全公司实施的强制性策略。SDL 步骤如图 1-9 所示。

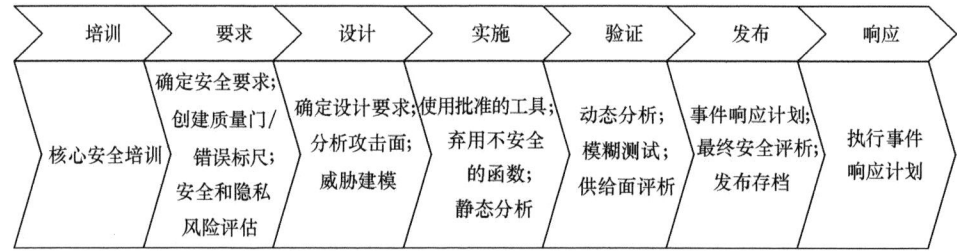

图 1-9　SDL 步骤

安全开发流程能够帮助企业以最小的成本提高产品的安全性。

SDL 对于漏洞数量的减少有着积极的意义。根据美国国家漏洞库、中国国家漏洞库等机构的数据显示,每年有数千个安全漏洞被发现和公布,其中大多数危害程度高的安全漏洞其复杂性反而较低。这些漏洞多出现在各种应用程序中,易于被利用的漏洞占了大多数。

微软的 SDL 适用于根据传统瀑布模型进行开发的软件企业,而对于互联网公司这类使用敏捷开发的团队,则难以适应。敏捷开发采用"小步快跑"的方式,不断完善产品,通常没有非常规范的流程,文档要求也不高。这么做有利于产品的快速发布,迅速满足客户需求,但这种开发模式也有不足之处。在开发之初没有明确的需求,开发过程中需求发生变化,安全设计也要随之发生变化。

微软为敏捷开发设计了专门的敏捷 SDL,如图 1-10 所示。敏捷 SDL 的思想其实就是以变化的观点实施安全的工作。需求和功能可能一直在变化,代码也可能随之发生变化,这要求在实施 SDL 时需要在每个阶段更新威胁模型和隐私策略，在必要的环节迭代模糊测试、代码安全性分析等工作。

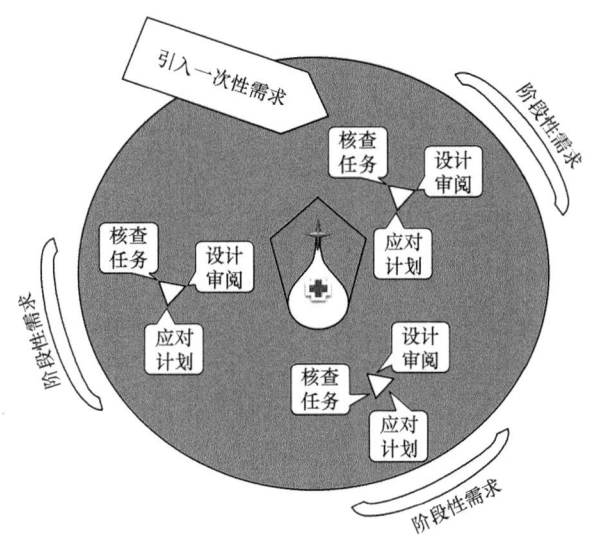

图 1-10　敏捷 SDL 的过程

企业在实施 SDL 的过程中，根据经验总结出以下一些准则。

① 与项目经理进行充分沟通，排出足够的时间。
② 规范公司的立项流程，确保所有项目都能通知安全团队，避免遗漏。
③ 梳理安全部门的权威，项目必须由安全部门审核完成后才能发布。
④ 将安全测试环节加入开发、测试的工作手册中。
⑤ 对工程师实施安全设计、安全开发培训。
⑥ 记录所有的安全漏洞，激励程序员编写安全的代码。

SDL 需要企业从上往下进行推动，能否取得成效最终还是归结到实施 SDL 的人。SDL 实施成功与否，与企业高级管理层的支持有很大关系，也与 SDL 具体实施人员的技术水平密切相关。

微软在实施了 SDL 后，代码质量得到显著提高，但是由于软件代码量的膨胀和新漏洞挖掘方法的出现，每年微软仍然被曝出大量漏洞。从实际效果来看，SDL 对于提高产品的安全性有积极意义，却始终无法根除软件漏洞，软件厂商也始终难以摆脱漏洞的困扰。

1.3.4　安全厂商防御的被动性

在与恶意代码的激烈斗争中，安全厂商相继推出了各种安全防护机制、手段和方法。这些技术和方法的应用也确实为用户和互联网安全作出了巨大的贡献，但是恶意代码与安全软件之间的对抗其实是一个矛与盾的话题。无论哪一种攻击或者防御技术都是有其时间与条件限定的，一种技术一般只在某段时间内对某特定场景有效。

（1）特征码查杀及其绕过

特征码查杀是一种基于对已知病毒分析、查杀的反病毒技术，是杀毒软件中应用最广泛也是最基本的查杀方法。其基本原理是根据将从病毒体中提取的病毒特征码，逐个与程序文件比较。特征码是反病毒公司在分析病毒时，确定的只有该病毒才可能会有的一系列二进制串，由这些特征可以与其他病毒或正常程序区别开来。杀毒软件的升级就是使该软件病毒特征库数据更新，从而能查出新的已知病毒。

在各类病毒检查方法中，特征值方法是适用范围最宽、速度最快、最简单、最有效的方法。但由于其本身的缺陷问题，它只适用于已知病毒。此外，要获取一个病毒的特征码，必然要获取该病毒的样本，由于对特征码的描述各不相同，特征码方法在国际上很难得到广域性支持。特征码查病毒主要的技术缺陷表现在较大的误查和误报上。

特征码查杀具有上述的缺点与不足，可以说其只是一种"治标"而不"治本"的方法。攻击者可以通过各种方法，如指令替换、指令加花等轻易绕过，从而令防护失效。

（2）主动防御及其绕过

如果说特征码扫描是一种被动的、静态的方法，主动防御就是一种主动、实时进行拦截、判断恶意代码的技术尝试。主动防御是基于程序行为自主分析判断的实时防护技术，不以病毒的特征码作为判断病毒的依据，而是从最原始的病毒定义出发，直接将程序的行为作为判断病毒的依据。主动防御是用软件自动实现了反病毒工程师分析判断病毒的过程，解决了传统安全软件无法防御未知恶意软件的弊端。

主动防御技主要包括以下几种技术和思想：① 基于病毒识别规则库的动态判断方法，即通过对各种程序动作的自动监视，自动分析程序动作之间的逻辑关系，综合应用病毒识别规则知识，实现自动判定新病毒；② 基于系统钩子的动态行为分析技术，即动态监视所运行程序调用各种应用编程接口（API）的动作，自动分析程序动作之间的逻辑关系，自动判定程序行为的合法性，实现自动诊断新病毒，明确报告诊断结论；③ 主动拦截技术，即在全面监视程序运行的同时，自主分析程序行为，发现新病毒后，自动阻止病毒行为并终止病毒程序运行，自动清除病毒，并自动修复注册表。

主动防御技术是一种与静态特征码扫描互补的保护方法，也显著提高了安全软件的防护能力,但是从诞生那天开始就受到各种各样绕过方法的困扰。例如,不使用主动防御系统 Hook 过的函数绕过方法;将代码复制到程序的数据段中再跳转执行;Inline Hook 等入口点模糊化方法。

(3)启发式防护查杀及其绕过

病毒和正常程序的区别可以体现在许多方面,比较常见的,例如,通常一个应用程序最初的指令是检查命令行输入有无参数项、清屏和保存原来屏幕显示等;而病毒程序则没有会这样做的,通常它最初的指令是直接写盘操作、解码指令或搜索某路径下的可执行程序等相关操作指令序列。这些显著的不同之处,一个熟练的程序员在调试状态下只需一瞥便可察觉出病毒。启发式代码扫描技术实际上就是把这种经验和知识移植到一个查杀病毒软件中的具体程序体现。

启发式查杀可分为静态和动态两种。静态启发式查杀充分考虑了病毒与正常程序之间的区别,通过分析指令出现的顺序或组合情况来决定文件是否感染。通过设定一个安全阈值,当程序中潜在恶意代码片段或其组合的累计权值超过某一个限定值时,则判定程序为恶意的,并启动查杀。动态启发式查杀也被叫作虚拟查杀,其基本原理是虚拟出一个环境,让程序先充分执行一会,在执行中对病毒的行为和特征进行扫描和比对。虚拟查杀主要是针对加壳的病毒或木马。如果将虚拟化技术应用在程序保护上,就是我们下文会提到的沙箱技术。

启发式查杀理论上看起来很美好,但实际使用中却很容易产生误报,从而影响用户的正常使用。另外,对于目前的启发式查杀技术,攻击者也已经研究出很多种绕过技术,可令其失效。例如基于超时的虚拟化查杀绕过技术,即在真正的功能段之前加入大量的、无意义的迷惑性指令,使程序执行时间超过虚拟化执行的深度,从而绕过启发式查杀;又比如利用异常处理机制的绕过方法,即针对启发式查杀没有完全做到对异常处理进行虚拟化的不足,把具有恶意特性的 API 调用放到异常处理中,然后人为触发一个异常来间接调用 API,从而实现绕过。

(4)沙箱保护及其绕过

沙箱技术正如其名字所说的一样,是一种允许随意修改并在修改后可恢复到原始状态的保护技术。如果你还是不清楚什么是沙箱,可以这样来想象一下:在一个装满了平整细沙的盒子里,我们可以尽情随意地在上面作画、涂写,无论画的好坏,最后轻轻一抹,沙箱又回到了原来的平整状态。沙箱的魅力就在于他允许你出错,还可以给你改正的机会。

沙箱技术与主动防御技术原理截然不同。主动防御是发现程序有可疑行为时立即拦截并终止运行。沙箱技术则是发现可疑行为后让程序继续运行,当发现的确是病毒时才会终止。沙箱技术的实践运用流程是:让疑似病毒文件的可疑行为在虚拟的沙箱里充分表演，沙箱会记下它的每一个动作；当疑似病毒充分暴露了其病毒属性后，沙箱就会执行回滚机制，即将病毒的痕迹和动作抹去，恢复系统到正常状态。

利用沙箱技术保护应用程序就是通过重定向技术，把程序生成和修改的文件，定向到自身文件夹中。这些数据的变更，包括注册表、文件及其他一些系统的核心数据。沙箱技术还可以通过加载自身的驱动来保护底层数据，因此也属于驱动级别的内核保护。从设计上说，沙箱技术是一种通过隔离的方式来实现对应用程序的保护，那么有没有办法可以突破或绕过？答案是肯定的。

沙箱逃逸是绕过沙箱方法的总称，通常依据不同的场景和应用有不同的绕过方法，例如，CVE-2015-1427 就是一个典型通过反射方法绕过沙箱的漏洞，漏洞成因是沙箱代码黑名单中的 Java 危险方法不全，从而导致恶意用户仍可以使用反射的方法来执行 Java 代码。又比如 MS14-065 中修复的 3 个 IE 增强保护模式 EPM 的沙箱跳出漏洞，这 3 个漏洞源于增强保护模式下 IE 代理进程的权限问题，利用的是 APP Container 访问检查忽略了中以下级别的任何资源。如果一个资源通过了 DACL 检查，那么它就会无视 IL 而被授予权限，从而导致沙箱绕过。

多年来，安全厂商在应对处理恶意代码、恶意程序、漏洞检测等方面积累了大量的经验，也采用了大量的新技术和手段，但是任何一种新的防护技术，面对大量攻击者的各种研究和测试，迟早会被发现突破或绕过系统防护机制的漏洞或方法。

| 1.4　先敌变化的动态赋能 |

通过探究安全漏洞的本质可以发现，在信息技术研发、应用的整个生命周期中，漏洞广泛存在，不可避免。首先，冯诺依曼架构自身的缺陷以及基于 TCP/IP 协议栈互联网体系的不安全性等问题，导致了安全漏洞的不可避免性；其次，计算机软件系统规模的快速增长、新技术和新应用的推陈出新以及软件系统复杂度的提高，增大了漏洞产生的概率；最后，软件和系统是由人设计和实现出来的，人的天生惰性和认知局限性导致漏洞无法避免。

现有的防护手段主要是被动防护，除了加密和认证外，主要是基于先验知识，安全防护系统的状态一经固化，能力随之固化；安全防护装备一经定型，能力也随之定型。这种静态的、封闭的、被动的防护方式，无法应对未知漏洞攻击。就如前面例子中提到的：基于先验特征的入侵检测系统无法应对未知攻击；基于行为的主机防护软件可以被蓄意绕过；基于沙箱的恶意行为分析技术，依据不同的场景和应用也存在多种绕过方法。

漏洞的客观存在性以及现有防护的被动性使网络攻防具有易攻难守的不对称态势，为扭转这种被动局面，需要突破传统思路，发展和创新能够改变"游戏规则"的技术和体系，如图 1-11 所示。《孙子兵法》云："兵者，诡道也。用兵之道，在于千变万化，出其不意"，这种"变"的思维方式适用于战场空间，也同样适用于网络空间。在战场空间，通过阵法、队形的变化，可达到出其不意的制胜效果；在网络空间，也一样可以通过软件、网络、平台等结构的动态变化，达到"敌不知其所攻"的目的。

图 1-11　改变规则

1.4.1　兵法中的因敌变化

在中国传统文化中，"通达权变"被看作是最高境界，儒释道法兵家皆然。《文子·道德》中有"圣人者应时权变，见形施宜"。《庄子·大宗师》中庄子回答弟子："了解道的人必定通达于理，通达于理的人必定明白权变，明白权变的人才不会因外物而害累自己。"孔夫子也说过："知穷之有命，知通之有时。"

与道儒家等相比，兵家尤为推崇"变通"这一根本思维方式。孙子在《九变篇》中就专门阐释了带兵打仗需机变取胜的道理。将帅应当全面辩证地思考问题，见利思害，见害思利，趋利避害，才能立于不败之地。机变需动静结合，操纵对手，变化局势，"屈诸侯者以害，役诸侯者以业，趋诸侯者以利。故用兵之法，无恃其不来，恃吾有以待也；无恃其不攻，恃吾有所不可攻也"，要求将帅懂得圆融变通，除了策略上的变化，还要懂得兵法中最直观体现因敌变化的要算阵法。而古代阵法中最著名、最神秘的恐怕非诸葛亮的"八阵图"莫属。

下面我们将对号称鬼神莫测的"武侯八阵"一探究竟。

1. 八阵图的由来与特点

"功盖三分国,名成八阵图。江流石不转,遗恨失吞吴"。凡是看过《三国演义》的,可以说没有人不知道蜀丞相诸葛亮的变幻莫测、威力无穷、令强魏闻风丧胆的八阵图。正是凭借八阵图在军事上的独特优势,他才能以蜀国之薄弱力量,数次发动伐魏战争,进行恢复中原的尝试。尽管这些战争并未达到预期的目的,但对鼎立中处于弱势的蜀国而言,却在一段时间内发挥过以攻为守的自卫作用。

那么,神秘莫测的八阵图是真实存在的吗?如果存在又到底是什么样子的?其实阵法是古代冷兵器时代一种战斗队形的配置,是在古代战争短兵接战的条件下,为要求战场上统一指挥和协同动作而产生的。中国古代很讲求阵法,代有传书。孙子有八阵,孙膑在《孙膑兵法》中也有《八阵》篇,到了东汉作战训练中更是普遍使用八阵。而八阵图就是诸葛亮从蜀国以步兵为主力的实际出发,在原有的古八阵基础上创新阵法,历时多年绘制而成。

诸葛亮八阵图整体上属于防御性阵型,主旨思想是动静结合、因敌变化、操纵对手。其主要特点是部署上没有弱点,任何方向遭受攻击,整体大阵不需要做出根本性的改变;一处遭到攻击,两翼相邻的阵可以自动变为两翼,保护支援遭受攻击之阵。

2. 八阵图的结构与变化

要弄明白八阵图如何变幻莫测,就必须对其组成结构进行基本的了解。真实的八阵图经文简略,语义模糊,但经历代文人学者的考证解释,其大致的结构与布置方法是明晰的。《朱子语类》卷第一百三十六朱熹有云:"如八阵之法,每军皆有用处。天冲、地轴、龙飞、虎翼、蛇、鸟、风、云之类,各为一阵。有专于战斗者,有专于冲突者,又有缠绕之者,然未知如何用之"。对八阵的名号与特点作了简述。《握奇经》中又有解释:"以天地风云四阵为正,龙虎鸟蛇四阵为奇,四正四奇总为八阵。"大将居阵中掌握机动兵力(即所谓"余奇"之兵),称为"握奇"。经中还描述了布阵的步骤以及应

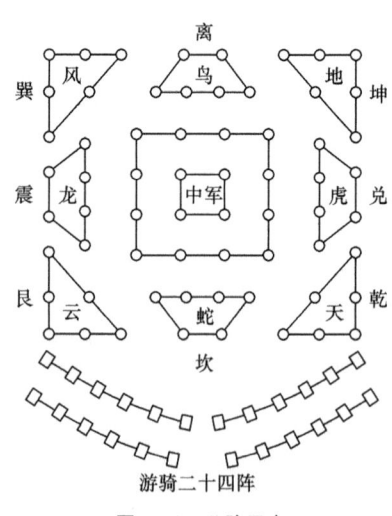

图1-12 八阵示意

敌方法：布阵时，先由游军于阵前两端警戒；布阵毕，游军撤至阵后待命；作战时，四正与四奇之兵与敌交锋，游军从阵后出击配合八阵作战，大将居中指挥，并以"余奇"之兵策应重要作战方向。八阵示意如图 1-12 所示。

描述更为详细的则是明代龙正撰写的《八阵图合变说》，书中对八阵图的结构和变化进行了详细的描述，其所有变化都是基于书中定义的结构元：天衡、地轴、风、云、前后冲等。我们要明确其如何变化，就需要对这些结构元有一个基本的了解。八阵图整个大方阵共有 64 个小阵，大方阵之后可能还有游骑构成的 24 个小阵，一共是 88 个小阵。如图 1-13 所示，图中每一个小圆圈代表一个小阵。

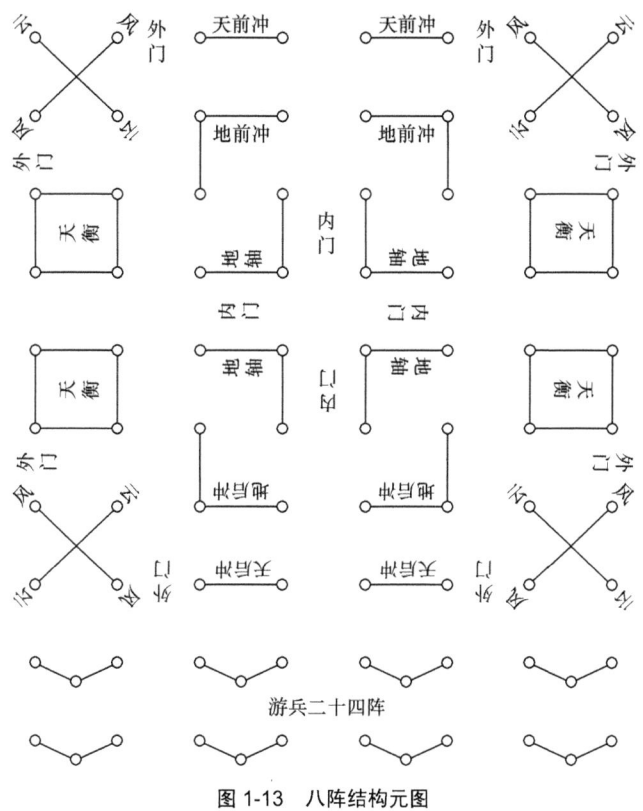

图 1-13　八阵结构元图

可以看到，这个结构元图与通用的八阵示意图还是基本对应的，都是 64 个小阵，外加 24 个游兵阵。有了这个图，就可以对八阵（天覆、地载、风扬、云垂、龙飞、虎翼、鸟翔、蛇蟠）变化进行描述。八阵的每一阵都是从总阵结构中抽取部分变化而成，阵与阵之间是有联系的，也可以根据形势互相变化。本节通过直观的图形对八阵图 4 种基本变化做简单描述。

（1）内外之分为第一变

战斗中我方处于守势，敌军处于攻势时，八阵图可变化为圆形的天覆阵以加强防御；如若攻守胶着，则可变化为可攻可守的地载阵以提高应变灵活性，如图1-14所示。

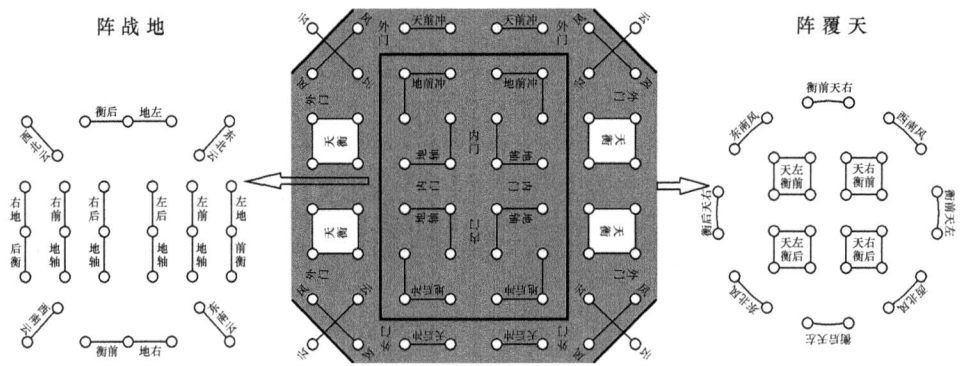

图1-14　八阵图第一变

（2）左右之分为第二变

左右变化为云垂阵或风扬阵。云垂阵开始时没有固定形状，可用以迷惑敌人，随形势可迅速化为鸟翔阵，攻守转换，对敌人发起犀利攻击；风扬阵本身阵形威严张扬，却可随形势迅速化为蛇蟠阵，以阻挠、缠绕敌人，如图1-15所示。

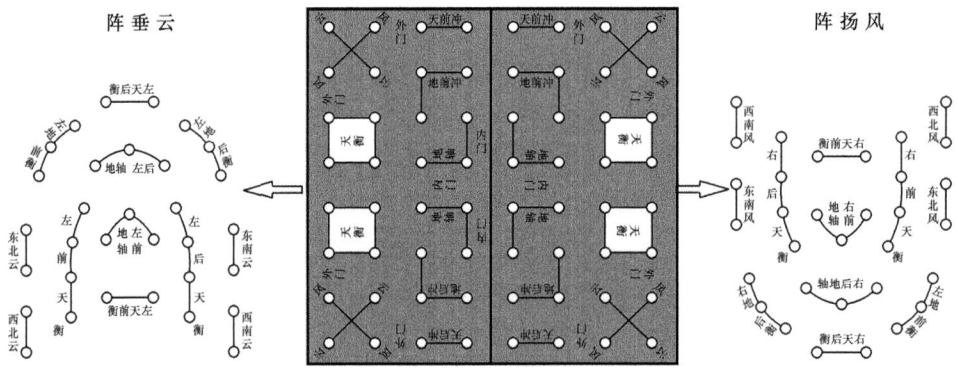

图1-15　八阵图第二变

（3）前后之分为第三变

总阵的后一半变为龙飞阵，前一半变为虎翼阵。龙飞阵"潜则不测，动则无穷"，可攻可守，变化万端；虎翼阵"伏虎将搏，盛其威力"，可在困住敌人时发动总攻。如图1-16所示。

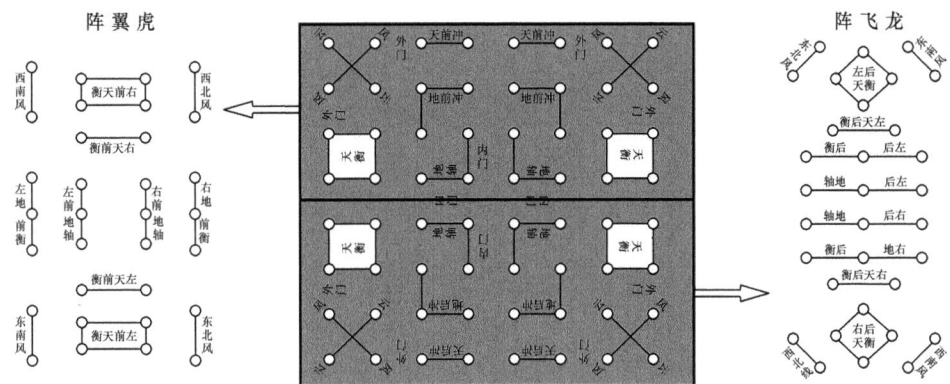

图 1-16　八阵图第三变

（4）四隅之分为第四变

东北和西南两隅可变阵为攻击力极强的鸟翔阵，"一夫突击，三军莫当"；西北和东南两隅可变阵为蛇蟠阵，能屈能伸，可围可绕。如图 1-17 所示。

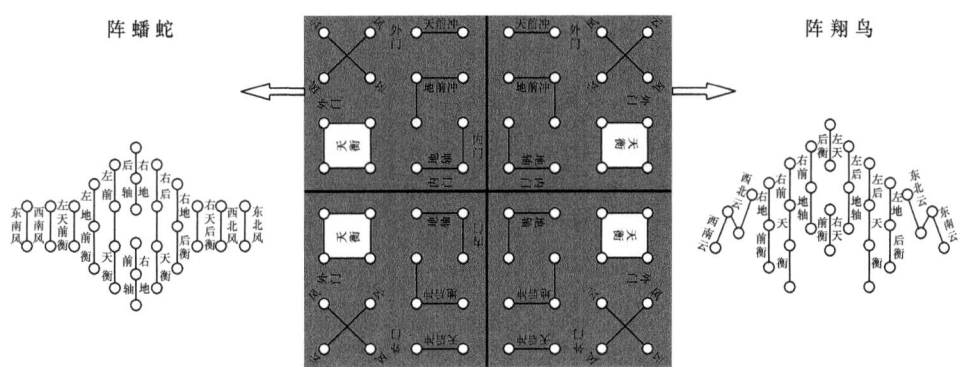

图 1-17　八阵图第四变

上述 4 种变化只是基础性的阵形转换，在实战中，将帅还可根据形势发展，随时对阵形做出调整变化。

我们可以想象一下，以这样一种结构动态变化的阵形对战部署后一成不变的阵形，孰胜孰败已经是显而易见了。

1.4.2　不可预测性原则

实际上《孙子兵法》中"变"的思维方式在网络安全领域中早有应用。在安全防护机制中引入的随机性因素，可有效对抗诸如基于固定内存地址的溢出

攻击、数据分组篡改伪造攻击以及认证绕过等攻击方式,增大攻击者的攻击实施难度,显著提高系统或软件的安全性。

微软 Windows 操作系统一直是黑客攻击的重要目标。多年来,微软和黑客之间在缓冲区溢出攻击方面的斗争从来没有停歇。微软 Windows 操作系统用户长期受到缓冲区溢出攻击的威胁,损失惨重,微软也不断地在新版本中增加新的安全机制来对抗缓冲区溢出攻击。微软无法保证系统自身或运行在系统中的软件没有漏洞,它在采取 SDL 等措施减少漏洞的同时,着力采取新的做法来让漏洞攻击方法失效。惹不起,躲得起,微软从 Windows Vista 操作系统开始玩起了躲猫猫游戏,部署 ASLR(Address Space Layout Randomization,地址空间布局随机化)来增加攻击难度。ASLR 的实现需要程序自身和操作系统的双重支持,因此,微软从 Visual Studio 2005 SP1 开始增加了 ASLR 开关。ASLR 让进程的栈基址随机变化,从而使攻击程序无法准确预测到内存地址,大大提高了攻击门槛。其实,地址随机化的思想并非微软首创,在 Windows Vista 之前,该技术已经被提出并在一些开源系统中实现,例如 FreeBSD、PAX 等。

微软使用的 ASLR 技术,在较新版本的 Linux 内核中也支持;Android 从 4.0 版本开始支持,苹果 iOS 从 4.3 版本开始支持。在 ASLR 的控制下,程序启动时,其进程的栈基址都不相同,具有一定的随机性,对于攻击者来说,这就是不可预测性。

不可预测性还能有效对抗基于篡改、伪造的攻击。假设一个办公系统中,用户上传的附件是按照数字升序排列的,例如,id=123,id=124,id=125 等。

这样的编号,使攻击者可以轻易遍历系统中所有附件编号,包括其他用户上传的附件。攻击者只要在删除附件的请求中修改一个数字,就可以删除其对应的附件;如果攻击者想删除所有的附件,也只需要写一个简单的脚本就可实现批量删除。如果办公系统开发人员有安全意识,在编号时带有一定的随机性,使 id 的值不可预测。例如,id=094e5c24-a2d4-92adcbad0932,id=ec13bc26-a39c-34d457aa826e,id=9f68801b-a3ee-68c37e27ea67,id 变得完全不可预测,攻击者无法在利用之前的方法遍历删除其他附件,攻击门槛大大提高了。

不可预测性也可以用于对抗认证绕过攻击。认证是一种确认某人是否真的是某人的行为,需要核实一个人的身份。在浏览器和 Web 服务器之间的会话是通过 Session 来管理的,而且是通过会话中的信息识别用户是否已经通过认证。因此,如果 Session 是可以预测的,一个恶意的用户就能利用规律猜测到一个有效的 Session,然后通过修改请求中的 Session 为一个预测有效的 Session。

例如，利用系统时间生成 Session=20151010151313，这是 id 可能被攻击者轻易预测到，这是一个精确到秒的日期时间组合成的 Session。攻击者一旦可以实时计算出 Session，就可以劫持会话，冒充会话的真正拥有者，绕过认证环节。同样，利用不可预测性的思想，假如可以精确到毫秒，则攻击难度就会显著提高，如果在增加一个随机数，攻击难度会再次提高。

1.4.3 动态赋能的网络空间防御思想

本书将"变"的思想应用于网络空间防御体系中，提出了动态赋能（Dynamics-enabled）的理念。上文提到的不可预测性原则在安全防护中的应用主要是对部分机制的改造。动态赋能在此基础上，将"变"的思想进行系统化、体系化的应用；通过动态变化的技术机理和体系，制造网络空间的"迷雾"，使攻击者找不到攻击目标、接入路径和系统漏洞，以期彻底改变安全防护工作长期以来的被动局面。

赋能（-enabled）的概念是从英文的"Enable"引入。Enable 是一个动词，由形容词"able(能够的，有能力的)"和动词前缀"en-(使，使成为，使处于……状态)"组合而成。而 -enabled 通常用于计算机领域，常与某一系统（或技术）连用，构成复合形容词，表示具有（赋予）某种能力的。本书提出的动态赋能防御是由赋能技术和动态防御技术组成的，旨在实现系统防御能力的动态赋予和灵活变化，提高系统的内生安全能力。赋能技术能够灵活、动态地赋予网络空间实体安全防御能力，并根据需求动态地调整防御能力，因此可以将动态防御技术方便地部署到网络空间实体中，从而使系统以动态多变的形式应对攻击。

动态赋能在本书中的含义主要有 3 个：联动赋能、变化赋能、体系赋能。联动赋能主要通过安全各要素之间的联动，在时间维度上赋予系统动态增强的能力（安全生命周期 PDRR 即为联动赋能的一个典型代表）；变化赋能表示的是系统结构、技术机理上的变化，主要在空间的维度赋予系统动态变化的安全防护能力，提升攻击者利用系统安全漏洞的成本和难度，从而增加系统的保护强度；体系赋能则是从网络安全体系的角度，充分运用体系要素间的动态联系，将静态固定的、死的防护系统，变成动态赋能的、活的体系，集约使用有限的资源和力量，提供全局赋能的新活力。动态赋能的实现需按照"固前端、强后台"的思路，以前端的防控和探测设施为基础，以后台的攻击分析和支援服务设施为支撑，以专业安防力量为核心，构建服务化的动态赋能安全防御体系。

第 2 章
动态赋能防御概述

现有网络安全防御采用身份认证、防病毒软件、漏洞修补等多种手段构筑堡垒式刚性防御体系,这种静态式防御基于先验知识,面对未知攻击时无能为力,且自身易被攻击。本章综合介绍了网络空间防御的研究现状,提出了动态赋能的网络空间防御的定义和体系架构。动态赋能防御采用动态、开放、主动的体系技术来实施网络防御,包括软件定义的前端和服务化的后台。前端提供了安全功能的容器,动态加载后台输出的安全载荷,根据安全防护需求的变化实现安全功能的动态变换。针对信息系统的实体软件、网络、平台、数据,分别提出了相应的动态赋能防御技术,设计防御效能评估和智能决策方法,并分别从杀伤链和攻击面角度讨论了动态赋能技术的重要性和有效性。

2.1 动态赋能的网络空间防御概述

信息化高速发展带给人类社会的变革正在不断升华。纵观全球，无论是人类日常生活相关的衣食住行、社交通信，还是更社会化的政治、经济、文化、科学研究等，都无时无刻不被互联网时代所影响或者改变，云计算、大数据、搜索引擎、智能手机、网络购物、在线社交等高科技产物走进千家万户，使我们有机会在短短几十年就看到互联网时代带给人类历史上从没有过的精彩与新奇。然而，从前文给出的网络攻击情况来看，利益与风险总是并存的，千变万化的网络攻击事件就像悬在全球网络空间头上的"达摩克利斯之剑"，甚至更糟。达摩克利斯之剑至少是可见的，而网络攻击不仅无法完全预知，还会因网络的便捷性而进一步增加其危害程度。如何遏制这一恶性趋势的蔓延、如何让我们摆脱恐惧、如何寻找遏制网络病毒的"良药"，是今天必须要深思的问题。

2.1.1 网络空间防御的基本现状

现有的网络安全防御体系综合采用防火墙、入侵检测、主机监控、身份认证、防病毒软件、漏洞修补等多种手段构筑堡垒式的刚性防御体系，阻挡或隔绝外界入侵，这种静态分层的深度防御体系基于先验知识，在面对已知攻击时，具有反应迅速、防护有效的优点,但在对抗未知攻击对手时,则力不从心,且存在自身易被攻击的危险。在这种防御体系中,由于基本的安全防护设施通常采用固定部署模式,相关的协议、服务、应用和运行参数等也普遍缺少变化部署,使攻击者可以进行长期分析,查找并利用系统漏洞,攻击得手后即可持续长期控守,持续危害系统安全,而且单个攻击手段一旦对局部生效,很容易扩散开来,对全网造成大面积影响。

在信息化高速发展的当今社会,网络空间安全受到世界各国的高度关注。美国2003年正式将网络安全提升到国家安全的战略高度,2005年把网络空间列为与陆、海、空、天同等重要的作战领域,2009年提出"21世纪掌握制网络权与19世纪掌握制海权、20世纪掌握制空权一样具有决定意义";俄罗斯将网络信息战比作未来的"第六代战争",在军事上把网络攻击定性为大规模毁灭性武器,并将信息网络战提高到仅次于核战争的重要位置;英、法、德、日等国也纷纷加大网络安全建设投入,组建专业力量,频繁举行"网络欧洲""网络海盗""波罗的海网络盾牌"等攻防演练,加紧提升网络空间攻防能力;2012年10月,北约卓越中心发布《国家网络空间安全构架手册》,从国家战略安全角度制定和规划了防护机制与政策。

作为信息技术和互联网技术的发源地,美国对网络空间安全尤为重视,不仅出台了大量指导性、战略性的政策,而且在网络空间安全防御技术研发方面进行了大量投入,正在积极寻求网络安全防护的突破性技术。美国在对国家网络安全防御进行了深入研究后,发现传统的网络防护方式难以抵御新的网络威胁,迫切需要进行革命性的改变,催生了"改变游戏规则"的网络安全防御新思路。这一思路可以追溯到2008年1月美国发布的《国家综合网络安全倡议》[1],要求确定并发展"超前"的技术、战略和计划;奥巴马上台后进一步推进网络空间安全工作,于2009年5月发布《网络空间政策评审》,确定了美国政府应实施网络空间改变游戏规则的安全研发思路,同时启动了国家网络飞跃年,开始探索改变未来网络空间安全游戏规则的构想。2011年12月,美国国家科学技术委员会(NSCT)发布《可信网络空间:联邦网络空间安全研发战略规划》,核心是"针对网络空间所面临的现实和潜在威胁来发展能"改变游戏规则"革命性技术,确定了内置安全、移动目标防御、量身定制可信空间、网络经济激励4个"改变游戏规则"的研发主题,作为美国白宫网络安全研究与发展战略规划的四大关键领域,其中,动态目标防御[2~9](Moving Target Defense,MTD)技术被学术界、工业界看作是最有希望进入实战化应用的研究方向。

2.1.2 网络空间动态防御技术的研究现状

动态目标防御技术体现了网络空间安全游戏规则的新理念和新技术。这种技术旨在通过部署和运行不确定、随机动态的网络和系统,大幅提高攻击成本,改变网络防御的被动态势。动态目标防御的方向一经确立,相关研究迅速展开,美国政府、陆军、海军、空军相继安排了动态目标防御研发项目,在理论研究和技术实现的两个方面都取得了初步成果。

在理论模型方面,相关研究主要从攻击者和防御者策略对抗的角度出发,基于攻击面构建攻防博弈模型,对动态目标防御机理和效能进行探讨,典型代表有惠普实验室的Pratyusa K. Manadhata、卡耐基梅隆大学计算机科学系的Jeannette M. Wing和Jain等学者[10]。Pratyusa K. Manadhata和Jeannette M. Wing提出了系统攻击面的公式化模型,引入了系统攻击面的度量方法,以此作为系统安全的指标。随后,Pratyusa K. Manadhata又定义了攻击面转移的概念[11],基于博弈理论提出二人随机博弈模型,用于确定最佳的动态目标防御策略;Jain等[12]在美国国土安全部恐怖事件风险与经济分析中心基金的支持下,将博弈论运用到安全领域面临的挑战性现实问题,并阐述了解决大规模现实安全博弈特征的思路和算法;Bilar等[13]在美国国防部的支持下研究了Conficker蠕虫病毒和相关防御措施的协同演变,并建立了对应的量化模型;Gonzalez[14]在美国陆军研究办公室的支持下以基于实例的学习理论(IBLT),对赛博安全和行为博弈理论进行了研究。

在技术实现方面,动态目标防御技术涵盖了信息系统从网络、平台、运行环境到软件和数据等各个方面。美国研究机构综合运用现有动态目标防御技术,已经先后开发出螺旋式变形防护系统(HMS)[9]、变色龙软件系统、MTD指挥与控制框架等原型系统。HMS是Claire Le Goues等[9]在美国陆军和空军研究项目支持下开发的动态目标防御系统,该系统能够在时间及空间两个维度不断转移程序攻击面,同时,可以采用进化算法自动修复漏洞,减小程序攻击面,实验表明,该系统可以适用于软件栈的多个层次;弗吉尼亚理工学院Mohamed Azab开发了变色龙软件系统,基于新型的面向单元的结构(COA),应用多维时空多态化和变量混淆技术,对软件执行行为进行加密,并在运行时采用系统变化和恢复策略实现运行环境的持续变化,能够有效抵御恶意代码攻击;佛罗里达理工学院与佛罗里达人类和机器认知研究所共同承担的项目——MTD指挥与控制框架,用于解决动态目标防御系统在变化过程中对管理者和用户可见、可预测问题。

此外,基于动态目标防御技术所开发的变形网络、自适应计算机网络、自

清洗网络等也获得了一系列原型技术成果。其中,限制敌方侦察的变形网络设施(MORPHINATOR)是2012年美国陆军授予雷声公司研制的项目,总投入310万美元,目标是研制具有"变形"能力的计算机网络原型机,用以在敌方无法探测和预知的情况下,实现管理员对网络、主机和应用程序的有目的的动态调整和配置,从而达到预防、延迟或制止网络攻击的目的。自适应计算机网络是2012年5月美国堪萨斯州大学为美空军科研办公室研究的项目,重点研究和量化动态目标防御对计算机网络的影响。将研究计算机网络通过自动改变自身设置和结构来对抗在线攻击的可行性,并开发有效的分析模型,以确定动态目标防御系统的有效性。这些成果已陆续在美国军队、院校等单位得到了初步应用。

学术界也越来越注视到动态目标防御技术的重要性。美国弗吉尼亚的Sushil Jajodia和Anup K. Ghosh等人首次针对动态目标防御出版了两本专著 *Moving Target Defense-Creating Asymmetric Uncertainty for Cyber Threats*[4]和 *Moving Target Defense-Application of Game Theory and Adversarial Modeling*[5],麻省理工大学的H. Okhravi和M. A. Rabe等基于动态防御技术的发展情况,发表了技术报告 *Survey for Cyber Moving Targets*。世界上最为著名的计算机组织——国际计算机协会(Association for Computing Machinery,ACM)已连续召开了关于动态目标防御的研讨会[6, 8, 15-17],讨论动态目标防御技术的进一步发展方向。

2.1.3 动态赋能网络空间防御的定义

前文讨论了国际社会对网络空间动态防御技术的态度和基本研究情况,可以看出,针对这一技术主题,存在着多种技术分支和技术命名,比较有影响力的主要有:动态目标防御[4,5]、变形网络[2]、自适应计算机网络[18,19]、自清洗网络[20]。

除此之外,还有很多面向特殊领域的变化技术应用于防御网络空间攻击,如面向通信安全的通信频谱变换技术等。

在信息化发展过程中,安全能力虽然经常被提及,看似很受重视,但当今安全攻防的严重不对称性,恰恰说明了人们对安全能力的认证还存在这样那样的偏差。有人认为安全能力属于"有了更好,没有也罢";有人认为"你大公司都被攻击了,我们小公司被攻击了太正常""美国都被攻击了,我们被攻击了也不算什么";还有人认为"安全再重要,也比不上可用性重要"。在这些人眼里,安全技术只是一种辅助工具,是用来进行后勤保障的,是信息系统的衍生品，顶多只是锦上添花的角色。但随着网络攻击带来的损失越来越严重，从影响个人上升到影响公司、影响军事、影响社会、影响国家，甚至到影响整个世界，我们认为不应该只把安全认为是网络空间的一个普通属性，而应该将安全作为网络空间对外功能的一个主体度量指标，安全不应该是可用性的对立面，应该是可用性的一部分。因此，我们希望使用"赋能"这个词来表达安全的重要性，动态赋能的核心技术基础是多种多样的动态技术，但它不仅是一种技术，它应该成为信息系统的一种基本能力，是信息系统自身对外展现能力时的一种标准属性。本书之所以提出动态赋能的网络空间防御技术，是因为主要篇幅仍将讨论动态技术如何为网络空间的安全防御提供支持，但其实我们更应该称之为动态赋能的网络空间，即动态技术不仅是保护网络空间的一种外在因素，更是网络空间运转的一种基本前提能力。只有在这种层面的认知下，我们才有可能把安全落到实处，让动态安全防御技术在信息系统设计、产生、运行到维护的全生命周期过程中得到有力实施。动态防御技术一定不能是在网络空间这个大操作系统上面装的一个杀毒软件或入侵检测系统，而应该是网络空间这个大操作系统的一个内核组成部分。

基于此认识，我们提出动态赋能网络空间防御这一概念的定义。

动态赋能网络空间防御是一种需要在网络空间信息系统全生命周期设计过程中贯彻的基本安全理念，其目的在于通过一切可能的途径，在保证网络空间信息系统可用性的同时，使信息系统全生命周期运转过程中所有参与主体、通信协议、信息数据等都具备在时间和空间两个领域单独或者同时变换自身特征属性或者属性对外呈现信息的能力，从而达到以下效果：① 攻击者难以发现目标；② 攻击者发现的目标是错误的；③ 攻击者发现了目标但无法实施攻击；④ 攻击者能实施攻击但不可持续；⑤ 攻击者能实施攻击但很快被检测到。任何符合以上特点的技术都隶属于动态赋能网络安全防御技术的范畴。

动态赋能网络空间防御以软件定义的安全防护设施为基础，以服务化的后台安全服务设施为支撑，将静态设防的网络空间安全能力载体，变成动态赋能的活体系，通过集约使用有限的资源和力量，提供全局赋能的新活力。这个概念比之前面的"动态目标防御""变现网络"等工作在非安全环境中的弹性系统有了更大的作用域，最核心的一点是，它不仅是描述一种安全技术，它更多的是描述信息系统自身组成通过变化所形成的一种内在安全能力。具体来说，动态赋能的网络空间防御概念除包括动态目标防御和变形网络等基于动态思想的安全技术或者理念外，还提供了更广阔的、面向信息系统所有实体的安全能力变化空间。这个概念的具体空间既包含了目前我们所知的动态防御技术，还包括了我们亟待发现的、基于实体动态变化能力的安全性提升方法。

2.1.4 动态赋能网络空间防御体系架构

虽然国内外的动态防御技术已有相关研究，但更多的聚集在专项技术点突破上，并没有从基础原理和体系设计角度进行深入阐述，在相关基础理论研究、关键技术突破和试验效能评估方面都存在显著不足。在此，我们提出了动态赋能网络空间防御体系架构。

动态赋能颠覆了传统的网络防御思路，主张采用动态的、开放的、主动的体系来实施网络防御，通过可重构的软件定义安全理论与技术使安全能力灵活扩展、按需部署。动态赋能网络空间安全防御体系架构如图2-1所示，包括多个负责防控或探测的前端容器、一个负责动态生成和输送任务载荷的后台服务，以及一个负责系统配置和评估的管理服务。

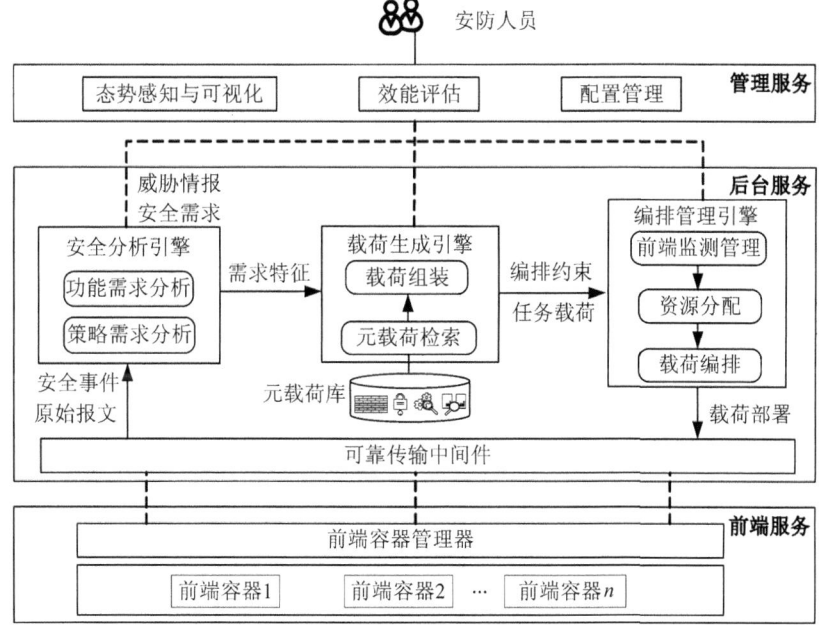

图 2-1 动态赋能网络空间安全防御体系架构

前端容器负责动态加载并执行软件或硬件任务载荷，是一种软件或硬件可编程的物理设施。前端容器动态加载的任务载荷包括面向可编程的功能载荷，如可执行程序、FPGA下载文件，以及面向可配置的策略载荷，如检测规则配置、访问控制策略、病毒库升级补丁。前端容器管理器提供安全功能载荷的运行环境，在网络可达的情况下，可接受后台服务端的集中管理。安全功能载荷运行在前端容器中提供特定的安全防御能力，在容器管理器的控制下，能够实现启动、关闭、删除、迁移等功能。

后台服务负责动态生成和输送任务载荷，包括安全分析引擎、载荷生成引擎、编排管理引擎、元载荷库和可靠传输中间件等。安全分析引擎负责分析威胁情报、网络安全事件及原始报文，并提取任务载荷的功能和策略需求特征值发送给载荷生成引擎。元载荷库负责存储和提供用于组合生成新载荷的任务载荷（即元载荷）。载荷生成引擎根据安全分析引擎提供的任务载荷需求特征值，在元载荷库中检索满足条件的候选任务载荷集合，并从中选取出最优子集（如资源成本最小、性能最高或能耗最小），得到最终的任务载荷集合，同时给出任务载荷集合的编排约束。编排管理引擎负责根据底层物理网络中前端容器的资源消耗和负载状态，为每个任务载荷指定待部署的前端容器，生成最优的资源分配方案，并对所有任务载荷进行全生命周期的管理和维护。可靠传输中间件负责将前端容器的安全信息传输给后台服务的安全分析引擎，并将任务载荷及其部署方案以可靠传输方式发送到指定的前端容器，从而使任务载荷在前端容器中正确部署和运行。

管理服务将网络空间态势进行可视化呈现给安防人员，并对系统安全防护效能进行评估和改进，安防人员还可以对后台服务的各功能引擎进行配置管理。

2.2 动态赋能防御技术

动态赋能防御的每一种技术都是以保护信息系统中的某种实体为目的的。如图 2-2 所示，一般来说，信息系统中的实体主要包括软件、网络节点、计算平台、数据等。为此，如图 2-3 所示，我们相应地提出四大类动态赋能防御技术：软件动态防御技术、网络动态防御技术、平台动态防御技术以及数据动态防御技术。

这里的技术分类以实体对象主导，主要阐明动态赋能防御技术在保证该实体运行过程中的安全性保障作用。部分动态赋能技术只对某些实体有用，但也存在一种技术的理念被多种实体保护措施所采用的情况，例如经典的随机化技术、N 变体技术思想等，在多种实体的保护中都有不同程度的应用。以随机化技术为例，在软件动态防御中，该技术可以具体化为指令集随机化技术、地址空间随机化技术等；在网络动态防御中，该技术可以具体化为 IP 地址随机化技术等；在数据动态防御中，该技术可以具体化为数据随机化技术等。尽管以上面向不同实体的动态赋能防御技术都源于随机化技术的理念，但在实际操作过程中，却存在着针对不同实体进行的具体改进和环境适应性调整，因此，很有必要对这些技术做进一步的细粒度阐述和解析。

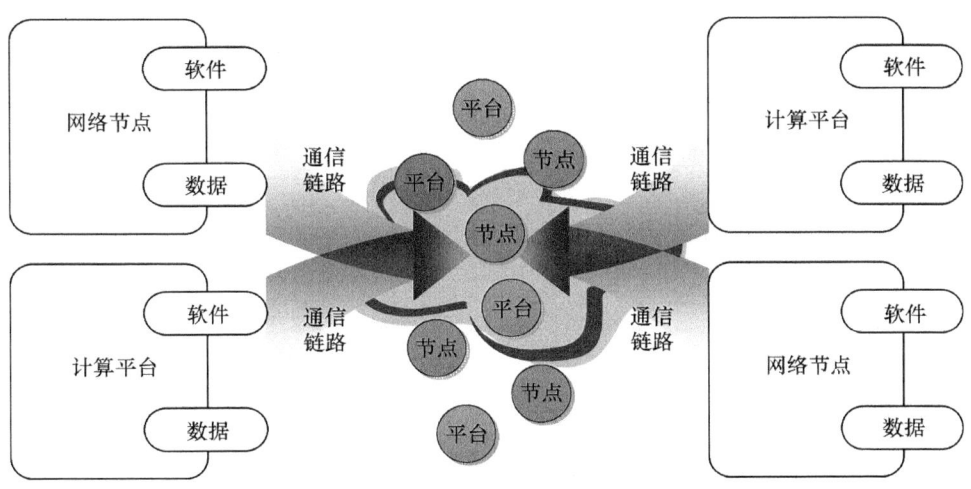

图 2-2 网络空间实体

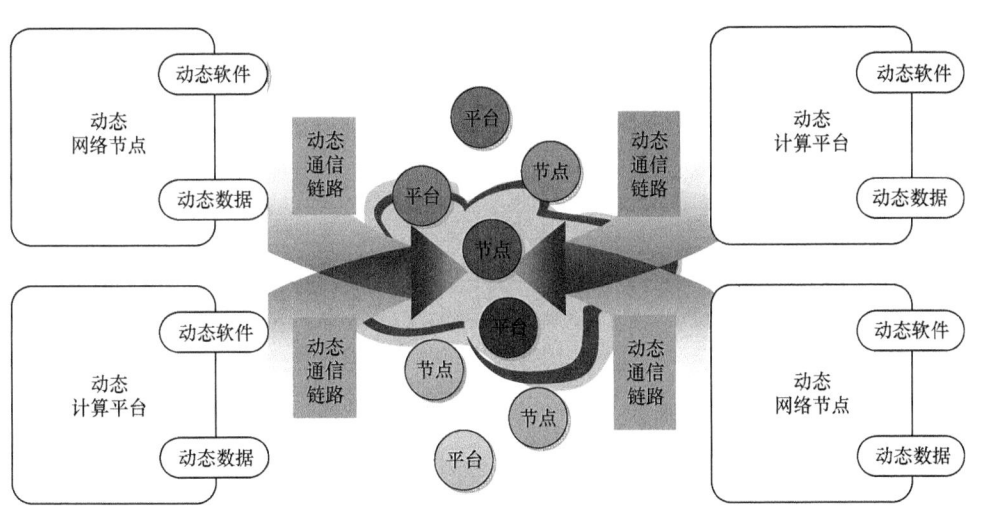

图 2-3 网络空间的动态实体

本节将对这四大类动态赋能防御技术进行概述，具体技术细节将在后续章节中进一步明晰。

2.2.1 动态赋能架构技术

动态赋能防御采用动态的、开放的、主动的体系技术来实施网络防御。动态赋能网络安全体系包括软件定义的前端和服务化的后台，其中，前端提供了安全功能的容器，能够根据安全防护需求的变化，动态加载后台输出的不同安全载荷，实现安全功能的动态变换。服务化的后台负责动态输送任务载荷，包括安全分析引擎、载荷生成引擎、编排管理引擎、元载荷库和可靠传输中间件等技术。

（1）动态赋能前端容器技术

动态赋能网络安全体系中前端提供了支持安全功能的容器，通过软件定义的技术根据安全防御需求的变化，动态加载后台输出的安全载荷，实现安全功能的动态变换。动态赋能的前端容器赋能是指通过网络在前端容器中动态加载安全载荷，当用户安全防护需求变化时，基于虚拟化技术的容器赋能方法能够快速完成基础虚拟机镜像和安全载荷的动态加载，建立安全防御虚拟软实体，动态赋予前端容器的安全防护能力，同时保证不影响正常业务或服务的运行。前端容器的处理单元由硬件平台、虚拟机管理器和运行在其上的安全功能载荷组成，能够根据需求灵活配置，提供一种可动态扩展的处理架构。处理单元不仅提供功能可动态重构的可编程逻辑资源，而且支持不同安全功能载荷的动态加载，能够实现不同安全功能的动态变换。另外，不同处理单元上的安全功能载荷，或同一处理单元上的不同安全功能载荷，支持采用不同的设计架构实现同样的功能，通过对各安全功能载荷的输出结果进行判决得出最终结果，可抵御针对单一设计架构的攻击。

（2）安全分析引擎技术

军事通信网络通常面临着0day等攻击，而已知的特征检测方法难以应对此类威胁，人工介入的分析方法又存在效率低、成本高等问题。安全分析引擎的主要功能是分析威胁情报、网络安全事件以及原始报文，并提取任务载荷的功能和策略需求特征值。安全分析引擎的输入包括下层前端容器采集的网络安全事件和原始报文，以及上层的威胁情报，输出为任务载荷的功能和策略需求特征值。安全分析引擎的内部结构具体包括：功能需求分析模块和策略需求分析模块。功能需求分析模块，用于解析威胁情报和网络安全事件，得到功能需求特征值。策略需求分析模块，用于解析网络安全事件和原始报文，得到策略需求特征值。

（3）动态赋能安全载荷的生成方法

前端容器动态加载的安全载荷类型主要包括面向可编程的功能载荷和面向

可配置的策略载荷。

面向可编程的功能载荷的一种生成方法可以采用 Q-Learning 算法实现，此方法根据前端网络的拓扑状况，以及前端系统的实际安全需求，确定所需功能载荷的输入和输出，选择功能元素集合中具有同样输入的元素作为路径的入口，选择集合中具有同样输出的元素作为路径的出口，根据 Q-Learning 算法在入口和出口之间选择最优的元素生成路径，动态生成功能载荷。通过 Q-Learning 算法的引入，一方面可以不需要人工干预地动态优化元素功能组合，自动优化功能载荷的性能；另一方面可以极大地提高元素矩阵的收敛速度，提高元素路径的生成效率，从而提高功能载荷的生成速度。

安全策略载荷是指在某个安全区域内用于所有与安全相关活动的一套规则，以解决网络面临大规模和瞬变的攻击态势时仅依靠手动配置安全策略无法满足应急响应的需求。动态赋能策略载荷的生成方法首先对新的威胁情报进行解析，得到安全策略载荷的功能类型，并制定初始匹配规则，前端容器探针根据初始匹配规则收集安全事件及其原始报文；之后对安全事件及其原始报文进行安全分析，得到安全策略载荷的精细匹配规则和作用范围，根据安全策略载荷的功能类型，在元载荷库中检索安全功能载荷，得到对应的安全策略模板和处理规则集合；然后根据安全与服务的权衡性对处理规则集合进行评估，获取最优处理规则，并使用精细匹配规则和最优处理规则填补安全策略模板，生成安全策略载荷；最后根据作用范围，将安全策略载荷下发到指定前端容器的安全功能载荷中，同时更新元载荷库。

（4）动态赋能安全载荷的编排方法

安全功能的虚拟化技术支持向前端容器动态赋予多种不同的安全载荷，每种安全载荷实现特定的防护能力。多个安全载荷能够组合成具有一定顺序约束的载荷序列，以完成更为复杂的安全防护任务，称为安全防护链。安全防护链中的安全载荷需要被映射到前端容器上，并按照逻辑顺序实现相应连接，即安全防护链的编排问题。

安全防护链的编排问题包括：新载荷的资源分配和载荷实例的选择编排。目前，相关研究主要利用相似的虚拟网映射问题来解决编排问题，但传统的虚拟网映射过程只考虑虚拟节点的资源分配，没有考虑映射后不同请求对同一网络功能实例的复用。基于动态赋能的安全载荷编排方法，综合考虑资源分配与实例选择，通过输入安全载荷集合以及安全载荷之间的链路集合和输入底层前端容器中处理单元集合和底层链路集合，根据需求约束和目标，自动为一个或多个任务载荷分配物理资源，生成最优的部署方案。对于未实例化的安全载荷，将满足资源需求的前端容器处理单元加入候选集合，按照负载均衡原则进行资源分配。对于已实例化的安全载荷,将实例所在的前端容器处理单元加入候选集合,按照性能干扰最小原则进行实例选择,并扩充资源。

(5)动态赋能载荷安全可靠传输方法

在动态赋能安全防御体系中,底层网络是处于动态变化的,当网络中发生较为恶劣的安全事件时,网络通信性能和业务服务质量往往会出现恶化,表现出误码率高、传输时延及时延抖动大、带宽受限等特性,严重影响网络安全载荷的可靠传输。现有普通的网络传输协议无法在这种情况下保证网络安全载荷的可靠传输。TCP固有的三次握手、差错控制和拥塞控制等机制,很难在恶劣的网络条件下建立通信连接、完成数据传输。

基于UDP的多径传输技术可以为网络安全载荷的可靠传输提供一种解决方法。首先创建一个多径传输会话,收集发送方与接收方之间的多条路径信息,根据载荷类型、大小、等级,确定是否切分载荷以及载荷的传输路径,将载荷划分成一个或多个流块,为每个流块分配唯一的单调递增的整流序列号,按照路径传输策略为每个流块指定一条传输路径,调度到同一路径的流块组成一个子流;接收端在接收到来自于发送方的多径传输数据分组时,将流块以整流序列号递增顺序重组为载荷,在接收到来自于发送方的多径传输拆除请求时,生成流结束流块传送至接收方,释放收集到的多条路径,释放多径传输会话。

(6)基于虚拟化技术的安全载荷网络动态加载

安全功能虚拟化技术支持向底层网络的前端容器动态赋予多种不同的安全载荷,每种安全载荷实现特定的安全防护能力,称成功加载的安全载体为安全防护虚拟软实体。

安全载荷网络动态加载方法综合考虑安全防护需求、前端容器和安全载荷自身的特性,通过后端服务器向前端容器按需推送基础虚拟镜像、安全载荷,并动态加载新的安全载荷,最终实现安全防护虚拟软实体安全防护能力的动态赋能。其中,前端容器用于加载并运行满足用户安全防护需求的安全载荷和与之相匹配的基础虚拟镜像,后端服务器存储并及时更新各种安全载荷、基础虚拟镜像,维护安全防护需求与安全载荷、安全载荷与基础虚拟镜像之间的映射关系,保存并及时更新各个前端容器的运行状态。当用户安全防护需求变化时,该方法能够快速完成安全载荷的动态加载,动态赋能前端容器的安全防护能力,同时保证不影响正常业务或服务的运行。

2.2.2 软件动态防御技术

软件动态防御技术是指动态更改应用程序自身及其执行环境的技术。这种更改可包括更改指令集、内存空间分布以及更改程序指令或其执行顺序、分组或格式等。相关技术主要有：地址空间布局随机化（ASLR）技术、指令集随机化技术、就地代码随机化技术、软件多态化技术以及多变体执行技术等。

（1）地址空间布局随机化技术

地址空间随机化或地址空间布局随机化[21~25]是最成功且应用最广泛的多样化技术。其基本思路非常简单：将对象在内存中的位置进行随机化，从而能够防范根据这些对象地址发动的攻击。2000年，地址空间随机化率先在Linux内核PaX补丁中实现[26]，此后，在大部分主要操作系统都有所使用，包括Windows(2007年首先用于Windows Vista，后来用于Windows Server 2008和Windows 7)、Linux(2005年以后在Linux内核中包含了一部分，在大多数Linux加强版中有更完整的实现)及Mac OS(自OSX 10.5以来形式有限)。

地址空间布局随机化最简单的实现办法就是对大内存区域的基地址进行随机化。例如，PaX对基地址进行随机化[26]，使可执行区包含程序代码和静态数据结构，堆栈区包含执行堆栈，映射存储区包含堆和共享内存及动态加载库。通过向地址添加随机生成的偏移，可以对其中每个区域的地址进行随机化。不过，在每个区域内，布局是不变的。这种方法的优点是可以由程序载入器实现，不需要对可执行程序做任何修改。ASLR的其他实现方法是对地址布局进行更全面的随机化。例如，地址混淆是对数据和代码的绝对位置和相对位置进行随机化。其具体做法是，随机改变堆栈或结构中变量的顺序，并在对象之间随机填充一些数据。不过，与区段基地址随机化不同，做出这种变化需要对目标程序进行深入分析。

（2）指令集随机化技术

指令集随机化是通过使目标指令集模糊化来阻止代码注入攻击的常用技术[27~29]。运用指令集随机化技术后，攻击者虽然知道可以通过一个漏洞将其构建的代码注入目标应用程序中，但在不知道目标指令集的情况下，他无法建立有预期行为的代码。

Barrante等[28]的随机指令集仿真（Randomized Instruction Set Emulator, RISE）是指令随机化的一个典型实例。在该系统中，指令集随机化的办法是，当加载代码时，生成随机位序列，按照相应的随机位对程序中的每个指令进行异或运算；然后，在仿真器中运行程序，利用随机位对指令进行异或运算，获得原始指令。这将导致攻击者注入的指令在运行之前也已与随机位进行了异或运算，但由于攻击者不知道随机密钥，其注入的代码将无法产生所期望的行为。

指令集随机化的其他实现方法是分块加密。例如，胡伟等[29]利用高级加密标准（Advanced Encryption Standard，AES）对程序代码进行加密，实现了指令集随机化。对更高级别的指令集，也可以进行随机化。例如，通过向SQL指令添加随机数的办法，可以阻止SQL注入攻击；通过对Perl语言组成部分进行随机化，可以阻止Perl注入攻击等。

（3）就地代码随机化技术

就地代码随机化技术以二进制可执行文件代码段的随机化为基础，使用一种二进制代码转换技术，扰乱实施ROP（Return-Oriented Programming，面向返回的编程）攻击的漏洞利用代码，从而防御ROP攻击[30]。常见的就地代码随机化技术主要有原子指令替换、指令重排、寄存器再分配等技术。

原子指令替换技术的基本思想是：使用不同的指令组合，实现完全相同的计算。在代码随机化应用中，用函数等效但序列不同的指令来替换原有指令，虽然程序产生的结果一样，但却可以破坏ROP的链接方式。

指令重排的核心思想在于：对于一个二进制文件而言，其内部指令序列是固定的，这一确定性是由编译器根据特定的输入条件确定的，如果选择不同的条件，就可以生成功能相同而内部指令序列不同的差异化目标文件。基于这一发现，则可以对二进制文件基本块内的指令序列进行重排，实现扰乱ROP攻击的目的。

寄存器再分配的核心思想是：在编译二进制文件代码过程中，编译器把高级程序的许多变量随意分配到更小的寄存器组中。具体在一些程序点处，某个变量应存储在寄存器中，这样的程序点是通过复杂的分配算法来选取。此时，新变量如果需要映射到寄存器上，编译器可选择该点处的任何可用寄存器来保存新变量。因此可知实际寄存器的分配只是寄存器许多可能分配之中的一种。根据这一观察结果，可根据不同但等效的寄存器分配，在已有代码中再分配寄存器操作数的名称，同时不影响原始代码的语义，因此，同样可以扰乱ROP攻击。

（4）软件多态化技术

为了打破软件静态性带来的巨大安全隐患，软件多态化技术应运而生。软件多态化技术基于编译器为同一源代码生成功能相同、内部结构不同的大量软件实体，分发给不同用户使用，使每个用户使用的同一款软件在内部结构上都不相同，从而有效增加攻击者发动攻击的成本。在生成多态软件的过程中，可以综合运用基于内存地址空间随机化的相关技术以及变量重排、功能调整等多种技术。

（5）多变体执行技术

多变体执行技术是一种在运行时防止恶意代码执行的技术。通过同时运行多个语义上等价的变体，并在同步点比较其行为，在同样输入的前提下一旦发现有不一样的行为，则可通过监控程序来判断是否存在攻击行为。与软件多态化技术相比，多态化的软件在运行时只运行一个实体，不同用户的软件存在差异。但多变体软件在同一个用户使用时，可以同时运行多个语义等价的变体。

Cox 等人[31]的设计实现了 N 变体系统框架，对系统内核进行了修改，使监控程序运行在核心层。加利福尼亚大学的 Todd Jackson 等人[30]应用多变体执行技术设计实现了多变体执行环境（Multi Variant Execution Environment, MVEE）。多变体执行由编译器、MVEE 共同完成：通过为源代码中需要重点保护的程序核心算法或关键控制过程，添加设立多变体生成的编译指示，在编译时生成多样化代码的变体；通过多变体执行环境运行多个变体，在系统调用上同步并监控各变体行为，发现某个变体与其他变体异常时，则可判定该变体受到攻击，随即中止该变体的执行，同时选取其他变体的结果作为程序执行的结果。

2.2.3 网络动态防御技术

网络动态防御技术是指在网络层面实施动态防御，具体是指在网络拓扑、网络配置、网络资源、网络节点、网络业务等网络要素方面，通过动态化、虚拟化和随机化方法，打破网络各要素静态性、确定性和相似性的缺陷，抵御针对目标网络的恶意攻击，提升攻击者网络探测和内网节点渗透的攻击难度。相关技术主要有：动态网络地址转换技术、网络地址空间随机化分配技术、端信息跳变防护技术以及基于覆盖网络的相关动态防护技术。

（1）动态网络地址转换技术

Dorene Kewley 等人[32]在传统网络地址转换（Network Address Translation, NAT）技术的基础上，进一步扩展了对网络节点标识变化的范围和机制，提出了动态网络地址转换（Dynamic Network Address Translation, DyNAT）技术，用于抵御攻击者对内部网络和节点的信息采集。该技术的核心理念是通过改变终端节点固定编址，提供相应的机制和方法不断地改变终端节点标识。该技术通过对网络数据分组头部中和主机标识相关的信息进行加密等加扰处理，并对密钥引入按时间或网络属性进行动态更新，在数据分组进入网络前启动转换、进入主机前还原变化，这种周期性变换通信协议字段的方法可用于防御攻击者攻击个人终端主机，可破坏中间人嗅探的效果，防范攻击者对内网的扫描攻击，阻碍攻击者对终端节点的信息搜集工作。

（2）网络地址空间随机化分配技术

网络地址空间随机化（Network Address Space Randomization，NASR）技术是指网络上的主机能够随机获得网络地址的技术和方法。基于DHCP协议实现的网络地址空间随机化技术[33]，是用于防范基于IP地址列表进行蠕虫传播和攻击的一种方法。和其他蠕虫抵御方法一样，NASR只是一种针对蠕虫攻击的部分解决方案。这种方法要求修改DHCP服务器，使其足够频繁地改变主机IP地址，其本质是IP地址跳变技术。这种技术通过使蠕虫攻击的IP地址列表黑名单在病毒扩散和发动之前变得无效，达到牵制蠕虫病毒传播速度的目的。本技术实际上并不能阻止任何具体攻击，但有助于降低扫描攻击的有效性。

（3）端信息跳变防护技术

端信息跳变技术是指在端到端的数据传输中，通信双方或一方按某种协定伪随机地改变端口、地址、时隙、加密算法甚至协议等端信息，从而破坏敌方攻击与干扰，实现主动的网络防护。按照跳变参与者的类别，端信息跳变可以是服务器的单方面端信息跳变，也可以是对等主机的双方面端信息跳变。由于双方面的跳变系统实现非常复杂，目前的研究和原型系统实现大都集中于服务器端单方面的信息跳变研究。

端信息跳变在攻防双方都可以采用。早在2003年，美国军方在APOD（Applications that Participate in their Own Defense，参与自身防御的应用程序）项目中就已经提出了基于端口和地址跳变的混合跳变防御策略，给出了一种基于虚假端口地址跳变的抗端口扫描和抗DoS攻击的网络防护方法。在该方法中，服务器的地址和端口并不跳变，而仅在数据传输通信中使用虚假的地址和端口进行地址/端口的替换，以迷惑外部攻击者；真正合法的通信双方则通过合作、协商和授权知道真实的地址信息。

（4）基于覆盖网络的相关动态防护技术

基于覆盖网络的相关动态防护技术的核心思想是在应用层构建一种动态生成的网络，由一个作为网络根的中央分配中心和若干个从该分配中心接收内容的节点组成，同时设置一套具体规范，用于管理可信节点的加入、节点间信任机制的传递和信息的交付。这种可信网络可以改变内容分发路径、重新配置节点，并对链路或节点的动态变化及时作出响应，是一种应用级的动态网络应用模式，便可用于防范拒绝服务、操纵网络内容等资源型攻击。采用这种技术后，由于覆盖式网络的分布式特点和良好连通性，攻击者需要同时淹没数千台机器才能达到拒绝服务攻击效果；另一方面，通过对分发的内容进行数字签名，网络中的每个节点都可以通过检查签名来验证内容是否完好，从而防范内容操纵。

2.2.4 平台动态防御技术

传统平台系统设计往往采用单一的架构，且在交付使用后长期保持不变，这就为攻击者进行侦察和攻击尝试提供了足够的时间。一旦系统漏洞被恶意攻击者发现并成功利用，系统将面临服务异常、信息被窃取、数据被篡改等严重危害。平台动态防御技术即是解决这种固有缺陷的一种有效途径。平台防御技术构建多样化的运行平台，通过动态改变应用运行的环境来使系统呈现出不确定性和动态性，从而缩短应用在某种平台上暴露的时间窗口，给攻击者造成侦察迷雾，使其难以摸清系统的具体构造，从而难以发动有效的攻击。相关技术主要包括：基于动态可重构的平台动态化、基于异构平台的应用热迁移、Web服务的多样化以及基于入侵容忍的平台动态化。

（1）动态可重构的平台动态化技术

动态可重构系统是一种异构的计算环境，通常包括通用处理器、可编程逻辑器件等。可编程逻辑器件能够在处理器的控制下动态加载不同的配置数据，进行运行时重构，并且在重构过程中实现处理任务的不中断，保证任务执行的连续性。

利用动态可重构系统支持动态重构的特性，通过多样化的软/硬件任务划分和差异化的逻辑电路设计，可以设计出满足某种应用任务要求、运行于通用处理器和可编程逻辑器件中的多个可执行文件和配置数据，并在系统运行过程中，随机变换加载在系统中的可执行文件和对应的配置数据文件。由于可编程逻辑器件配置数据的变化会引起其电路逻辑结构的变化，所以通过随机变换系统的配置数据文件，就能实现应用运行平台的动态化。这些动态变换就使攻击者难以对系统进行有效的侦察和探测，从而有效应对针对平台的代码注入攻击和针对有缺陷硬件部件的攻击，有效提高系统的防御能力。

（2）基于异构平台的应用热迁移技术

基于异构平台的应用热迁移技术，通过随机动态改变应用的运行环境（包括硬件平台和操作系统）实现了运行平台的多样性和随机性[34]。具体实现上，该技术采用了操作系统级虚拟化和检查点编译等技术来创建虚拟执行环境，并在保存应用状态（包括执行状态、文件状态和网络连接等）的同时在不同平台间进行迁移。通过随机动态改变平台，使攻击者在侦察阶段收集的平台信息在攻击时变得无效，从而在一定程度上增大攻击者对系统进行攻击的难度。

（3）Web 服务的多样化技术

该技术通过实现 Web 服务的多样化来提高其防御能力[35]，其基本思想是：创建多个具有不同软件架构的虚拟服务器，并使某些虚拟服务器动态地在离线与在线状态间变换，最后用调度器选择由哪个虚拟服务器来处理所收到的请求。主要包括两种实现方式：一是虚拟服务器具有多样化的软件架构，对不同时刻的服务请求，随机选取某一个在线虚拟服务器为其提供服务；二是以固定间隔时间或基于事件驱动将某些虚拟服务器切换为在线或离线状态，在虚拟服务器变换为离线状态时，要使其恢复到初始安全状态。

（4）基于入侵容忍的平台动态化技术

基于入侵容忍的平台动态化技术借鉴入侵容忍的技术原理[36]，采用异构的多种服务系统，并采用动态变化的机制来处理用户的服务请求，对每种在线服务系统的响应结果，通过投票表决方式确定出返回给用户的正确处理结果。这种技术能够在很大程度上避免不同冗余组件具有相同安全漏洞的情况，从而避免入侵者使用相同的方法入侵多个冗余组件。

2.2.5 数据动态防御技术

数据动态防御主要是指能够根据系统的防御需求，动态化更改相关数据的格式、句法、编码或者表现形式，从而增大攻击者的攻击面，达到增强攻击难度的效果。在当前已知的研究中，数据动态化技术主要指面向内存数据的随机化和多样化技术，但部分研究中也将应用程序中协议语法和配置数据方面的多样化技术归结为数据动态化技术研究范畴。相关技术主要包括：数据随机化技术[37]、N 变体数据多样化技术[38]、面向容错的 N-Copy 数据多样化[39] 以及面向 Web 应用安全的数据多样化技术[40] 等。

（1）数据随机化

该技术的主要思路[37] 在于，将程序中写入内存的数据分类别地进行加密处理，以避免一种类型的数据可以溢出到另外一种类型数据的地址空间中，从而篡改变量原有赋值的问题。任何试图进行写操作的函数都在内存中写入经过随机化的数据；任何试图进行读操作的函数也都将读取到经过加密后的随机化数据。只要溢出攻击在不同类的数据中处理，通过本类密钥随机化处理的数据，必然在另外一个类中无法被正确解密。数据随机化处理方法是数据动态化处理的经典案例，可用于防范 ASLR 和 ISR 等动态技术无法解决的非控制数据（Non-Control-Data）攻击问题[41]。

（2）N 变体数据多样化技术

该技术主要是 N 变体技术思想在数据对抗领域的演化[38]。通过对特定数据类型的数据进行多样化处理，构建出原有程序语义一致的变体程序，在设想的数据多样化处理效果中，攻击者一次输入不可能同时成功攻击两个变体。由此，系统管理者就可以通过设置监控器来比较输入值在经各个变体执行后产生的行为，从而判断输入值的合理性，如果行为有差异，就认为检测到了攻击行为。

（3）面向容错的 N-Copy 数据多样化技术

面向容错的 N-Copy 数据多样化技术主要是为关键数据应用处理程序[39]，如导弹发射程序、飞机航迹规划程序等，提供一种自动的容错处理能力。它的核心思想就在于，假定某种形式的输入数据可能导致系统发生故障，但存在这样的一种可能性，即在输入数据的本质内容不发生变化的条件下，将其表达形式进行变化，并将变化后的数据作为新的系统输入，便可以规避系统缺陷，绕过系统故障，从而提高系统的可靠性。

（4）面向 Web 应用安全的数据多样化技术

面向 Web 应用安全的数据多样化技术[40]主要包括 SQL 指令集随机化、脚本 API 随机化、存储数据参考名称随机化、代码组件随机化等。通过使用其中某项技术或者多项技术的组合，可抵御高层次的代码注入攻击（如 SQL 注入攻击、跨站脚本攻击）和针对内部应用程序的低层次代码注入等恶意行为。

2.2.6　动态赋能防御效能评估与智能决策技术

完整的动态赋能安全防御体系，不仅包括架构赋能及动态防御技术，也应当包含对系统的防御效能评估、以及依据评估结果进行动态反馈调节的智能决策的能力。这样，整个防御系统才能形成完整的闭环控制，具备对变化的安全攻击态势实现安全策略动态调整及优化的能力。与之相关的技术主要有两类，即：动态赋能防御效能评估技术以及动态防御策略智能决策技术。

2.2.6.1　动态赋能防御效能评估技术

实体动态赋能防御技术能否达到预期效果、提升防御能力，有待于综合的分析评价。防御效能评估可以从定性分析和定量评估两个角度，结合形式化的分析方法加以描述和量化。评估准则的选取，既可以考虑多指标的全面评估，也可以选取如漏洞评估这样单一、但直观有效的评估标准。目前，对于网络信息系统的整体安全性评估还没有形成统一的标准，很多评估手段及方法都不可避免地涉及主观的经验判断。为尽量保证评估的客观性，我们从防御系统整体、系统漏洞、攻击面、防御成本等多个角度，借鉴现有防御评估相关的方法，对动态赋能防御效能评估提出一些解决思路。

（1）动态赋能防御效能的整体评估

对防御系统进行整体评估，由于涉及系统多个指标要素的关系比较及整合，可以利用层次分析法，分析系统的要素及其相互关系，将各要素归并为不同层次，计算各层次权重并加以比较。在对系统评估效能等级进行划分时，可考虑利用模糊综合评估方法，构造系统在动态变化中多个时段观测产生的模糊关系矩阵，进而得出综合评估结果。当系统观测的数据达到一定规模时，就可以用已经积累的数据，利用马尔可夫链等方法对下一时刻的综合评价等级进行预测和评价。

（2）基于漏洞分析的动态赋能技术防御效能评估

在各种随机化评估度量指标不易采集时，采用系统漏洞评估这样的单一准则也可能有效体现动态赋能效果，因为系统在动态变化的时间间隔内仍为静态的。基本思想是，将系统漏洞进行分级评价，考虑多种因素，如攻击途径、攻击复杂度、认证、机密性影响、可用性影响、完整性影响、偏向因子、漏洞的可利用性、修复程度和报告可信度以及潜在间接危害、主机分布等因素，通过计算产生相应的度量值并加以评估。

（3）基于攻击面度量的动态赋能防御效能评估

考虑攻击面特性的防御效能评估，可以从两方面入手：一是对攻击者的攻击特性进行建模，对其攻击能力进行特征化，并将其同防御系统随机变化状态相结合，每一个系统状态对应不同的攻击面，进而产生攻击者视角的系统状态变化模型，这里可利用Petri网模型进行安全性分析及测试；另一种更为精细，同时考虑攻防双方对系统攻击面的掌握情况，对系统攻击面的状态迁移进行建模，分别针对攻防双方对攻击面的了解情况及采取的攻防策略进行预判，进而对攻击面下一状态进行预测，由此对系统的防御能力变化进行量化分析，这里可利用马尔可夫链对攻击面的状态变迁进行建模度量。

（4）动态赋能防御与系统可用性评估

在实际运行动态赋能防御系统时，要考虑系统部署的成本与获得收益、如何实现最优部署等问题。为实现有效建模，可以考虑利用博弈论理论，对攻击者的攻击策略变化、防御者采取的应对策略以及产生的回报等，进行更细化的建模描述，以期为防御者选用最佳防御策略提供依据。同时，对动态赋能防御策略部署相对于传统技术而言，对系统在软件开发、运行性能、软件部署、运维管理等方面产生的影响，也要进行详细分析。

2.2.6.2 动态防御智能决策技术

动态赋能防御通过安全分析、载荷生成以及载荷编排3个动态引擎赋予系统中参与主体、通信协议、信息数据等变换特征的能力。在3个引擎的工作过程中，不仅需要硬件方面的架构支持，同时需要配合相应的智能决策技术，使系统能够跟随网络环境、安全需求的变化实现按需动态防护的功能，并针对不同的安全威胁对载荷模块进行自适应调整、合理分配虚拟节点的网络资源。以下分别从安全分析、载荷生成与编排两个方面介绍动态赋能理论中的智能决策技术应用。

（1）安全分析智能决策技术

安全分析引擎的主要功能是分析威胁情报、网络安全事件及原始报文，并提取任务载荷的功能和策略需求特征值。对于现有安全威胁而言，最突出的困境在于网络中存在特征未知或是手法复杂的 0day、APT 攻击等，其主要挑战则在于如何从海量信息中迅速发现未知威胁。

安全分析引擎一方面对网络中的数据流、会话、文件、元数据、网络日志、网络行为等方面对原始网络数据进行整理汇总，另一方面对前端容器所采集的网络安全事件以及上层威胁情报进行充分分析。通过对已有威胁数据的学习以及与正常网络数据间的比对，机器学习模型能够检测到未知的或之前未检测到的攻击模式。另外，机器学习能够从新的数据中获取信息，进行实时、批量的检索并通过前期学习训练以及相关聚类算法，对当前网络中可能存在的安全威胁类别进行合理判定，提高未知威胁检测的准确度。

（2）载荷生成与编排智能决策技术

载荷生成引擎根据载荷需求特征，生成满足需求的任务载荷；编排管理引擎负责根据需求约束和目标，自动为载荷分配物理资源，生成最优的部署方案，并对所有任务载荷进行全生命周期的管理和维护。

载荷生成与编排引擎一方面能够根据网络环境以及安全需求的变化进行自适应调整，通过智能匹配规则和最优处理规则填补安全策略模板，不需要人工干预地在元载荷库中自动进行元载荷组合调用，实现按需的安全服务；另一方面，对已生效的安全策略载荷格式进行快速分析，得到安全策略模板，自动优化功能载荷的性能，提高功能载荷的生成速度；最后，综合考虑资源分配与实例选择，通过智能优化算法对安全载荷进行合理编排，能够有效提高安全资源的利用率，同时动态优化元素功能组合，降低安全防护成本，实现按需动态防护的功能。

2.2.7 动态赋能防御技术的本质——时空动态化

前文介绍了针对软件、网络、平台和数据的多种可能的动态变化技术，这为研究动态赋能的网络空间防御技术提供了重要基础。在可预知的动态系统实现过程中，信息系统可能采用基于这些技术本身，或是基于这些技术的改进或者组合的防御手段，但动态赋能的网络空间防御技术绝不局限于以上技术。除这些技术外，还需要研究者根据信息系统发展以及攻防成本等要素的博弈模型来选择合适的动态策略。动态变化技术的应用实践也促使我们在面临不同的信息系统实体时，灵活恰当地选择和配置动态技术，即动态赋能技术。动态赋能防御技术的本质包括以下几个方面。

① 本质一：隐秘实体特征信息最好的也最为通用的方法就是基于加/解密的信息随机化方法。这一概念运用在软件实体动态化上，就是软件随机化技术以及指令集随机化技术；运用在网络实体动态化上，就产生了 IP 地址随机化、端口随机化等网络特征的随机化；运用在数据实体动态化上，就产生了特殊类型数据的随机化或者分类数据的随机化。随机化技术的特点不在于用来发现攻击，而在于力求从本质上直接遏制攻击的发生。

② 本质二：多态化技术（更具体为多变体技术）也是一种通用的动态化方法，这一方法的核心在于让实体同时存在多个形态。其对抗攻击的核心思想在于攻击者很难用一种攻击方式同时侵入多个变体。尽管攻击者仍可能突破其一，但只要多个变体出现差异化行为，就可以很快锁定攻击，进而对抗攻击。这一动态理念也在多个实体相关的动态技术中得到了体现，如软件多样化技术、平台多样化技术以及数据多样化技术等。

③ 深入分析本质一和本质二中提到的动态变化技术，可以更为本质地看到以下几个方面。

随机化技术更多地呈现为实体在时间轴上实现的动态变化。以软件随机化为例，某一个软件在时间点 T_1 中采用的加密密钥会随着时间的推移而发生变化，在时间点 T_2 软件就会可能因为加密密钥发生变化而产生不同的指令集、不同的内存地址空间分布或者差异化软件实体本身。

多变体技术更多地呈现为一个实体在空间上的动态变化。以平台多变体技术为例，对外提供同一种 Web 服务的后台可能是具有多种不同体系架构的多台服务器，如同时采用 Linux+Apache、Windows+IIS 两种完全不同的架构来提供对外呈现完全一致的 Web 服务。

归纳来说，多数动态技术在本质上都是针对实体的某种组成部分或者实体呈现形式，在空间、时间或者空间和时间上实施规律性的变化或者驱动性的变化。

总结以上规律不仅使我们更容易对这些已有的动态技术进行区分和分类，还能让我们未来在思考更多、更可行的动态防御技术时，让这些规律来指导我们作出更快、更明智的判断。

2.3 动态赋能与赛博杀伤链

每种动态赋能技术的存在价值都在于能够破坏攻击的某个/些阶段。例如，指令集随机化技术可能致力于降低攻击发起的可能性，而网络动态防御技术侧重于增大攻击者在目标机器上搜集信息的难度。因此，讨论动态赋能防御技术与赛博杀伤链的关系，可以直观地看到这些技术在抵御网络攻击中的直接效果与影响力。

赛博杀伤链在不同文献中有多种划分，不同的划分是基于不同的目的。例如赛博作战杀伤链（包括侦察、研制武器、送达、利用漏洞、安装、指挥与控制、在目标系统上实施操作等阶段）、面向行为的杀伤链（包括破坏、保护、检测、响应、生存等阶段）、检测杀伤链（包括守护、扰动、破坏等阶段）等，但这些不同的划分大致可以总结为搜集情报、找到目标、拿出武器、发动攻击以及保持攻击等多个状态的顺序进行或者交叉进行。这里给出美国麻省理工学院学者们关于赛博杀伤链的描述[7]，具体包括 5 个步骤。

① 侦察：攻击者收集目标的有关信息。

② 访问：攻击者尝试连接到目标系统，以获取其属性（版本、漏洞、配置等）。

③ 编写攻击代码：攻击者编写出针对系统某漏洞的代码，以期立足或提高权限。

④ 发起攻击：攻击者将攻击代码发送到目标系统上。具体方式可能是通过网络连接，使用类似于钓鱼的攻击，也可能是通过更复杂的供应链或跨越式攻击（例如使用存放有攻击代码的 U 盘）。

⑤ 持续：攻击者安装更多后门或设置访问路径，保持既有成果和对目标系统的访问。

2.3.1 软件动态防御与杀伤链

我们所接触的网络服务都是在某种硬件实体的基础上，以软件为交互界面进行的数据交换和信息感知。例如，在笔记本上访问网页是基于浏览器软件，在智能手机上查看天气是基于天气 APP 进行，在淘宝上购物是通过浏览器或者淘宝的 APP 软件进行等。这些事实表明，对软件的安全防护是最为直接的防护手段。软件分为很多种，从底层操作系统软件、数据库软件、中间件软件、Web 服务软件一直到提供前端用户界面的浏览器软件和手机 APP 等。但总而言之，比起网络、平台和数据，软件更多是面向用户、面向前端的实体，因此，攻击者对软件发动攻击时已经是完成了侦察、访问链接等环节，也就是说，软件动态防御技术并不能抵御攻击者对信息系统的侦察和访问，但可以破坏赛博杀伤链中编写攻击代码和发起攻击的环节。

举例来说，黑客要想有效实施缓冲区溢出攻击，就需要精确计算溢出点的返回地址。因为只有溢出的数据覆盖了原有的返回地址，攻击代码才有可能达到目的。但如果采用了地址空间随机化技术，黑客探测时的漏洞和攻击时的漏洞的地址空间并不一样，这将导致攻击者无法编写出具有准确溢出地址的攻击代码，即破坏了杀伤链的编写攻击代码环节。

同时，指令集随机化技术可以让部分针对特定指令集的攻击代码失效。这一思想在应对攻击时十分有效，因为黑客发动攻击并非随心所欲。以缓冲区溢出攻击为例，攻击代码（Shell Code）即便已植入目标机器，但能否产生效能，还要看当前软件环境下的指令集环境。如果对当前操作系统 x86 指令集中的核心指令（如 MOV、POP、PUSH 等）进行了变换，那么使用标准 x86 指令集编码的 Shell Code 就不可能在指令集发生变化的操作系统上正确运行，这就意味着阻断了杀伤链中的发动攻击环节。

2.3.2 网络动态防御与杀伤链

网络实体在网络空间中的重要性不言而明，但我们这里讨论的网络，更聚焦于网络协议、网络交换设备以及软件应用对外呈现的网络信息。同软件更多地与用户直接打交道不同，网络是维持网络空间运转的、默默无闻的底层实体。普通用户和网络实体的接触更多的是在安装路由器、配置 IP 地址和输入 Wi-Fi 密码的过程中；但对黑客来讲，网络实体却是实施网络攻击的桥头堡，是第一个需要克服的困难。可以这么说，如果网络环境对黑客不明晰，多数黑客基本上就放弃了对目标实体的攻击。黑客的每次远程攻击，都严重依赖于对攻击方网络信息的掌握情况，如 IP 地址、端口等都是不可或缺的必备信息。因此，有效的网络动态防御技术将直接阻碍攻击者对信息系统进行侦察和访问，而侦察和访问就是攻击杀伤链的初始步骤，没有这些步骤，杀伤链后面的步骤便无法有效实施。

举例来说，黑客攻击一个网络实体时，经常从监听网络流量入手，通过分析流量中存在的敏感信息来探测目标的信息，如目标系统的操作系统型号、编译器类型、Web 服务器类型等，但如果采用了网络信息随机化技术，这些技术即使被黑客探知，也可能是错误的随机化结果。这就达到了破坏杀伤链中侦察环节的能力。

同时，黑客攻击任何一个网络实体，目标地址都必须是确定的，要么必须明晰 IP 地址，要么必须获取域名信息，但如果采用了合适的 IP 地址随机化技术，在黑客侦察和黑客实施攻击时，网络实体具有不同的"门牌号"，黑客就难以远程锁定目标。这就有效阻止了杀伤链中的访问步骤。

2.3.3 平台动态防御与杀伤链

这里的平台更多是指提供网络互联能力的计算平台以及计算平台上运行的基础网络服务平台。这些平台承上启下，既为底层网络提供连接实体，又为上层软件应用提供运行环境，在网络对抗中，平台虽然不是黑客直接面对的敌人，但却是防御者幕后的大后台。因为平台提供软件运行环境，所以其在破坏杀伤链方面，更多的是阻止攻击者针对特定平台编写攻击代码，或者破坏攻击的持续性。

举例来说，黑客对 Web 服务进行攻击时，如果利用的是 IIS 的漏洞代码，而所攻击的 Web 服务后台是基于 IIS 搭建的，则攻击可能成功。但如果采用了合适的多样化平台技术，同时还有一台基于 Apache 的 Web 应用服务器在提供同样的 Web 服务，那么防御者就可以根据这两台服务器（基于 IIS 和基于 Apache）执行同一请求发出的不同响应（一个被攻击成功，一个没有被攻击成功），快速锁定攻击。从这层意义上讲，该动态技术就阻碍了黑客针对特定平台编写攻击代码后发动攻击的能力。同时，如果该平台的动态变换不是空间变化的（同时提供 IIS 服务器和 Apache 服务器），而是时间变化的，即随着时间的推移，变化为不同的 Web 应用服务器平台（如一个小时后，从 IIS 切换为 Apache），那么将使原本有效的攻击变得不可持续，从而达到破坏攻击持续性的效果。

2.3.4 数据动态防御与杀伤链

数据是网络空间信息系统中的血液和脉络，它无处不在，存在于平台、软件、网络，它本身是实体，又依赖其他实体生存。这里所称的数据更多地聚焦为软件执行环境中相对于指令而言的"操作数"数据。根据前面数据动态防御技术的简介可以看到，由于采取数据随机化技术和数据多样化技术而产生的软件实体，同样可以破坏赛博杀伤链中的编写攻击代码和发起攻击环节。

举例来说，在非控制数据攻击过程中[41]，正常情况下黑客通过溢出恶意权限 ID 到普通用户 ID（UserID），但如果在执行数据随机化后，溢出后的数据将无法被正确解析，黑客将无法篡改执行权限，也无法有效发动攻击。由于被覆盖区域的解密密钥不可知，黑客也无法写出正确的攻击数据，因此，在一定程度上达到了破坏杀伤链中黑客编写正确攻击代码的能力。

2.4 动态赋能与动态攻击面

在对动态赋能技术有效性的描述中，其对赛博杀伤链的破坏使我们能够直观地看到这种安全技术的有效性。但在更为科学的理论研究中，更多地采用攻击面理论来验证动态赋能防御技术的有效性。区别于赛博杀伤链，攻击面理论不仅可以定性分析安全技术的能力，还可以更为严谨地定量测量安全技术的防御能力。这也有助于我们理解动态赋能技术是如何来提高安全防护效能。

本节将首先介绍攻击面这一概念的来源和定义，然后给出攻击面度量指标的建立方式，最后介绍动态攻击面（移动攻击面）的概念[10,11]以及其与动态赋能防御技术的关系。

2.4.1 攻击面

许多针对系统的攻击（如基于缓冲区溢出漏洞的攻击）发生在从其操作环境向系统发送数据的过程中。类似地，针对系统许多其他攻击（如符号链接攻击）的出现，是因为系统向其环境发送数据。在这两类攻击中，攻击者利用系统通道（如套接字）连接至系统，调用系统程序（如 API），并向系统发送数据项（如输入字符串）或从系统接收数据项。攻击者还可能使用持久数据项（如文件）

间接向系统发送数据。攻击者可以在系统即将读取的文件中写入数据,通过这种办法向系统发送数据。类似地,攻击者可利用共享的持久数据项间接地从系统接收数据。因此,攻击者可使用系统程序、通道和系统环境中出现的数据项攻击系统。因此,把系统程序、通道和数据项统一称作系统资源,并以此来定义系统的攻击面[10],如图 2-4 所示。

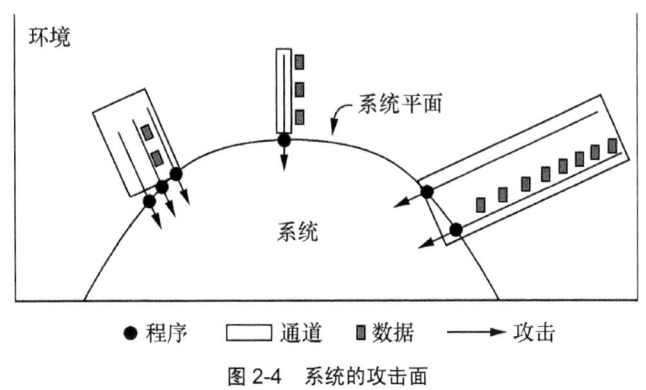

图 2-4 系统的攻击面

但是,并非所有资源都是攻击面的一部分。只有攻击者利用某种资源攻击系统时,该资源才是攻击面的一部分。为此,引入了入口点和出口点框架,以便识别相关资源。

(1)入口点

系统代码库包括一系列函数,如 API 函数等。每个函数获取输入变量,然后输出结果。凡接收系统环境数据项的系统函数即为该系统的入口点。例如,接收用户数据的函数或读取配置文件的函数均为入口点。就系统 s 而言,若函数 m 具有以下任意特征,即为该系统的直接入口点:① s 环境的用户或系统调用 m 并将输入的数据项发送给 m;② m 读取持久数据项;③ m 调用 s 环境的系统 API,并接收作为返回结果的数据项。间接入口点是指能接收直接入口点数据项的函数。

(2)出口点

凡向系统环境发送数据项的系统函数即为该系统的出口点。例如,写入日志文件的函数就是一个出口点。对于系统 s 而言,若其函数 m 具有以下特征,即为该系统的直接出口点。① s 环境用户或系统调用 m,并接收 m 返回的数据项;② m 写入一个持久数据项;③ m 调用 s 环境的系统 API,并将输入的数据项发送该 API。间接出口点是指能向直接出口点发送数据的函数。

(3)通道

每个系统都有一系列通道,它们是用户或其他系统与系统交流的途径,例如TCP/UDP套接字、RPC端点以及已命名的管道。攻击者利用系统通道与之相连,并调用系统函数。因此,通道是攻击系统的另一个基本途径。

(4)不可信数据项

攻击者可采用持久数据项,间接向系统发送数据,或间接接收系统发出的数据。持久数据项的类型包括各种文件、Cookies、数据库记录和注册表项。攻击者写入文件后,系统就可读取这一文件。同样,系统写入文件后,攻击者也可读取该文件。因此,持久数据项是攻击系统的第三个基本途径。

(5)攻击面的定义

系统的攻击面是指攻击者可用于发动攻击的系统资源的子集。根据这一定义,攻击者可以利用入口点和出口点之集 M、通道集 C 以及不可信数据项集 I,向系统发送数据或从系统获取数据,从而攻击该系统。因此,M、C 和 I 即为攻击面相关资源的子集。对于给定系统 s 及其环境,可定义 s 的攻击面为三元组 $\langle M,C,I \rangle$。

2.4.2 攻击面度量

计算攻击面的资源量是度量系统攻击面最自然的方法。这种方法对所有资源赋以相同的权重,但由于攻击者利用这些资源发出攻击的可能性并不相等,因此,这种方法存在一定的缺陷。可以用破坏潜力/攻击成本的比率来估算资源对系统攻击面的作用,其中,破坏潜力指攻击者利用资源对系统进行攻击而造成破坏的程度,攻击成本指攻击者为获得利用资源进行攻击的必要访问权限而付出的努力。

在实践中,可根据资源属性估算破坏潜力和攻击成本,见表2-1。例如,根据方法的权限,估算该方法的破坏潜力。攻击者通过在攻击中使用某一个方法,即可获得与该方法相同的权限,例如,攻击者利用Root方法缓冲区溢出,获得Root权限。然后,攻击者就可对系统造成破坏。攻击者利用系统通道与系统相连,并向系统发送数据或接收系统发出的数据。通道协议对利用通道进行的数据交换进行了限制,例如,TCP套接字允许交换原始字节,而RPC端点(RPC Endpoint)却不允许。因此,可根据通道协议估算通道破坏潜力。攻击者可利用持久数据项间接向系统发送数据,或间接从系统接收数据,二持久数据的类型限制了数据的交换,例如,文件可包含可执行的代码,而注册表项(Registry Entry)却不包含。攻击者可以利用文件发送可执行代码攻击系统,但不能利用注册表项发送可执行代码。因此,根据数据项的类型可以估算数据项的破坏潜力。

表 2-1　不同资源的破坏潜力和攻击成本评价指标

评估对象	破坏潜力	攻击成本
方法	特权。举例：如果方法以 Root 运行，对其缓冲区溢出就能得到 Root 权限。因此，如果这个方法以 Root 运行，其破坏潜力就较大	访问所需权限。举例：为使用这些资源，都需要访问权限，不同的访问权限，就代表了所要付出的努力。如果需要 Root，那么努力较大，依此类推
通道	协议。举例：TCP 套接字允许接收 Raw 数据；而 RPC 不允许。因此，就可能对数据交换进行限制，从而影响破坏能力。因此，TCP 协议比 RPC 的攻击面就大一点	访问所需权限
数据	数据类型。举例：文件可以包含攻击执行代码，但注册表项就不能包含可执行代码。因此，从数据类型角度看，文件比注册表项的攻击面更大	访问所需权限

攻击者获取访问权限后，就可利用资源发起攻击，而为了获得这些权限，攻击者通常需要付出一定的努力。因此，对于方法、通道和数据这 3 种资源，可以根据资源的访问权限，估算攻击者利用资源发起攻击所需的攻击成本。

在实践中，通常是给资源各属性赋值，然后计算破坏潜力与攻击成本之比，例如，根据对方法权限和访问权的赋值，计算得出该方法的破坏潜力与攻击成本之比。根据各属性的特征对所有属性进行排序，然后根据这个排序对各属性赋值。例如，相比具有非 Root 权限的方法，假设攻击者使用具有 Root 权限的方法可以对系统造成更大的破坏。因此，Root 权限方法的赋值要高于非 Root 权限方法。实际选择的数值具有一定的主观性，可视具体系统及其环境而定。

根据方法、通道和数据 3 个方面，量化系统攻击面的度量值，并估算方法、通道以及数据项分别对于攻击面的全部作用。设资源与其破坏潜力与攻击成本比的映射关系为方法 der，系统 s 的攻击面为 $\langle M,C,I \rangle$，则 s 的攻击面度量值就是一个三元组 $\left\langle \sum_{m \in M} der(m), \sum_{c \in C} der(c), \sum_{d \in I} der(d) \right\rangle$。

2.4.3　动态攻击面

本节探讨攻击面度量在动态目标防御中的应用。动态目标防御是一种需要系统防御者不断转移系统攻击面的防护方法。直观地讲，防御者通过不断改变攻击面的资源或改变各种资源的作用，实现攻击面的转移。不过，并非所有改变都能转移攻击面。防御者可以通过至少减少攻击面中的一个资源，或至少降低一个资源的破坏潜力与功耗之比，从而达到转移攻击面的目的。在其他条件等同的情况下,若原攻击所利用的资源已经消失(改变),则该攻击将不再有效。但是,转移之后攻击面上可能会出现新的资源,从而可能使系统遭受新的攻击。这样一来,攻击者就需要更高成本维持原有的攻击,或者寻找新的攻击。

美国乔治梅森大学安全信息系统中心的Yih Huang[35]在解释动态攻击面(MAS)的安全性时认为,关于攻击面的研究,通常假定小的攻击面会增加安全性。很多此类研究的共同目标是要定义一些指标,以度量一个给定系统攻击面的面积。利用这些结果,可以帮助管理员判断系统中的无用组件或不安全配置,从而减小系统的攻击面。然而,由于有了更多的攻击面,动态攻击面似乎会增大整体的攻击面面积。这样就需要探讨一下,动态攻击面的方法是否削弱了整个系统的安全性。Yih Huang还提出,现有的攻击面面积度量指标对于评估动态攻击面是不完全适合的,原因有两个:第一个原因是动态攻击面的变化属性打破了现存指标的一个基本假设,即攻击面保持不变;第二个原因是有关可达性的不确定性,即一个攻击者无法控制攻击包会被导向哪一台虚拟服务器。这打破了以前的另一个假设,即目标攻击面对攻击者来说始终是可达的,并提出了两个观点。

① 由于来自客户端/攻击者的包可能会被发送到多台不同虚拟服务器中的任何一台,当前这组在线攻击面可被看成是单一的混杂表面。然而,这些表面的总和可能不是太精确,因为探测和攻击包将会在目前在线的M个表面中随机分配。同样,不确定性因素意味着,以一个单独的攻击面来评估安全性或攻击成功的可能性也是不精确的。在目标不断变化的情况下,评估整个系统遭受入侵后的恢复能力是更合适的,但也是富有挑战性的。

② 动态攻击面的不可预测和不断变化的属性涉及一些概率/随机模型。其结果不可能以单独数字或数组形式来表示,这与以前使用的攻击面指标情况相似。选择性概率是用来确定某台虚拟服务器实例被列为某次请求/攻击目标的可能性,这也许是攻击成功率的下限。

Yih Huang认为,虽然这方面的研究还没有定论,但可以对动态攻击面在提升遭受入侵后的恢复能力的影响进行初步评估,并给出实验结果。实验结果表明,攻击者们将不得不面对众多变化和不可预测的攻击面。尽管不可能准确给出攻击成功的概率,但毫无疑问,成功攻击的难度将更大,而且损失将受到限制。

P. K. Manadhata[11]显然也认识到了这一问题,在其提出攻击面概念和攻击面度量方法后,也发表论文阐释攻击面转移(动态攻击面)的概念,并建立了一个关于系统及其环境的I/O自动机模型来量化攻击面的转移。

设有一个系统s及其环境E,s的攻击面为一个三元组$\langle M,C,I \rangle$,其中,M

是入口点和出口点之集，C是通道集，I是s的不可信数据项集。将属于s的攻击面资源集表示为$R_s=M\cup C\cup I$。设s的两个资源r_1和r_2，用$r_1\succ r_2$来表示r_1对攻击面的作用大于r_2。若改变s的攻击面R_o，得到一个新的攻击面R_n，则可将某个资源r对R_o的作用表示为r_o，同时将其对R_n的作用表示为r_n。由此，可以将攻击面的转移定义如下。

定义 2-1：设有一个系统s及其环境E，s的原攻击面为R_o，新攻击面为R_n，如存在至少一个资源r，使$r\in(R_o\setminus R_n)$或$(r\in R_o\cap R_n)\wedge(r_o\succ r_n)$，则$s$的攻击面发生了转移。

s的攻击面转移之后，对s原攻击面的有效攻击可能对s的新攻击面不再有效。在I/O自动机模型中，又可对s与其环境之间的相互作用建模，得到并行组合$s\|E$。由于攻击者一般是通过向系统发送数据或从系统获取数据来实现对系统的攻击，因此，凡是对含有s的输入动作或输出动作的组合$s\|E$进行任何调度，都有可能成为对s的攻击。把对s的各种可能攻击表示为集合$attacks(s,R)$，其中，R为s的攻击面。在I/O自动机模型中，若s的攻击面由R_o转移至R_n，则在攻击者和环境相同的情况下，R_o上某些可能的攻击在R_n上将会失效。直观地讲，若在转移攻击面过程中移除攻击面中的资源r，或降低r在攻击面中的作用，则不会在新的攻击面上执行包含r的s。因此，基于这些执行结果的调度也就不会在新的攻击面上攻击s(如图2-5所示)。

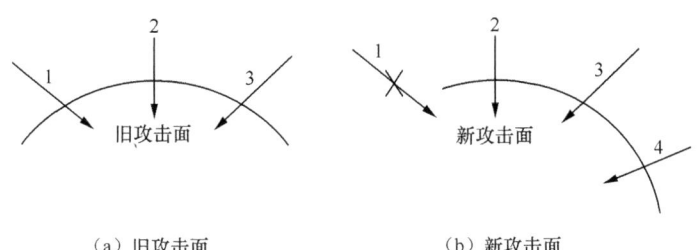

(a) 旧攻击面　　　　　　(b) 新攻击面

图2-5　攻击面转移

定理 2-1：设有一个系统s及其环境E，若将s的攻击面R_o转移至一个新的攻击面R_n，则有$attacks(s,R_o)\setminus attacks(s,R_n)\neq\emptyset$。

定义 2-2：设有一个系统s及其环境E，s的原攻击面为R_o，新攻击面为R_n，则s的攻击面转移量$\Delta AS=|R_o\setminus R_n|+|\{r:(r\in R_o\cap R_n)\wedge(r_o\succ r_n)\}|$。

在定义2-2中，$|R_o\setminus R_n|$项表示属于s原攻击面、但已从s新攻击面上移除的资源数量。同理，$|\{r:(r\in R_o\cap R_n)\wedge(r_o\succ r_n)\}|$项表示对$s$新攻击面的贡献大于原攻击面的资源数量。若，则说明$s$的攻击面由$R_o$转移至了$R_n$。

但以上定义和定理定性描述了攻击面转移以及转移量衡量，还不足以证明攻击面转移对安全的影响。为此，Manadhata 同时[11]讨论了不同的攻击面转移途径对攻击面度量的影响，见表 2-2。

表 2-2 攻击面转移的不同设想

设想	特征	攻击面转移	攻击面度量值
A	禁用	是	减小
B	启用和禁用	是	减小
C	启用和禁用	是	不变
D	启用和禁用	是	增大
E	启用	否	增大

防御者可通过下面 3 种方式改变攻击面，但只有其中两种方法能够转移攻击面。

第一种，通过禁用或修改系统的特征，防御者可以转移攻击面，并减小攻击面度量（场景 A）。禁用系统的特征可减少入口点、出口点、通道和数据项的数量，从而减少攻击面的资源数量。修改系统的特征可减少攻击面资源的破坏潜力与功耗比，例如降低某个函数的权限，或提高该函数的访问权，从而降低该资源对攻击面度量值的作用。

第二种，通过启用新特征、禁用原有特征，防御者可以转移攻击面。禁用某些特征，意味着可以将某个资源从攻击面中移除，从而达到转移攻击面的目的。但如此一来，攻击面的度量值可能会出现 3 种情形：减小（场景 B）、保持不变（场景 C）或者增大（场景 D）。启用某个特征，会增加攻击面的资源，从而增大攻击面的度量值。禁用某个特征，会减少攻击面中的资源，从而减小攻击面的度量值。因此，度量值的总体变化可能为负、为零或者为正。同样，防御者可以通过修改已有特征，减小资源集合的破坏潜力与成本之比，而使另一个资源集合的比值增大，从而转移攻击面。总之，攻击面的度量值可能减小、保持不变或者增大。

第三种，通过启用新特征，防御者可以修改攻击面。新特征会新增攻击面的资源，从而提高攻击面的度量值。但是，由于原有攻击面依然存在，攻击面并未发生转移，过去有效的攻击将仍然有效（场景 E）。防御者还可以通过增大已有资源的破坏潜力与成本之比，从而提高攻击面的度量值，同时保持攻击面不变。

从防护的角度而言，防御者优先选用上述不同场景的顺序为 A > B > C > D > E。场景 A 优于场景 B 的原因是，场景 B 在攻击面上加入了新的资源，而新资源会给系统带来新的攻击。场景 D 会增大攻击面的度量值，但它可用在动态目标防御中，在度量值的增大水平低以及攻击面转移量大的情况下更是如此。

这些结论给我们的启示是，动态赋能技术带来的攻击面转移并不总是能够降低攻击面度量指标、提高系统安全（假定低的攻击面度量指标确实反映了信息系统的高安全性），同样也需要启用合适的特征和禁用安全隐患更大的传统安全措施。但正如 Yih Huang 所言[35]，尽管当前技术不可能准确描述攻击面转移（动态攻击面）的能力，但毫无疑问，攻击成功的难度将更大，而且损失将受到限制。

2.5 本章小结

本章介绍了动态赋能防御技术的基本概念和体系架构，综述了动态赋能防御的相关技术分类，然后分别讨论了动态赋能防御技术与赛博杀伤链、动态赋能防御技术与动态攻击面的关系，这些讨论从不同角度分别展现了动态赋能防御技术在抵御网络攻击中的重要性和实际效能。

参 考 文 献

[1] 张文贵，彭博，潘卓. 透视美国《国家网络安全综合计划(CNCI)》[J]. 计算机安全，2011, 11: 78-81.

[2] AL-SHAER E. Toward network configuration randomization for moving target defense[J]. Springer New York, 2011: 153-159.

[3] EVANS D, NGUYEN-TUONG A, KNIGHT J. Effectiveness of moving target defenses[J]. Springer New York, 2011: 29-48.

[4] JAJODIA S, GHOSH A K, SWARUP V, et al. Moving target defense: creating asymmetric uncertainty for cyber threats[J]. Springer Ebooks, 2011,(54).

[5] JAJODIA S, GHOSH A K, SUBRAHMANIAN V, et al. Moving Target Defense II [M]. Springer, 2013.

[6] RAHMAN M A, AL-SHAER E, BOBBA R B. Moving target defense for hardening the security of the power system state estimation[C]//

Proceedings of the First ACM Workshop on Moving Target Defense, 2014.

[7] OKHRAVI H, RABE M, MAYBERR Y T, et al. Survey of cyber moving target techniques[J]. DTIC Document, 2013.

[8] ZAFFARANO K, TAYLOR J, HAMILTON S. A quantitative framework for moving target defense effectiveness evaluation[C]// Proceedings of the Second ACM Workshop on Moving Target Defense, 2015.

[9] LE GOUES C, NGUYEN-TUONG A, CHEN H, et al. Moving target defenses in the helix self-regenerative architecture[J]. Springer New York, 2013: 117-149.

[10] MANADHATA P K, KAYNAR D K, WING J M. A formal model for a system's attack surface[J]. DTIC Document, 2007.

[11] MANADHATA P K. Game theoretic approaches to attack surface shifting[J]. Advances in Information Security, 2013: 1-13.

[12] JAIN M, AN B, TAMBE M. Security games applied to real-world: research contributions and challenges[J]. Advances in Information Security, 2013: 15-39.

[13] BILAR D, CYBENKO G, MURPHY J. Adversarial dynamics: the conficker case study[J]. Springer New York, 2013: 41-71.

[14] GONZALEZ C. From individual decisions from experience to behavioral game theory: lessons for cybersecurity[J]. Advances in Information Security, 2013: 73-86.

[15] CYBENKO G, HUGHES J. No free lunch in cyber security[C]// Proceedings of the First ACM Workshop on Moving Target Defense, 2014.

[16] OKHRAVI H. Getting beyond tit for tat: better strategies for moving target prototyping and evaluation[C]// Proceedings of the Second ACM Workshop on Moving Target Defense, 2015.

[17] ANDEL T R, WHITEHURSTL N, MCDONALD J T. Software security and randomization through program partitioning and circuit variation[C]// Proceedings of the First ACM Workshop on Moving Target Defense, 2014.

[18] JAFARIAN J H, AL-SHAER E, DUAN Q. Openflow random host

mutation: transparent moving target defense using software defined networking[C]// Proceedings of the First Workshop on Hot Topics in Software Defined Networks, 2012.

[19] CASOLA V, DE BENEDICTIS A, ALBANESE M. A multi-layer moving target defense approach for protecting resource-constrained distributed devices integration of reusable systems [J]. Springer, 2014: 299-324.

[20] ARSENAULT D, SOOD A, HUANG Y. Secure, resilient computing clusters: self-cleansing intrusion tolerance with hardware enforced security (SCIT/HES)[C]// The Second International Conference on Availability, Reliability and Security, IEEE, 2007.

[21] SHACHAM H, PAGE M, PFAFF B, et al. On the effectiveness of address-space randomization[C]// Proceedings of the 11th ACM Conference on Computer and Communications Security, 2004.

[22] BHATKAR S, DUVARNEYD C, SEKAR R. Address obfuscation: an efficient approach to combat a broad range of memory error exploits[C]// USENIX Security, 2003.

[23] LI L, JUSTJ E, SEKAR R. Address-space randomization for windows systems[C]// IEEE Computer Security Applications Conference, 2006.

[24] KIL C, JIM J, BOOKHOLT C, et al. Address space layout permutation (ASLP): towards fine-grained randomization of commodity software[C]// IEEE Computer Security Applications Conference, 2006.

[25] WHITEHOUSE O. An analysis of address space layout randomization on windows Vista[J]. Symantec Advanced Threat Research, 2007. 1-14.

[26] DURDEN T. Bypassing pax ASLR protection[J]. Phrack Magazine, 2002, 59(9): 9.

[27] BOYD S W, KC G S, LOCASTO M E, et al. On the general applicability of instruction-set randomization[J]. IEEE Transactions on Dependable and Secure Computing, 2010, 7(3): 255-270.

[28] BARRANTES E G, ACKLEYD H, PALMERT S, et al. Randomized instruction set emulation to disrupt binary code injection

attacks[C]// Proceedings of the 10th ACM Conference on Computer and Communications Security, 2003.

[29] HU W, HISER J, WILLIAMS D F, et al. Secure and practical defense against code-injection attacks using software dynamic translation[C]// Proceedings of the 2nd International Conference on Virtual Execution Envionments (VEE), 2006.

[30] JACKSON T, HOMESCU A, CRANE S, et al. Diversifying the software stack using randomized NOP insertion [J]. Springer New York, 2013: 151-173.

[31] COX B, EVANS D, FILIPI A, et al. N-variant systems: a secretless framework for security through diversity [J].Usenix Security, 2006.

[32] KEWLEY D, FINK R, LOWRY J, et al. Dynamic approaches to thwart adversary intelligence gathering [C]// IEEE DARPA Information Survivability Conference & AMP, 2001.

[33] MONIZ H, NEVES N F, CORREIA M, et al. Randomized intrusion-tolerant asynchronous services [C]// IEEE Dependable Systems and Networks International Conference, 2006.

[34] HOLLAND D A, LIM A T, SELTZER M I. An architecture a day keeps the hacker away [J]. SIGARCH Computer Architecture News, 2005, 33(1): 34-41.

[35] HUANG Y, GHOSH A K. Introducing diversity and uncertainty to create moving attack surfaces for web services [J]. Springer New York, 2011: 131-151.

[36] HUANG Y, ARSENAULT D, SOOD A. Incorruptible system self-cleansing for intrusion tolerance [C]// IEEE Performance, Computing and Communications Conference, 2006.

[37] CADAR C, AKRITIDIS P, COSTA M, et al, Data randomization [J]. Microsoft Research, 2008.

[38] NGUYEN-TUONG A, EVANS D, KNIGHT J C, et al. Security through redundant data diversity [C]// IEEE International Conference on Dependable Systems and Networks with FTCS and DCC, 2008.

[39] AMMANN P E, KNIGHT J C. Data diversity: an approach to software fault tolerance [J]. IEEE Transactions on Computers, 1988, 37(4): 418-425.

[40] CHRISTODORESCU M, FREDRIKSON M, JHA S, et al. End-to-end software diversification of internet services [J] Springer New York, 2011: 117-130.

[41] CHEN S, XU J, SEZER E C, et al. Non-control-data attacks are realistic threats[J]. Usenix Security, 2005.

第 3 章
软件动态防御

软件动态防御应用随机化的思想对程序代码在多层面进行随机化、多样化和动态化的处理，消除了软件的同质化现象，减小或者动态变换系统攻击面，增加了攻击者的漏洞利用难度。本章从地址空间布局随机化技术、指令集随机化技术、就地代码随机化技术、软件多态化技术和多变执行技术 5 个方面详细介绍了软件动态防御思想的不同实现方式，并对每项技术的基本情况、技术原理、基本效能和存在的不足进行了深入分析。

3.1 引言

在信息安全攻防对抗中，软件始终处于重要位置。针对软件的攻击在各类网络攻击中占有绝对比重，攻击手段层出不穷，如代码注入攻击、控制注入攻击、恶意篡改、资源消耗、欺骗攻击等，对信息系统造成的损害难以估量。与此同时，病毒查杀、防火墙、入侵检测、补丁升级等防护手段也在不断发展，但现有安全防护手段受先验知识的制约，面对攻击只能被动应对，且由于系统的静态性造成了信息系统易攻难守的不利局面。

软件动态防御作为一种新兴的安全理念，立足于系统漏洞这一软件攻击的根源，借鉴软件攻击技术诡谲多变、动态随机的特点，通过动态改变软件攻击面的方式增加攻击者漏洞利用的难度，改变软件同质化现象，力图打破目前软件攻防的不对称局面，扭转网络空间易攻难守的不利态势，进而保障信息系统安全。

软件动态防御技术应用随机化的思想，以密码技术、编译技术、动态运行时技术等为基础，对程序代码在控制结构、代码布局、执行时内存布局以及执行文件的组织结构等多层面进行随机性、多样性和动态性的处理，消除软件的同质化现象，实现软件的多态化，降低或者动态变换系统攻击面，增加攻击者漏洞利用难度，有效抵御针对软件缺陷的外部代码注入型攻击、文件篡改攻击、数据泄露攻击、感染攻击等攻击类型。

软件动态防御技术与软件程序密切相关，在软件生命周期的开发、编译、链接、部署、载入和最终运行等多个阶段，都可以引入动态化技术。开发阶段，主要是从源代码级别引入动态化，1977年，Avizienis和Chen[1]提出了n版本程序设计，实现同一程序的多个版本，其最初目的在于提高系统的容错度；在编译与链接阶段，主要通过修改编译器实现动态化，编译是软件生命周期中一个必要且完全自动化的阶段，可以很自然地采用对软件开发员透明的方式引入动态化，对编译器进行修改，通过添加、变换或去除现有指令，产生任意数量的程序变体，这些程序变体对用户产生相同的运行效果，但对代码重用攻击却会产生不同的结果，编译阶段广泛使用的动态化技术有地址空间布局随机化等；在部署阶段，主要通过对软件的多态化版本进行随机分发，对编译阶段生成的同一软件程序的多个版本进行随机化部署，或者在打补丁过程中再次进行动态化，使每一个使用者获得的软件版本都不相同，目前主流的是软件多态化技术；在载入阶段，可以通过动态加载机制实现软件动态化，目前主要有地址空间布局随机化、就地代码随机化和指令集随机化等技术，内存空间布局随机化对栈、堆、程序代码段等进程对象基地址进行随机化，动态修改进程地址空间，指令集随机化基本思想是对指令进行随机化，向攻击者隐藏预期的指令编码，就地代码随机化通过对代码进行变换或混淆，防止破坏；在运行阶段，主要通过构建二进制动态执行环境实现软件动态化，最为常见的是多变体执行技术，同步运行一个程序的多个版本，实时进行监控，防止程序遭受攻击。

综上所述，目前软件动态防御技术主要有地址空间布局随机化技术、指令集随机化技术、就地代码随机化技术、软件多态化技术和多变体执行技术等，以下将分别进行介绍。

3.2 地址空间布局随机化技术

3.2.1 基本情况

地址空间布局随机化（ASLR）是为了解决缓冲区溢出攻击而提出的，也是目前最成功且使用最广泛的软件动态化技术[2,3]。缓冲区溢出攻击而成功实施的前提是需要获知进程的地址空间，然后通过精心计算，利用溢出操作将程序的执行流程跳转到攻击代码处[4,5]。ASLR的基本思想就是对进程组件和对象的内存地址空间分布进行随机化，使进程空间不可预测，导致攻击者无法计算出准确的跳转位置,从而阻断攻击。ASLR 可以随机化的对象包括堆地址、栈基址、可执行文件映像基地址、进程环境块(Process Environment Block,PEB)地址和线程环境块(Thread Environment Block,TEB)地址、动态链接库地址等。

ASLR 作为应对缓冲区溢出攻击的有效方法,始终是软件防护的研究热点,相关技术不断发展。ASLR 的概念最早由 S. Forrest[6] 提出,他指出计算机系统的相似性给安全带来隐患,对一台计算机的攻击方法可以轻易地移植到其他计算机上,造成攻击的大众化和病毒的快速传播,首次提出通过进程地址空间随机化的方法来实现多样化的计算机系统,并提出了一些地址空间随机化的方法,如修改栈基地址、为局部变量分配冗余空间、随机化静态变量地址等,设计实现了原型系统:修改 GCC 编译器,如果一个局部变量需要的栈空间超过 16 B,则在分配空间时随机增加 8 B、16 B、24 B、64 B。M. Chew 等人通过修改操作系统内核对进程栈基址进行随机化,具体实现方法是:进程初始化时,先在进程栈顶放入 0~32 KB 的数据,将栈顶指针减去放入的字节数,然后开始执行进程,实现进程栈基址的随机化;Homebrew 在 FreeBSD 系统下实现了 ASLR[7],具体做法是将栈顶指针减少 0~1 MB,同时填充随机数量的字节(0~16 KB)到每个函数的栈空间,使进程栈空间和每个函数的栈空间都发生了变化,这一方法既可以通过修改 GCC 在编译期间实现,也可以修改内核在进程加载时实现。Sandeep Bhatkar 通过 LEET 工具修改二进制代码实现 ASLR[8],对进程中所有单元的绝对地址、栈中每个函数的参数以及局部变量、堆中由 malloc 函数分配的缓冲区这 3 类对象都随机增加距离,修改各个单元内部的相对地址,有效地抵御相对地址攻击;2000 年,地址空间布局随机化率先在 Linux 内核 PaX 补丁中得到成功应用,通过为 Linux 内核打补丁,实现了对栈基地址、主程序基地址以及共享库加载地址随机化,具体实现方法是在进程加载时,对栈基地址的 4~27 位(共 24 位)进行随机化,对包括主程序映象、静态数据区、堆这一连续区域基地址的 12~27 位(共 16 位)进行随机化,对共享库加载地址的 12~27 位进行随机化,对共享库加载地址的 12~27 位进行随即化,PaX 补丁中的 ASLR 技术加上 Linux 的可写页不可执行技术,共同构成一个完整的、实用的系统防护方案,大大降低攻击成功的概率,在 Linux 系统中得到广泛的应用。此后,ASLR 在大部分主流操作系统中都有所使用,包括 Windows(2007 年首先用于 Windows Vista,后来用于 Windows Server 2008 和 Windows 7)、Linux 及 Mac OS。

ASLR 是为解决缓冲区溢出攻击而提出的,相关技术也都是围绕如何避免缓冲区溢出漏洞提出的。因此，为了便于读者更好地理解 ASLR 技术，首先对缓冲区溢出攻击的基本原理进行介绍，之后对主流 ASLR 技术的原理进行分析，如栈空间布局随机化、堆空间布局随机化、动态链接库分布随机化、程序映象基址随机化等。

3.2.2 缓冲区溢出攻击技术

缓冲区溢出攻击作为一种主流的攻击方法，在所有网络攻击中占有很大比重，是大量计算机用户最为熟悉的攻击类型，该攻击方法由来已久，最早可追溯到 1988 年的 Morris 莫里斯蠕虫病毒[9]，莫里斯利用 Unix 操作系统 Fingerd 软件中缓冲区溢出安全漏洞编写了莫里斯蠕虫，导致全球 6 000 多台机器被感染，由此打开了缓冲区溢出攻击的"潘多拉魔盒"。此后，越来越多的缓冲区溢出安全漏洞被发现和利用，很多重大网络攻击事件背后都有缓冲区溢出攻击的身影，例如 2001 年 7 月 19 日爆发的 CodeRed 蠕虫[10]、2001 年 9 月 18 日爆发的 Nimda 蠕虫、2002 年的 Slapper 蠕虫、2004 年的震荡波蠕虫，这些病毒无一例外都利用了缓冲区溢出漏洞，给信息系统带来巨大破坏，造成的损失难以估量[11]。目前，缓冲区溢出攻击已经成为网络安全的最大威胁之一。

缓冲区溢出攻击基于缓冲区溢出漏洞发挥效能。所谓缓冲区，简单说就是指程序运行时内存中一块连续区域，可以是堆区、栈区和存放静态变量的数据区等。简单地讲，缓冲区溢出就是向一个缓冲区中写入过多的数据，超出了原边界，而超长数据会覆盖相邻区域的数据。攻击者通过精确构造数据并控制用于缓冲区溢出的数据的量，达到执行其所期望代码的目的。攻击者发送的数据中都包含一些特殊的字节码（被称作 ShellCode），一旦攻击成功，这些二进制指令将会被执行。由于 ShellCode 将以被攻击进程同等的权限运行，且大多数的服务程序都是以超级用户权限运行的，因此，ShellCode 有可能以超级用户权限执行，这样攻击者就可以完全控制目标主机。缓冲区溢出攻击大致可以分为 3 个步骤：首先，向有漏洞程序的缓冲区注入攻击字符串（包括 ShellCode）；然后，利用其漏洞改写内存中的特定数据（如返回地址），使程序的执行流程跳转至预先植入的 ShellCode；最后，执行 ShellCode，使攻击者获得被攻击主机的控制权，攻击者继而以特定的方式控制被攻击主机。

缓冲区溢出攻击有多种分类方法。根据溢出位置，可以分为栈溢出、堆溢出、整型变量溢出、格式化字符串溢出等；根据攻击代码的来源，可以分为需要植入代码的攻击和 return-into-libc 攻击；根据攻击方式，可以分为本地溢出和远程溢出。在各种溢出攻击类型中，堆溢出、栈溢出是最为常见的方式，下面分别介绍 Windows 的栈缓冲区溢出攻击和堆缓冲区溢出攻击，以此来阐述缓冲区溢出攻击原理。

1. 栈溢出攻击技术

如图 3-1 所示，进程在内存中的映像可以被分成 4 个区域：代码区（.text）、数据区（.data）、堆区和栈区。代码区存储着被装入执行的二进制机器代码，这个区域通常被标记为只读，任何针对该区域的写操作都会导致错误；数据区用于存储全局变量等数据；堆区是供程序动态分配和回收的内存区域；栈区用于动态地存储函数之间的调用关系，保证被调用函数在返回时能恢复到其父函数继续执行。

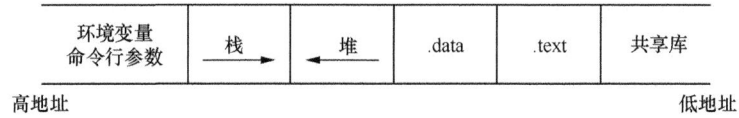

图 3-1 内存结构

栈缓冲区溢出攻击通常指的是溢出的缓冲区在栈区。图 3-2 所示为栈缓冲区溢出示例代码，主函数向 function 函数缓冲区填充的数据量超过其能容纳的范围，如果程序不进行边界检查，就会导致缓冲区溢出漏洞。

```
void function (char *buf_src)
{
    char buf_dest [16];
    strcpy (buf_dest, buf_src);
}
/* 主函数 */
main ()
{
    int i;
    char str [256];
    for (i=0; i<256; i++) str[i]='a';
    function (str);
}
```

图 3-2 栈缓冲区溢出示例代码

从图 3-2 中代码可以发现，数组 str 的大小（256 B）远超过了目的缓冲区 buf_dest 的大小（16 B），从而导致缓冲区溢出。在高级语言中，当程序中发生函数调用时一般都会用到栈，主要完成以下操作：首先把参数压入堆栈，继而向栈中压入指令寄存器 eip 中的内容，作为返回地址 ret；接着放入堆栈的是基址寄存器 ebp 的内容；然后把当前的栈指针 esp 拷贝到 ebp，作为新的基地址；最后把 esp 减去适当的数值，为本地变量留出一定空间。main 函数调用 function 函数前后栈的使用情况如图 3-3 所示。

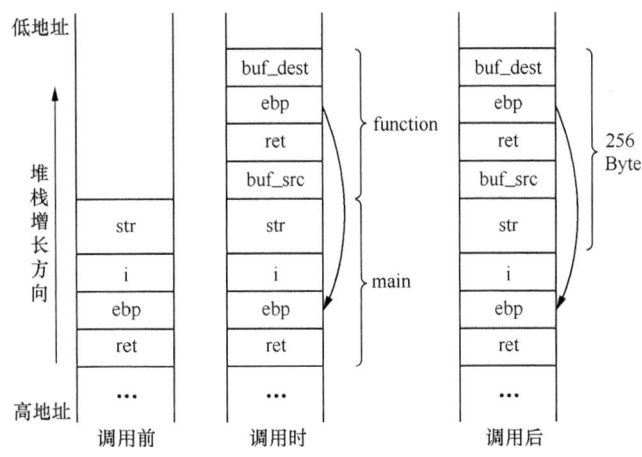

图 3-3 函数调用时栈使用情况

从图 3-3 可以看出，function 函数调用完成后，str 数组的内容已经覆盖了从地址 buf_dest 到 buf_dest+256 内存空间的所用内容，包括调用函数 function 时保存的 ebp 和返回地址 ret。如果攻击者将一段 ShellCode 放入缓冲区中，并覆盖函数的返回地址指向这段 ShellCode（如图 3-4 所示），则当函数返回时，程序将转而执行攻击者植入的 ShellCode，从而获得系统控制权，实现恶意攻击。

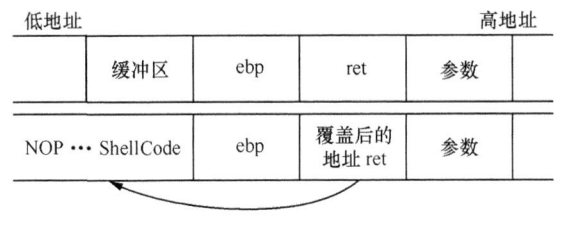

图 3-4 覆盖返回地址

2. 堆溢出攻击技术

所谓堆（Heap），就是由应用程序动态分配的内存区。操作系统中，大部分的内存区是在内核一级被动态分配的，但 Heap 段是由应用程序分配的，在编译时完成初始化。Heap 段一般是向上增长，也就是说，如果一段程序中先后声明两个静态变量，则先声明变量的地址小于后声明变量的地址。堆溢出攻击正是利用了这一特点，图 3-5 所示是堆溢出漏洞示例代码。

```
static char buffer (50);
static int (*funcptr)( );
while (*str)
{
    *buffer++=*str;
    *str++;
}
*funcptr ();
```

图 3-5　堆溢出漏洞示例代码

图 3-5 所示代码对应堆中变量的存放位置如图 3-6 所示。

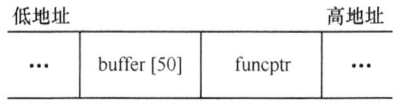

图 3-6　堆中变量存放位置

buffer 是一个字符数组，funcptr 是一个函数指针，str 是程序从外部获得的一个字符串。函数指针实质上就是函数的入口地址。由于程序在做字符串拷贝时没有做边界检查，攻击者可以覆盖 funcptr 函数指针的值。程序在执行 funcptr 函数时，就会跳转到被覆盖地址处继续执行。如果攻击者精确构造填充数据，就可以在缓冲区中植入 ShellCode 并使用 ShellCode 的内存地址覆盖 funcptr，当调用 funcptr 时，ShellCode 将被执行。

针对堆还有其他类型的攻击，如在 C 语言中包含了一个简单的检验恢复系统，称为 setjmp/longjmp。在检验点设定 setjmp (jmp_buf)，用 longjmp (jmp_buf, val) 来恢复检验点。setjmp (jmp_buf) 用来保存当前的堆栈栈帧到 jmp_buf 中，longjmp (jmp_buf, val) 将从 jmp_buf 恢复堆栈栈帧，longjmp 执行完后，程序继续从 setjmp() 的下一条语句处执行，并将 val 作为 setjmp () 的返回值。jmp_buf 被声明为全局变量，因此存放在堆中。jmp_buf 中保存有寄存器 ebx/esi/edi/ebp/esp/eip，如果能在 longjmp 执行以前覆盖 jmp_buf，就能重写寄存器 eip。因此，当 longjmp 恢复保存的堆栈栈帧后，程序就可以跳到指定的地方去执行，而且跳转地址既可以在栈中，也可以在堆中。

常见的缓冲区溢出攻击还有格式化字符串溢出攻击、整型变量溢出攻击等，实现的具体技术细节可以参考相关文献。根据以上分析可知，每种缓冲区溢出攻击实现方式各不相同，为实现有效防御需要有针对性地设计相应的防护技术，与攻击技术对应分别通过对栈、堆、字符串等易被缓冲区溢出利用的位置进行随机化，从而得到不同的 ASLR 技术，以下将分别进行介绍。

3.2.3 栈空间布局随机化

栈空间布局随机化是随机改变程序中每个函数栈帧的大小和变量位置，当发生缓冲区溢出攻击时，相同的载荷无法在所有变体中溢出成功，从而限制了攻击载荷的通用性。改变栈帧大小是通过在编译时定位出函数位置，并在函数头部增加一段随机填充栈帧的代码而实现。改变变量位置则是通过在编译或加载时随机调整函数中变量的顺序，使变量地址随机改变。堆栈布局随机化的效果如图 3-7 所示。

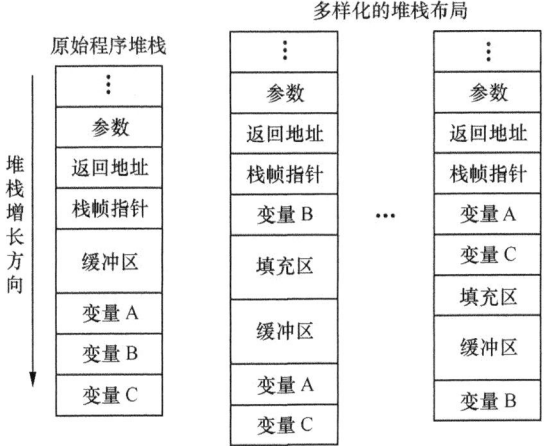

图 3-7 栈布局随机化的效果

对于 Windows 操作系统，在创建堆栈时分为主堆栈和辅助堆栈，由于堆栈的创建方式不同，需要将堆栈随机化分为两类：主堆栈空间布局随机化和辅助堆栈空间布局随机化。

1. 主堆栈空间布局随机化

主堆栈随主线程的创建而生成，主线程的创建过程如下。
① 定位文件映像的路径。
② 将 DOS 格式的名称转换为 NT 格式的名称。
③ 调用 NtOpenFile () 打开文件。

④ 调用 NtCreateSection () 创建内存区对象。
⑤ 调用 NtQuerySection () 获得映像信息。
⑥ 调用 LdrQueryImageFileExecutionOptions () 查看是否进行调试。
⑦ 调用 NtCreateProcessExcellent () 创建内核进程。
⑧ 调用 BasePushProcessParameters () 为进程传递参数。
⑨ 调用 NtCreateThread () 创建进程的第一个线程。
⑩ 调用 CsrClientCallServer (BasepCreateProcess) 向进程 CSRSS.exe 注册新的进程和线程。

其中，NtCreateThread () 在创建第一个线程时，创建一个用户态的线程堆栈和一个初始化的线程堆栈环境。NtCreateThread () 定义如下。

NTSTATUS NtCreateThread(
OUT PHANDLE ThreadHandle,
IN ACCESS_MASK DesiredAccess,
IN POBJECT_AATTRIBUTES ObjectAttributes,
IN HANDLE ProcessHandle,
OUT PCLIENT_ID ClientId,
OUT PCONTEXT ThreadContext,
OUT PINITIAL_TEB InitialTeb,
OUT BOOLEAN CreateSuspended)

其中，ProcessHandle 为这个进程的句柄，而 ThreadHandle 为主线程的句柄，通过调用 ObReferenceObjectByHandle 可以获得线程的指针，即这个主堆栈的地址，也是这个线程的起始地址，使用一个陷阱函数来替换掉这个地址，在这个函数中首先通过劫持 NtAllocateVirtualMemory 函数来分配一个随机化新的堆栈空间，然后将原来的主线程地址空间中的数据拷贝到该堆栈空间中来，便实现了主堆栈的地址空间布局随机化。

NtAllocateVirtualMemory 函数为调用者分配一个新的空间，而它的分配规则为：从一个固定的高地址开始，在当前进程中寻找一块能够满足调用者请求的地址空间，然后将这块空闲空间的首地址交给调用者。因此，如果将那个固定的高地址改变为从一个随机的地址进行搜索，那么函数分配的地址空间便成为一个随机化的空间。

NtAllocateVirtualMemory 函数定义如下。
NTSTATUS NtAllocateVirtualMemory(
IN HANDLE ProcessHandle,
IN OUT PVOID *BaseAddress,

IN ULONG_PTR ZeroBits,
IN OUT PSIZE_T RegionSize,
IN ULONG AllocationType,
IN ULONG Protect）

其中，参数 BaseAddress 为堆栈空间分配基地址，而 AllocationType 为堆栈空间分配类型。BaseAddress 缺省为 0，即由系统进行分配。对函数 NtAllocateVirtualMemory 逆向分析得出函数寻找最高地址总是从固定指针 MM_HIGHEST_VAD_ADDRESS 指向的地址开始向下搜索，而这个指针指向的值为 ntoskrnl.exe 所导出变量 MmHighestUserAddress 的值。在 NtAllocateVirtualMemory 函数中，使用一个指向这个固定指针的局部指针来进行空闲空间搜索。因此，只需要在这个函数的空间内搜索指向这个全局指针的局部指针，然后让这个局部指针指向另外一个我们定义的全局指针，这个全局指针指向一个随机地址。这样，函数 NtAllocateVirutalMemory 调用的结果就是配了一个随机地址空间。

具体实现是采用挂钩 SSDT（System Service Descriptor Table，系统服务描述符表）的方式进行函数劫持，利用 HOOK NtCreateThread 和 NtAllocateVirtualMemory 这两个 ntoskrnl.exe 导出函数，对 NtAllocateVirtualMemory 函数中指向 MmHighestUserAddress 全局指针的局部指针的定位采用硬编码按字节搜索，流程如图 3-8 所示。

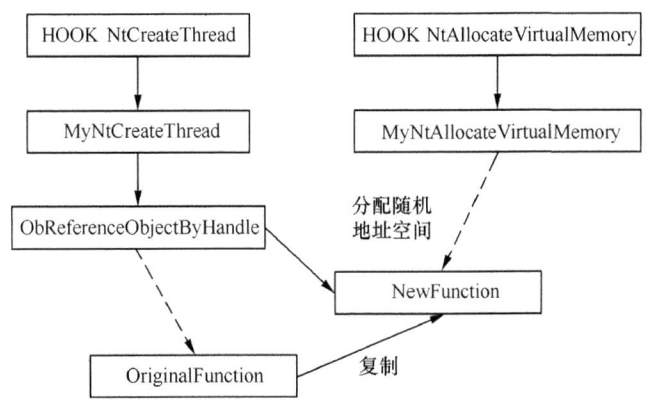

图 3-8　主堆栈空间布局随机化流程

Windows 堆栈的边界要求按照至少 4 KB 的大小进行对齐，即地址空间的低 12 位为 0；而应用程序只能使用 2 GB 的空间为系统空间，即 31 位。因此，堆栈的随机化粒度为 19（31-12）位。

2. 辅助堆栈空间布局随机化

Windows 多数功能使用的多线程为辅助线程，程序的大多数功能都是在辅助线程中完成的，辅助线程在辅助堆栈空间中运行。辅助线程的创建过程比较简单，调用函数 CreateThread()，而在该函数内部则会调用函数 CreateRemoteThread() 具体的创建线程。因此，只需要劫持 CreateRemoteThread()，并采用类似主堆栈空间布局随机化的方式，就可以实现对辅助堆栈进行随机化的操作。CreateRemoteThread() 是由动态链接库 kernel32.dll 导出的，辅助堆栈空间布局随机化流程如图 3-9 所示。

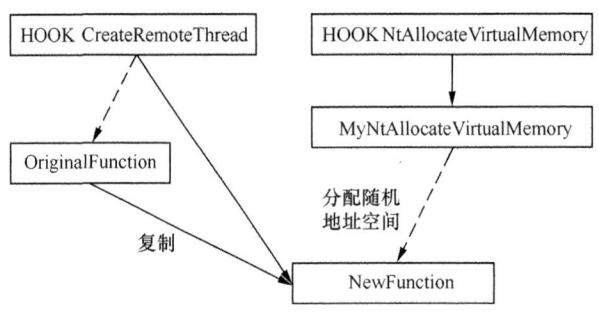

图 3-9　辅助堆栈空间布局随机化流程

3.2.4　堆空间布局随机化

堆是对内存进行操作的机制，可以用来分配许多较小的数据块。当进程初始化时，系统在进程的地址空间中创建一个堆。该堆称为进程的默认堆。许多 Windows 函数要求进程使用默认堆。除了进程的默认堆外，在进程空间中的很多操作都会创建一些辅助的堆。这些堆可以用来保护组件，进行更有效的内存管理，进行本地访问，减少线程开销。堆在使用过程中面临溢出攻击的危险，会对系统造成安全威胁。堆空间布局随机化通过在堆上动态随机分布内存，使攻击者难以预测下一次分配的内存块位置，从而防范堆溢出攻击。

堆的创建是调用 kernel32.dll 导出的 HeapCreate 函数，该函数内部调用 ntdll 导出的 RtlCreateHeap 函数进行堆的创建，该函数的定义如下。

NTSYSAPI HANDLE NTAPIRtCreateHeap(
IN ULONG Flags,
IN PVOID Base,
IN ULONG Resenre,

IN ULONG Commit,

IN ULONG Lock,

IN PVOID RtlHeapPmms）

其中，Base 为所创建堆的起始地址，为实现堆空间布局随机化，类似栈空间布局随机化，使用一个陷阱函数来替换掉这个地址，在这个函数中通过挂钩 NtAllocateVirtualMemory 函数来分配一个随机化的、新的堆空间地址，然后将原来的堆地址空间中的数据复制到这个堆空间中，从而实现堆地址空间随机化，具体流程如图 3-10 所示。

Windows 堆的边界要求按照至少 4 KB 的大小进行对齐，即地址空间的低 12 位为 0，而应用程序只能使用 2 GB 的空间为系统空间，即 31 位，因此，堆空间的随机化粒度为 19(31-12) 位。

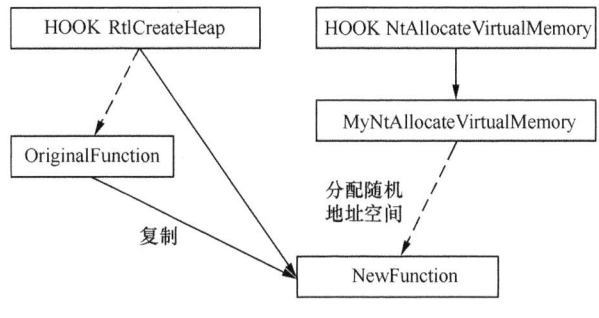

图 3-10 堆空间布局随机化流程

3.2.5 动态链接库地址空间随机化

在进程执行过程中，往往会调用多个动态链接库，在不进行随机化处理的情况下，常用的动态链接库一般会加载到内存的固定地址，很容易被攻击者利用，用非法目的地址进行替换，执行 ShellCode。通过动态链接库地址空间随机化技术可以动态改变动态链接库的加载地址和内存布局，能够有效防范缓冲区溢出攻击。

为理解动态链接库的随机化过程，需要首先了解其加载过程。Windows 系统通过函数 LdrpMapDll 将动态链接库映射到用户地址空间，该函数内部还会调用很多其他的系统函数，以下为该函数内部的调用序列。

① 调用 LdrpCheckForKnownDll 函数检查该动态链接库是否是一个 KnownDll。

② 调用 LdrpResolveDllName 函数得到动态链接库的 FullPathName 和

BaseDllName。

③ 调用 RtlDosPathNameToNtPathName_U 函数将 DosPathName 转换成 NTStylePathName。

④ 调用 LdrpCreateDllSection 函数，得到动态链接库的 SectionHandle。

⑤ 调用 NtMapViewOfSection 函数，将动态链接库映射到进程的地址空间。

⑥ 调用 LdrpAllocateDataTableEntry 函数，分配一个装载器的数据表项。

可以发现，真正实现将动态链接库映射到进程地址空间的函数为 NtMapViewOfSection，定义如下。

NTSTATUS NtMapViewOfSection(
IN HANDLE SectionHandle,
IN HANDLE ProcessHandle,
IN OUT PVOID * BaseAddress,
IN ULONG_PTR ZeroBits,
IN SIZE_T CommitSize,
IN OUT PLARGE_INTEGER SeetionOffset OPTION AL,
IN OUT PSIZE_T ViewSize,
IN ULONG InheritDisposition,
IN ULONG AllocationType,
IN ULONG Protect)

其中，SectionHandle 为节对象句柄，BaseAddress 为装载基地址指针。通过 SectionHandle 调用导出函数 ObReferenceObjectByHandle 获得这个动态链接库的对象句柄，也就是指针（PSection），进而根据以下 Windows 定义的数据结构可以获得动态链接库基本信息。而参数 BaseAddress 为装载基地址指针，缺省为 0，即由系统根据 Section 属性进行分配，如果不为 0，则会按照指定的地址为其分配内存空间。

在 Windows 源码中，Section 指针结构的第二个域 Segment 定义如下。

Typedef Struct_SEGMENT{
PCONTROL_AREA CtrlArea;
PVOID SegmentBaseAddress;
ULONG TotalNumberOfPtes;
ULONG NonExtendedPtes;
ULONG SizeOfSegment;

```
SIZE_T ImageCommitmen;
ULONG TakePlace2;
PVOID SystemImageBase;
SIZE_T NumberOfCommittedPages;
ULONG TakePlace3;
...
}SEGMET, *PSEGMENT;
```

其中，PVOID BasedAddress 就是其动态链接库默认加载的基地址，而在 SizeOfSection 的 LARGE_INTEGER SizeOfSection 域中则存在的是动态链接库的大小。SEGMENT 中的 PCONTROL_AREA CtrlArea 结构里包含 PFILE_OBJECT FilePointer 结构，通过该域可以得到文件对象的指针，进而通过文件对象指针的 FileName.Length 域和 FileName.Buffer 域可以获得该文件的路径和名称。通过上述分析，我们可以找到动态链接库默认加载的基地址、大小以及文件路径和名称。

通过 HOOK NtMapViewOfSection 即可实现对动态链接库装载基地址的修改，由于函数 NtMapViewOfSection 未被导出，可以通过系统的中断服务例程查询 SSDT（System Service Descriptor Table，系统服务描述符表）来找到其地址，通过劫持 NtMapViewOfSection 修改其参数或返回数据，变更为我们需要的数据。动态链接库随机化流程如图 3-11 所示，引入双向链表机制，链表的节点存储每个不同动态链接库的信息，保证为每个动态链接库分配不同的基地址空间。

Windows 动态链接库的边界要求按照至少 64 KB 的大小进行对齐，即地址空间的低 16 位为 0，而应用程序只能使用 2 GB 的空间为系统空间，即 31 位，因此，动态链接库的随机化粒度为 15(31-16) 位。

3.2.6 PEB/TEB 地址空间随机化

PEB 在内核模式下创建，其中包含有当前进程所有与系统相连的用户模式的参数，能在堆溢出中被攻击利用。通过对 PEB 的地址空间进行随机化能，可有效防止堆溢出的攻击。

TEB 在内核模式下创建，该内存块包含有存放在用户模式中的系统变量。每个线程都有自己的线程环境块。TEB 在栈溢出中被攻击利用，通过对 TEB 的地址空间进行随机化，能够有效地防止堆栈溢出的攻击。

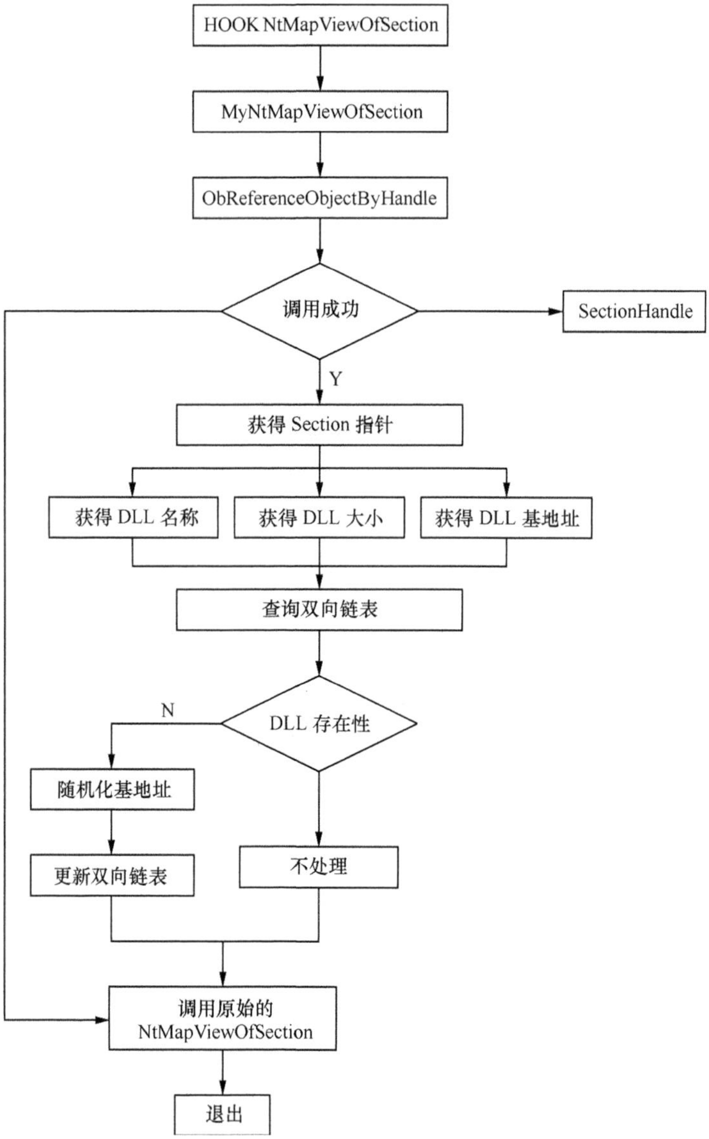

图 3-11 动态链接库随机化流程

PEB/TEB 都在内核模式,通过 ntoskrnl.exe 中的未导出函数 MiCreatePebOrTeb 和 MmCreatePeb 来创建。这两个函数对 PEB、TEB 的创建过程不同,但创建时分配起始地址空间的方式是一致的,均通过一个指向固定指针 MM_HIGHEST_VAD_ADDRESS 的局部指针指向的地址,即 ntoskrnl.exe 中变量 MmHighestUserAddress 值,开始向下搜索,在当前进程中寻找一块能够满足调用者请求的、大小足够的地址空间,然后将这块空闲空间的首地址作为 PEB/TEB 地址空间的起始地址，图 3-12 显示了这两个函数以及变量 MmHighestUserAddress 的关系。

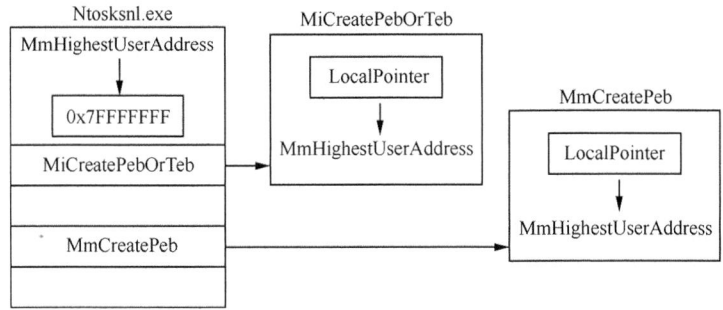

图 3-12　MiCreatePebOrTeb/MmCreatePeb 与 MmHighestUserAddress

实现随机化只需要在这个函数的空间内搜索指向这个全局指针的局部指针，然后让这个局部指针指向另外一个我们定义的全局指针，这个全局指针指向一个随机地址。调用 MiCreatePebOrTeb 和 MmCreatePebble 这两个函数，便会在一个随机的空闲空间中为 PEB/TEB 进行分配。由于 MiCreatePebOrTeb 和 MmCreatePeb 这两个函数未导出，只能在 ntoskrnl.exe 的空间中硬编码搜索这两个函数的起始地址。

3.2.7　基本效能与存在的不足

ASLR 可以在多个阶段执行，常用的有编译时随机化和运行时随机化，编译时的 ASLR 可以生成同一功能软件的不同版本，便于实现软件多态化；运行时随机化不需要修改程序源代码，在程序加载时，对程序组件的地址进行动态布局，需要对操作系统运行环境进行修改。

ASLR 极大地增加了缓冲区溢出攻击的难度，是阻止内存攻击一种实用、有效的防御技术。ASLR 一般与数据执行保护等措施共同使用，能够起到更好的防御效果，已经被主流操纵系统广泛采用。

虽然 ASLR 能够有效提高系统防御缓冲区溢出攻击的能力，但自身仍存在一些不可回避的局限性。

① 攻击未启用 ASLR 模块。ASLR 只有在所有组件都被随机化后，防御效果才能充分发挥，如果有一些代码或者数据在内存中的位置固定，就会被攻击者利用进行溢出攻击。在 Windows、Linux 等操作系统中，并不是所有程序都选择启用 ASLR，攻击未启用 ASLR 的模块是目前绕过 ASLR 防护的重要手段。

② 地址猜测。ASLR 的随机化范围受机器 CPU 数据总线宽度、对象组件

特点等因素的制约，一些组件的变化位置有限，随机化范围不大，攻击者可以通过暴力破解的方式猜测到跳转地址，实现缓冲区溢出。

③ 覆盖部分返回地址。虽然模块加载基地址发生变化，但是各模块入口点地址的低字节不变，只有高位变化，例如，对于地址 0x12345678，其中，5678 部分是固定的，例如，如果存在缓冲区溢出，可以通过 memcpy 对后两个字节进行覆盖，将其设置为 0x12340000 到 0x1234FFFF 中的任意一个值；如果通过 strcpy 进行覆盖，因为 strcpy 会复制末尾的结束符 0x00，可以将 0x12345678 覆盖为 0x12345600，或 0x12340001 到 0x123400FF，使覆盖后的地址相对于基地址的距离是固定的，可以从基地址附近寻找可以利用的跳转指令。

④ 内存信息泄露导致威胁。内存信息泄露可以让攻击者窥探到一些有用的内存布局信息或关于目标进程的状态信息，从而精确计算出地址而发起攻击。

3.3 指令集随机化技术

3.3.1 基本情况

根据计算机应急响应小组（CERT）的统计，代码注入攻击在各种网络攻击中占有很大比重，是信息系统面临的重大威胁。攻击者通过代码注入攻击向漏洞程序注入任意代码，获得对系统的非授权访问或提取敏感信息，上一节提到的缓冲区溢出攻击就是代码注入攻击的典型代表。代码注入攻击利用的漏洞类型多种多样，所用的技术也各不相同，但为实现攻击都需要一个前提：注入代码要能够在程序所在环境中运行，即注入代码必须与被攻击环境的指令集兼容。基于这一前提，受生物体通过遗传变异免遭环境威胁的启发，指令集随机化（Instruction Set Randomization，ISR）应运而生，其基本思想是对系统指令进行随机化，使攻击者注入的代码无法识别运行环境，产生异常。

ISR 的思想最早由 Thimbleby 于 1991 年提出[12]，之后被不同研究人员进一步发展，分别开发了各自的原型系统。美国哥伦比亚大学的 Stephen W. Boyd、Gaurav S. Kc 等人对 Bochs 模拟器进行了修改[13,14]，构建了指令集随机化验证系统，并证明了指令集随机化对 Perl、SQL 等解释型语言的可行性；美国新墨西哥大学的 Elena Gabriela Barrantes、David H. Ackley 等人基于开源的二进制翻译工具 Valgrind 开发了随机指令集模拟器[15]；美国弗吉尼亚大学的 Wei Hu、Jason Hiser 等人基于 Strata 虚拟机开发了能够实用的指令集随机化原型系统[16]；美国哥伦比亚大学的 Georgios Portokalidis、Angelos D. Keromytis 等人基于二进制插装工具 PIN[17] 为运行于 Linux 上的 x86 软件实现了指令随机化运行环境；Claire Le Goues、Anh Nguyen-Tuong 等人基于 ISR 技术，设计实现了 Noncespaces，通过转移 Web 应用程序的攻击面，阻止 XSS 攻击[18]。

经过多年的发展，ISR 技术取得了很大进步，既适用于编译型语言程序，也适用于解释性语言源程序，以下分别对这两类语言程序的 ISR 工作原理进行介绍。

3.3.2 编译型语言 ISR

代码注入型攻击成功的前提是注入代码要与执行环境兼容，ISR 的立足点是创建一个对于运行处理器唯一的执行环境，使攻击者不知道应用环境使用的语言。为此要引入加密、解密机制，对二进制代码指令进行加密操作，生成随机化指令集，在代码执行时进行译码操作，保证程序正常运行。ISR 系统一般包括 2 个部分：① 对应用二进制文件进行加密操作，生成随机化指令集，现有研究一般是通过对指令与特定密钥进行异或操作实现；② 构建执行环境，能够对随机化指令代码进行译码执行。

ISR 技术的随机化对象是二进制可执行文件，机器指令一般由操作码和若干操作数组成，对操作码进行随机化可以在不影响处理器结构的前提下创建新的指令，如 x86 架构中软件中断指令 INT 的操作码是 0xCD，通过改变操作码（0xCD）与指令（INT）之间的映射关系，可以产生新的指令，且不影响处理器结构。为了增强防御效果，也可以不只对操作码进行随机化，而是对整个指令进行随机化。

执行的具体流程如图 3-13 所示，一般是在系统取指令后，执行前利用密钥对随机化指令进行译码，然后由处理器执行。

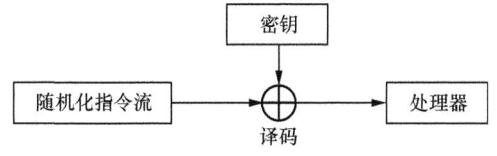

图 3-13 随机化指令译码过程

基于上述思想，不同研究人员采用不同的模拟器实现了 ISR 原型系统，如基于 SDT 的 ISR、基于 Bochs 的 ISR、基于 PIN 的 ISR 等。

1. 基于 SDT 的 ISR 原型

SDT（Software Dynamic Translation，软件动态转换）是一个健壮的、有效的软件动态转换系统，利用该系统可以提供一个虚拟的执行环境，其基础是一个 Strata 虚拟机。Strata 是一个能够重定向的软件动态翻译架构[19, 20]，如图 3-14 所示。Strata 自动加载应用，并对应用指令进行检查和转换，然后再在主 CPU 上执行。被转换的应用指令存储在 Fragment Cache 中，Strata 首先获取并保存应用的上下文环境（如程序计数器、条件代码、寄存器等），之后处理下一条指令，如果当前指令已经在缓存中，Strata 将控制权转给缓存的翻译指令；如果没有缓存，Strata 释放 Fragment Cache 中的存储区存放新的翻译指令段。Strata 不断执行预取、译码和翻译，直到遇到 Fragment 结束标志。

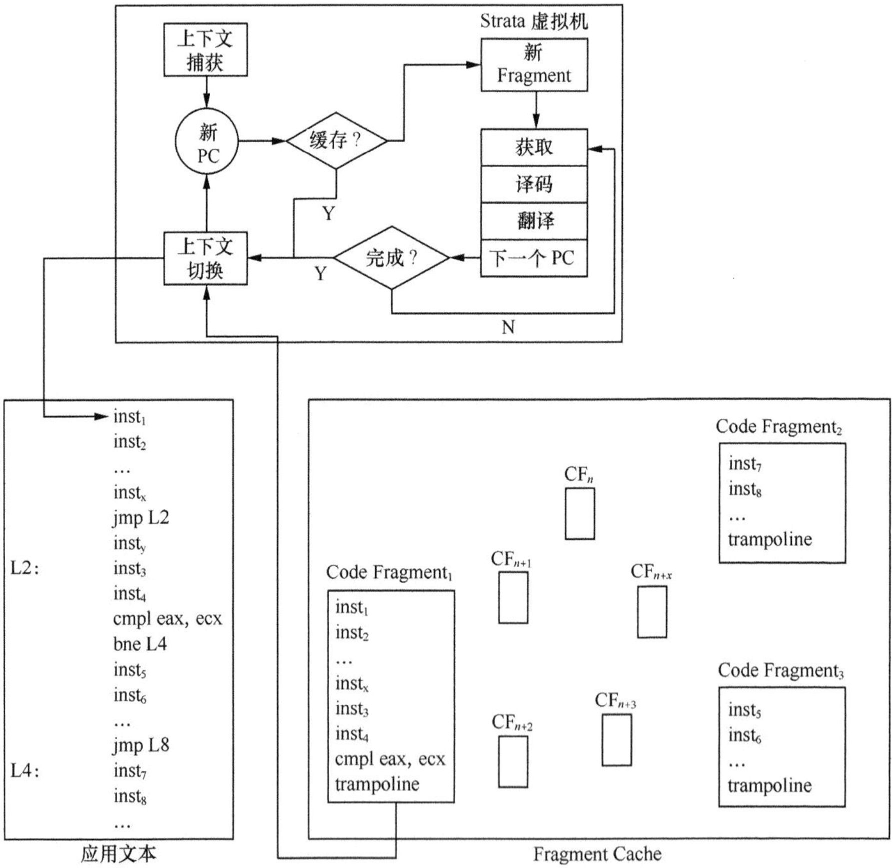

图 3-14　Strata 虚拟机工作示意

为实现 ISR，SDT 对 Strata 进行了扩展：① 在 Strata 开始执行应用前加入加密机制，使用 AES 对应用内容进行加密；② 抛弃 Strata 的预取机制，采用新的预取机制，在调用默认的目标机器预取方法前对指令进行译码和验证。

基本流程如下。

① 初始化系统调用表。

② 对应用进行加密。

- 通过伪随机设备 /dev/urandom 获取 128 bit 加密密钥；
- 用 mprotect 系统调用将文本段设为写操作；
- 用地址范围表和密钥加密应用程序文本。

③ 取下一条指令。

- 取当前 PC 指向的 128 bit 对齐块和下一个 128 bit 块；
- 对两个 128 bit 块解密；
- 译码和翻译阶段正常执行。

2. 基于 Bochs 的 ISR 原型

Gaurav S. Kc 指出在硬件中实现 ISR 要对可编程处理器或目前的处理器体系结构（如 IA-32）略作修改，以便在执行之前对指令集进行去随机化，并使用 Bochs 仿真器建立了一个 ISR 原型。Bochs 是一种 x86 体系结构的开源仿真器，通过解释每个机器指令来进行工作。Bochs 在很多方面采用与真实硬件相似的操作，例如，它的内核中有 CPU 执行循环，通过调用 FetchDecode() 函数从仿真器的虚拟内存中取一个指令并进行解码。

Gaurav S. Kc 选用 ELF 文件作为随机化的对象，通过修改 objcopy 应用，实现对 ELF 可执行文件的随机化。随机化既可以在编译过程中实施，也可以在加载程序时完成，然后在执行时进行译码。密钥管理是 ISR 安全性的一个重要方面，当一个新的随机化过程启动时，必须要知道处理器当前执行指令对应的密钥，Gaurav S. Kc 将该密钥存储在 SQlite 数据库中，通过用户空间组件查询数据库获取二进制文件对应的密钥，并把它暂存于对应进程的进程控制块（Process Control Block，PCB）结构中。当进程实际执行时，操作系统把 PCB 中的密钥交给处理器。为此，处理器需要提供一个专门的寄存器来存储解码密钥，同时需要一个专门的指令（GAVL），以便在特权模式时为这个寄存器提供只写权限。Gaurav S. Kc 通过引入去随机化单元构建 ISR 执行环境，该单元位于取指令和解码指令之间，将从内存中取来的指令去随机化，然后再送入 CPU 进行解码和执行。当使用 XOR 随机化时，这个过程就是简单地把从内存中取来的字节与 GAVL 存储的密钥进行异或操作。

Gaurav S. Kc 采用 Bochs 模拟器证明了基于硬件 ISR 的可行性,同时指出利用硬件模拟器会带来相当大的性能损失,一般为若干数量级。他比较了 3 种不同应用的二进制文件在 Bochs 和实际系统中的执行时间,见表 3-1。可以发现,Bochs 环境对二进制文件的执行效率有很大影响。

表 3-1 二进制文件执行时间对比

对比项	FTP	发送邮件	斐波纳契数列
Bochs/s	39.0	28	93
直接运行/s	29.2	1.35	0.322

3. EMUrand

采用硬件虚拟机会导致基于 Bochs 的 ISR 性能代价难以接受。为了提高 ISR 的效率,Gaurav S. Kc 等人在基于 Bochs 的 ISR 基础上又提出了选择性指令集随机化,构建了轻量级的模拟器 EMUrand[14],主要用于提高指令集随机化的效率。EMUrand 并不对所有指令进行随机化,而是首先进行分析,定位出可能存在利用缺陷的代码部分,仅对这一部分代码进行随机化处理。

EMUrand 在一个可执行文件内运行,需要记录进程指令的各种状态,即通用、段、标志和 FPU 寄存器,同时要对随机化代码进行标记,图 3-15 所示为将被模拟的代码段用特殊标记括起来。

```
void foo () {
    int a = 1;
    emulate_begin(emurand_args)    ;
    a++;
    emulate_and () ;
    printf("a=%d\n", a)    ;
}
```

图 3-15 EMUrand 模拟代码段

模拟器的主循环每个周期内依次运行取指令、译码、执行和回退指令,在预取指令前进行随机化处理。取指令、译码、执行、回退指令循环运行,当执行到 emulate_begin 时,开始进行译码处理,直到遇到 emulate_end () 或者模拟器检测到控制返回到父函数后进行正常操作。

4. 基于 PIN 的 ISR

Georgios Portokalidis 等人设计了基于 PIN 的 ISR 原型,PIN 是英特尔公司推出的动态指令插装工具,可以通过对该工具进行修改来提供 ISR 运行环境。通过监听所有文件映像装载操作的回调函数，提供正在使用的所有共享库名称以及它们在地址空间所占的内存范围，之后在数据库里查询对应的一个或多个密钥，并保存返回的密钥及其对应的内存地址范围。数据以一张类似于散列表的结构存储，通过这个结构，可以快速地通过内存地址查找到密钥。实际的去随机化是通过建立回调函数来实现的，回调函数代替了 PIN 用来从目标进程取代码的默认函数，从内存中读取指令，并使用内存地址获取解码密钥。

3.3.3 解释型语言 ISR

随着 Web 应用的迅速发展，SQL 注入攻击和跨站脚本攻击大量增多，给信息系统安全带来了新的挑战，ISR 同样适用于 SQL、Perl 等解释型语言，对 SQL 注入攻击和跨站脚本攻击能够起到很好的防护效果。

1. Perl 代码随机化

对 Perl 进行 ISR，随机化的对象可以是脚本中所有关键字、操作数、功能调用等，随机化方法灵活多样，较为简单的方法是可以为每个元素添加一个随机的数字标识，对图 3-16 所示代码中元素均添加 9 位数字标记（123456789）后，可以得到随机化后的代码，如图 3-17 所示。对 Perl 代码随机化后，攻击者注入的恶意代码由于无法被解释器识别而被阻止执行，可以有效防御 Perl 注入攻击。

```
foreach $k (sort keys %$tre) {
  $v=$tre->{$k};
  die  "duplicate key $k\n"
      if defined $list{$k};
  push @list, @{$list{$k}} ;
}
```

```
foreach123456789 $k (sort123456789  keys %$tre) {
  $v=123456789 $tre->{$k};
  die123456789   "duplicate key $k\n"
      if123456789  defined123456789  $list{$k};
  push123456789  @list, @{$list{$k}} ;
}
```

图 3-16　原始代码　　　　　　　　图 3-17　变换后代码

2. SQL 语句随机化

为理解 SQL 语句随机化，首先要了解 SQL 注入攻击的工作原理。以下通过一个例子来介绍 SQL 注入攻击的过程：考虑 CGI（Common Gateway Interface，通用网点接口）应用的登录页面，输入提交用户名和对应的密码后，执行以下语句。

select*from mysql.user
where username=' ".$uid." 'and

password=password(' ".$pwd. " ');

如果攻击者不输入有效用户名,而是将 uid 变量设为 "or 1=1",使 CGI 脚本执行以下查询。

select*from mysql.user
where username=" or1=1;- -" and
password=password("_any_text_");

第一个单引号与 username 后的引号匹配,攻击者输入的其余内容被数据库认为是 SQL 脚本,这种情况下,"or 1=1"使数据库返回 mysql.user 表中的所有记录,因为 "or 1=1",所以 where 字句为真。

SQL 语言随机化通过为 SQL 标准操作符添加一个随机整数,使攻击者输入内容被识别为非法表达式,从而阻止攻击。

图 3-18 所示为 SQL 语句随机化系统架构,Web 服务器和数据库服务器中间设置了一个代理,该代理对收到的经随机化处理的 SQL 语句进行译码,然后把它送给数据库。代理同时负责隐藏数据库错误,这些错误可能会向攻击者泄露应用程序使用的密钥。例如,攻击者可以进行一次简单的 SQL 注入来引起一个语法错误,返回一条错误信息。这条信息可能会泄露查询或表的部分信息,进而,可以用于推断隐藏的数据库属性。通过在代理中剥离随机化标签,不需要担心数据库管理系统无意地通过错误信息泄露这些内容。

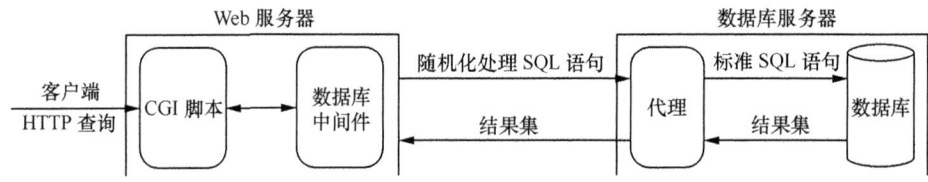

图 3-18 SQL 语句随机化系统架构

SQL 语句随机化工具可以读取 SQL 语句,然后附加随机化密钥并重写所有关键字。例如,对于如下 SQL 查询,工具从中挑出关键字。

select gender, avg(age)
from cs101.students
where dept = %d
group by gender

并给每个关键字添加密钥(例如,密钥是 "123"),如下所示。

select123 gender, avg123 (age)
from123 cs101.students
where123 dept = %d

group123 by123 gender

生成的 SQL 查询可以被插入开发人员的网络应用程序中,代理接收随机化处理过的 SQL 语句,译码并校验,然后传递给数据库。

3. Noncespaces

Anh Nguyen-Tuong 等人基于指令集随机化的思想设计了 Noncespaces 机制,用于防御跨站脚本攻击。Noncespaces 是一种端对端机制,它使服务器能够识别不可信内容,将该信息准确地传送至客户端,并让客户端对不可信内容实施安全策略。Noncespaces 对(X)HTML 标记及属性进行随机化处理,以识别并抵御注入的恶意网络信息。随机化有两个作用:第一,它能识别不可信内容,从而使客户端可以使用某种策略来限制不可信的内容;第二,它能防止不可信内容破坏文件树。由于经随机化处理后的标记难以猜测,因此,如果攻击者在不可信内容中嵌入相应的分隔符,以拆分包含节点,势必会造成句法分析错误。

Noncespaces 的目标是让客户端能同时安全地展示含有可信内容和不可信内容的各种文件。通过对浏览器实施可配置安全策略,消除客户端与服务器之间的语义鸿沟,并适应不同的安全需求。这种策略规定了每种类型信息可以使用浏览器的哪些功能,从而削弱了攻击者注入恶意信息的能力。

为保证客户端能确定文件中所有内容的可信度,服务器首先将内容分成离散的信任类型,然后将内容、信任分类以及相关策略告知客户端,如图 3-19 所示。

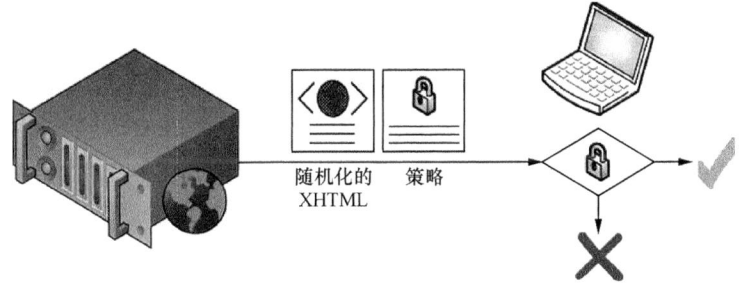

图 3-19　Noncespaces 机制

如果服务器的内容分类是确定的、有限的,服务器就能将其分类信息准确地告知客户端,且客户端能如实地执行服务器规定的策略,同时,不可信内容将限制在该策略明确允许的能力范围内,从而保证了 XSS 攻击不会成功。服务器会使用随机化技术将(X)HTML 中的信任内容告知客户端,可以将不同的随机化功能与不同内容的信任类型联系起来。信任类型中所有元素和属性的名称会根据相关随机化功能进行重映射,因此,任何注入信息都不能正确地命名其他信任类型的（X）HTML元素和属性。

图3-20是一个存在漏洞的网页模板，通过为其做注释的方法可以抵御针对这个文件的XSS攻击。例如，用随机选择的字符串r60来表示可信内容，给可信标记及属性加上前缀，如图3-21所示。

```
1  <!DOCTYPE html PUBLIC "-//W3C//DTD XHTML 1.1//EN"
2       "http://www.w3.org/TR/xhtml11/DTD/xhtml11.dtd">
3  <html xmlns="http://www.w3.org/1999/xhtml"lang="en">
4  <head>    <title>nile.com:++shopping</title>  </head>
5  <body>    <h1 id="title">{item_name}</h1>
6    <p class='review'>{review.text}
7      -- <a href='{review.contact}'>{review.author}</a>  </p>
8  </body>
9  </html>
```

图3-20　存在漏洞的网页模板

```
1  <!DOCTYPE html PUBLIC "-//W3C//DTD XHTML 1.1//EN"
2       "http://www.w3.org/TR/xhtml11/DTD/xhtml11.dtd">
3  <r60:html xmlns="http://www.w3.org/1999/xhtml" r60:lang="en"
4       xmlns:r60="http://www.w3.org/1999/xhtml">
5  <r60:head> <r60:title>nile.com:++Shopping</r60:title> </r60:head>
6  <r60:body><r60:h1 r60:id="title"> Useless Do-dad </r60:h1>
7    <r60:p r60:class='review'> </p> <script> attack () </script> <p>
8      -- <r60:a href=''> </r60:a>  </r60:p>
9  </r60:body>
10 </r60:html>
```

图3-21　被随机化的有漏洞网页模板

攻击者由于不知道随机前缀而无法注入恶意内容，也不会将之解释为信任内容。同样的原因，攻击者也无法在结束段落单元嵌入带有该前缀的结束标记。在XHTML文件中，尝试结束带有未配对前缀的开放单元的结束标记会造成XML解析错误。为防止攻击者猜到这些前缀，在每次渲染一个响应时，可以均匀随机地选择一个前缀，这也就是Noncespaces技术。

Noncespaces策略指定了在某一个指定的信任类型中可以调用的浏览器能力。图3-22为针对XHTML文件的策略示例，策略语言被设计成类似于防火墙配置语言。注释以#字符开头，并延伸至行尾。基本策略由一系列allow/deny规则组成。每条规则就是对一组与XPath表达式相匹配的文件节点进行一次策略决定，即允许或拒绝。

此外，Noncespaces提供基本的XPath功能，对字符串进行标准化，同时还提供附加的布尔函数，根据信任类型或者属性值是否与语言缺省值有所不同进行比较。图3-22中的策略示例指定了两个信任类型，即可信和不可信。可信内容中可以出现的标记和属性无任何限制。不可信内容里仅允许出现对应于 BBCode 的标记和属性：格式标记、到其他 HTTP 资源的链接以及图片。

```
1   #  Restrict untrusted content to safe subset of XHTML
2   namespace x http://www.w3.org/1999/xhtml
3   #  Declare trust classes
4   trustclass trusted
5   trustclass untrusted
6   order untrusted＜trusted
7
8   #Policy for trusted content
9   allow //x:*[ns：trust-class(.,"=trusted")] # all trusted elements
10  allow //@x:*[ns：trust-class(.,"=trusted")] # all trusted attributes
11
12  #  Allow safe untrusted elements
13  allow //x:b ｜ //x:i ｜ //x:u ｜ //x:s ｜ //x:pre ｜ //x:q
14  allow //x:a ｜ //x:img ｜ //x:blockquote
15
16  #  Allow HTTP protocol in the 〈a href〉 and 〈img src〉 attributes
17  allow //x:a/@href[starts-with(.,"http:")]
18  allow //x:img/@src[starts-with(.,"http:")]
19
20  #  Deny all remaining elements and attributes
21  deny //* ｜ //@*
```

图 3-22　针对 XHTML 的 Noncespaces 策略示例

在检查某个文件是否符合某一策略时，客户端可依次检查每条规则，并将 XPath 表达式与文件的文件对象模型中的节点相比较。若某一条允许规则与某个节点匹配，则客户端允许该节点，并在评估后续规则时不再考虑该节点。若某一条拒绝规则与某个节点匹配，则客户端可确定该文件违反了该策略，就不会渲染该文件。

Anh Nguyen-Tuong 等人对 Noncespaces 进行了功能和性能评估，验证 Noncespaces 对 6 种 XSS 漏洞利用方法的效果。实验结果表明，在没有 Noncespaces 情况下，每次漏洞利用都能成功，启用 Noncespaces 后，对漏洞的利用都被视为违背策略而被阻止。

性能评估旨在根据响应延迟及服务器吞吐量来测量 Noncespaces 的开销。测试基础架构由用于安全评估的 TikiWiki 应用程序组成。运行安全评估的 VMware 虚拟机配置为内存 512 MB、Fedora Core 3 操作系统、Apache 2.0.52 服务器以及 mod PHP5.2.6。该虚拟机运行于一台配置为英特尔奔腾Ⅳ 3.2 GHz 处理器、内存 1 GB、Ubuntu 7.10 操作系统的计算机上，客户端计算机配置为一台英特尔奔腾Ⅳ 2 GHz 处理器、256 MB 内存、Ubuntu 8.10 操作系统的计算机。在每次测试中，对一个应用程序页面检索 1 000 次，分别测试了并发请求数为 1、5、10 和 15 的情况。响应延迟的结果表明，服务器上启用 Noncespaces 随机化后，响应时间最长增加了 14%。启用策略检查代理服务器后，响应延迟最长比基线响应时间增加了 32%，从表面看，其开销感觉很大，但在交互式使用下，延迟的增长却不超过 0.6 s。Noncespaces 对服务器吞吐量影响的测试结果为启用随机化后，吞吐量降低了 10% 左右。在启用策略检查后，吞吐量下降 3%。由于策略检查在客户端运行，因此，多个开发客户端请求对服务器吞吐量的影响很小。

3.3.4　基本效能与存在的不足

理论上，ISR 能够防范各种代码注入型攻击，增大攻击受保护应用程序的难度，但是其自身也存在不可回避的缺陷。

① 为实现 ISR，需要构建基于硬件或软件的 ISR 执行环境，基于硬件的环境需要修改处理器，基于软件的环境对性能影响非常大，导致 ISR 目前还难以实际应用。

② 通常情况下，应用程序使用不同的库，且有静态连接或动态连接两种形式，但 ISR 密钥是与整个进程相关联的，很难适应动态链接库，这也导致 ISR 应用受限。

③ ISR 重点防范代码注入攻击，尤其适用于对远程攻击的防御，如果攻击者能够访问本地磁盘，得到二进制文件和对应的随机化文件，则 ISR 就会很容易被破解，这一点导致 ISR 应用范围有限。

④ ISR 并不能防止所有的代码注入攻击，例如，不能防范针对函数或指针的攻击。此外，能够破坏内存机密性的攻击者可以直接从内存中读到密钥，或恢复出经加密的代码段，通过与原始可执行文件中的未加密代码段相对比而推知密钥。

3.4　就地代码随机化技术

3.4.1　基本情况

前面两节介绍的 ASLR 和 ISR 技术，能够在很大程度上阻止注入型攻击的泛滥,特别是 ASLR 与数据执行保护(Data Execution Protection,DEP)技术的有效结合,能够显著地增加注入型恶意代码攻击的难度。但攻击与防御始终是网络安全领域永恒的主题,两者互为目标,在相互博弈中此消彼长,不断有新的发展。ASLR 和 DEP 技术虽然阻挡了大量攻击,但却促使攻击者研究出新的漏洞利用技术——返回导向编程(Return-Oriented Programming,ROP)[21~23],该技术利用程序中已经存在的代码,将其组装成具有图灵完全计算功能的连续代码块,能够规避 ASLR 和 DEP 的双重保护,实现对系统的攻击。就地代码随机化技术通过对代码进行变换,能够有效防御 ROP 攻击。

就地代码随机化技术以二进制可执行文件代码段的随机化为基础,使用一组二进制代码转换技术,扰乱 ROP 攻击的利用代码,从而防御 ROP 攻击。下面首先介绍 ROP 攻击的基本原理,之后重点介绍原子指令替换、指令重排等主要的就地代码随机化技术。

3.4.2 ROP 工作机理

ROP 攻击属于代码复用攻击,起源于 return-into-libc(RILC)攻击,目前主要有利用 ret 指令的 ROP 和基于 JMP 指令的 ROP。

1. RILC

RILC 攻击是经典的代码复用攻击技术[24,25],是 ROP 攻击的思想基础。与传统的溢出攻击不同,攻击者在利用缓冲区溢出漏洞溢出成功后,将函数返回地址覆盖为系统库函数的地址,将参数覆盖为系统函数的参数。这样,就达到了既能不在堆栈区执行 ShellCode,又能实现转移程序控制流程,获取系统控制权限的目的。

RILC 溢出攻击前后被溢出函数的内存分布如图 3-23 所示,图中左边显示的是该漏洞溢出前被溢出函数的内存布局,右边显示的是漏洞溢出成功后被溢出函数的内存布局。图 3-23 右边的系统函数地址为诸如 system()、exec()、setuid()、mprotect() 等系统库函数的地址;系统函数参数是相应的系统函数参数。

RILC 攻击可以利用系统关键函数,实现本地提权、改变内存保护级别等操作,2011 年 Minh Tran 等人[26]实现了一种 RILC 攻击,并证明了该攻击方式不仅满足图灵完

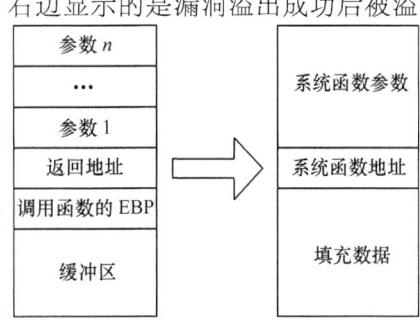

图 3-23 RILC 攻击前后函数内存分布

全的语义学定义，且适用于不同的操作系统版本。

2. 利用 ret 指令的 ROP

RILC 虽然已经被证明是图灵完全的，且具有很强的攻击能力，但在实际攻击中，要利用 RILC 方法实现复杂攻击的难度仍然很大。在 RILC 攻击思想的基础上，利用内存已知二进制代码段的 ROP 攻击方式不断出现。不同于 RILC 直接调用系统库函数，利用 ret 指令的 ROP 攻击在内存中选取多个由 ret 指令结束的二进制代码短段（Gadget），按照一定的方式组合成具有特殊功能的攻击单元。

以 x86 为典型代表的 CISC 指令集非常密集，任意组合的字符串均有可能被解释为有效的指令。在程序代码中，任意一条以 0xC3 结尾的指令都可以被解释成含有 ret 指令的有效代码段。如图 3-24 所示，若从原地址后两个字节（即从 0x59 处）解释指令，则指令的语义将会发生变化，成为一段以 ret 指令结尾的代码段。可将这种代码段称为无意代码段（Unintended Code），在 ROP 攻击中，大多数 Gadget 都是由此类无意代码段组成。

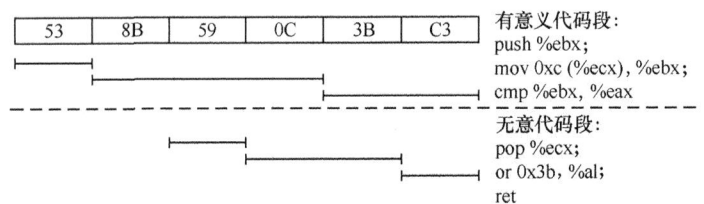

图 3-24 无意代码示意

利用 ret 指令的 ROP 攻击将程序指令指针引导到一段由多个位于系统内存中二进制代码段 Gadget 构成的 ROP 攻击代码中。在一段 Gadget 代码执行完毕后，若要使程序指令指针返回并执行下一个 Gadget，则每段 Gadget 的最后一条指令都必须是 ret 指令。当 ret 指令执行时，系统会将栈顶的字单元出栈，并将其值赋给指令指针，从而实现了程序执行流程在多个 Gadget 间的转移。

ret 指令在内存中大量存在，对于 x86 系统这样指令长度可变的系统而言，ret 指令使用得更为普遍。采用以 ret 指令结尾的 Gadget 的组合可以实现计算机中各种有内存操作，如堆栈操作、条件跳转、系统调用等。因此，基于 ret 指令的 Gadget 集合对于 Windows 平台及其他许多操作系统平台都是图灵完全的。图 3-25 是利用栈缓冲区溢出漏洞实现的 ROP 攻击。

攻击者实施利用 ret 指令的 ROP 攻击步骤如下。

① 攻击者先将精心设计的含有 Gadget 地址的数据输入栈中，利用这些数据覆盖原来的返回地址值及其相邻的栈空间。

② 攻击者通过栈缓冲区溢出漏洞将栈指针 esp 重定位至 Gadget 1。

③ 当函数正常返回后，eip 寄存器的值将被 Gadget 1 地址覆盖，程序执行 Gadget 1 地址中所指向的指令"xor %eax, %eax; ret"。

④ 指令执行完成后，通过 ret 指令返回到栈中存储 Gadget 2 地址的位置，eip 寄存器的值将被 Gadget 2 地址覆盖。

⑤ 程序执行 Gadget 2 地址中所指向的指令，之后循环地执行攻击所指定的全部 Gadget。

⑥ 执行完所有 Gadget 代码后，攻击者就达到了本次攻击的目的。

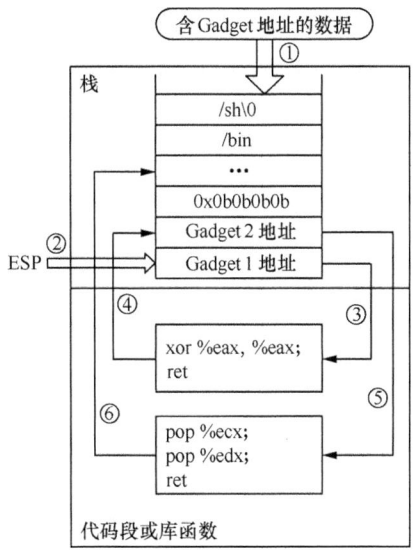

图 3-25　ROP 攻击程序内存分布

通过分析利用 ret 指令的 ROP 攻击步骤可知，在实现 ROP 攻击时，需要控制栈指针 esp，使其指向攻击者输入的恶意数据，再通过各个 Gadget 中 ret 指令的执行，保证所有恶意代码段的连续执行。

3. 基于 JMP 指令的 ROP

传统利用 ret 指令进行 ROP 攻击的过程中，Gadget 中必定包含 ret 指令，很多检测技术正是利用这一特点对 ROP 攻击进行防御。为躲避这些检测，攻击者又提出仅利用间接跳转（Indirect Jump）来实现 ROP 攻击的两种技术，即 POP-JMP[27] 和 JOP(Jump-Oriented Programming，面向跳转编程)[28]。

（1）POP-JMP

基于间接跳转的 ROP 攻击思想基于内存中存在着与 ret 功能类似的指令序列这一事实，如 x86 平台下的"pop x; jmp*x"，其中，x 是任何一个通用寄存器。巧妙地利用这些序列的 Gadget 就可以达到利用 ret 攻击同样的效果，POP-JMP 攻击流程如图 3-26 所示。

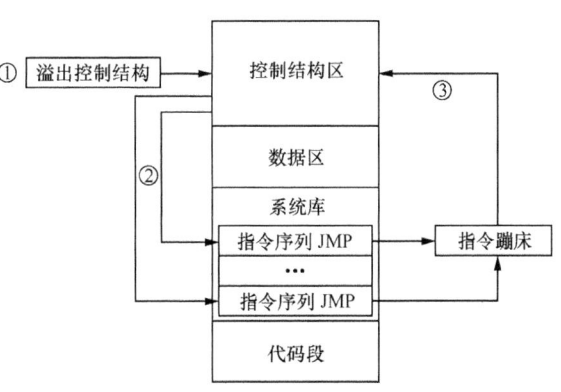

图 3-26　采用 POP-JMP 技术的 ROP 攻击内存布局

与 ret 类似的指令序列要包含两条甚至更多指令。另外，相比于 ret 指令的数量，内存中的这些类 ret 指令序列数目要少很多。如果要求每一个 Gadget 都以类 ret 序列结束，则内存中的 Gadget 集合难以成为图灵完全的，为此，需要找到一个类 ret 指令序列，作为"指令蹦床"。然后选择所有跳转到该指令蹦床的、以间接跳转（如 jmp eax，eax 中存储指令蹦床地址）指令结尾的序列作为 Gadget。因为在内存中有很多间接跳转指令，所以由这些序列构成的 Gadget 集合就可以满足图灵完全。POP-JMP 攻击的典型步骤如下。

① 攻击者利用内存漏洞溢出控制结构区，引导程序执行流程进入库函数的一个指令序列 Gadget。

② 程序执行指令序列 Gadget，当遇到间接跳转指令后跳转到指令蹦床。

③ 指令蹦床也存在库函数中。其地址可以保存在某个寄存器，由内存中跳转到该寄存器的二进制序列来构成 Gadget 集合。指令蹦床引导程序返回控制结构区，实现切换指令指针，移动栈指针等类 ret 操作。

④ 程序返回到第二步，继续执行下一个 Gadget，如此循环执行，直到所有的 Gadget 执行完毕，攻击者就达到了想要的结果。

（2）JOP

JOP 与 POP-JMP 在设计思想上类似，也是一种基于 JMP 的 ROP 攻击方式，但 JOP 的实现方式是将需要执行的 Gadget 地址定义为分配表，并通过分配器来控制分配表上各个 Gadget 的调用。JOP 与 ROP 对比如图 3-27 所示。

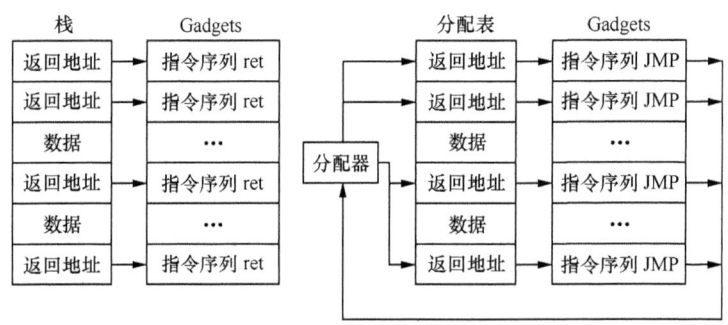

图 3-27　JOP 与 ROP 对比

JOP 攻击与基于 ret 的 ROP 攻击存在以下不同。

① Gadget 结尾指令不一样。JOP 的 Gadget 最后一个指令为 JMP，而 ROP 的 Gadget 采用 ret 指令结束。

② 程序的指令指针在 Gadget 之间的切换方式不同。ROP 利用栈操作的特性使用 ret 指令实现切换；JOP 则利用的是分配器，通过程序实现对指令指针

的切换。

③ 攻击代码存放的位置不同，由于利用了栈操作特性，ROP 攻击指令只能存放在栈上；JOP 不仅可以存放在栈上，还可存放在堆等其他的数据区域。

3.4.3 原子指令替换技术

Gadget 的执行拥有对应于漏洞利用过程的 CPU 与内存状态的特定序列集，攻击者需要根据每个 Gadget 修改的寄存器、标志或内存位置，来选择如何把不同的 Gadget 链接到一起，后续 Gadget 的执行取决于之前执行所有 Gadget 产生的结果。ROP 代码依赖于所有链接 Gadget 的正确执行，因此，即使对 Gadget 做简单更改，都会导致 ROP 攻击失败。就地代码随机化技术就是对代码进行简单变换，破坏 ROP 所依赖的 Gadget。

原子指令替换技术的基本思想是以不同的指令组合实现完全相同的计算。在代码随机化应用中，用函数等效但序列不同的指令来替换 Gadget 的指令，虽然程序产生的结果一样，但却可以破坏 ROP 的 Gadget 链接。图 3-28(a) 为原子指令替换技术示例，编译器生成的实际代码由指令 mov、cmp、lea 构成，从字节 B0 处开始。但是，从下一个字节反汇编时，可以发现一个以 ret 结尾的、非常有用的 Gadget。为实现对 ROP 的破坏，需要使用一个长度相同、函数等效的单一指令来替换某个指令。除了以负减法代替加法为基础的方式之外，还存在一些带有不同操作码的不同形式指令，如 add r/m32, r32 把加法结果储存在寄存器操作数或内存操作数（r/m32）中，add r32, r/m32 则把结果储存在存储器中（r32）。尽管这两种形式的操作码不同，但当两个操作数都为寄存器时，两个指令等效。许多算术指令与逻辑指令都拥有这种类型的双重等效形式。如图 3-28(b) 所示，cmp 指令的两个操作数都是寄存器，所以可使用具有不同操作码的等效指令形式来替换该指令。虽然实际程序代码并未改变，但 cmp 指令中本来包含的 ret 指令现在已经消失，致使 Gadget 不可用。在这种情况中，转换过程完全消除了 Gadget，可以有效阻止 ROP 攻击。

3.4.4 内部基本块重新排序

对于一个二进制文件而言，其内部指令序列是固定的，这是由编译器根据特定的输入条件确定的，如果选择不同的条件，可以生成功能相同而内部指令序列不同的多个目标文件。因此，对于一个二进制文件，其基本块的指令序列只是若干合理指令排序中的一种。基于这一发现，可以对二进制文件基本块内的指令序列进行重排，实现扰乱 ROP 攻击的目的。

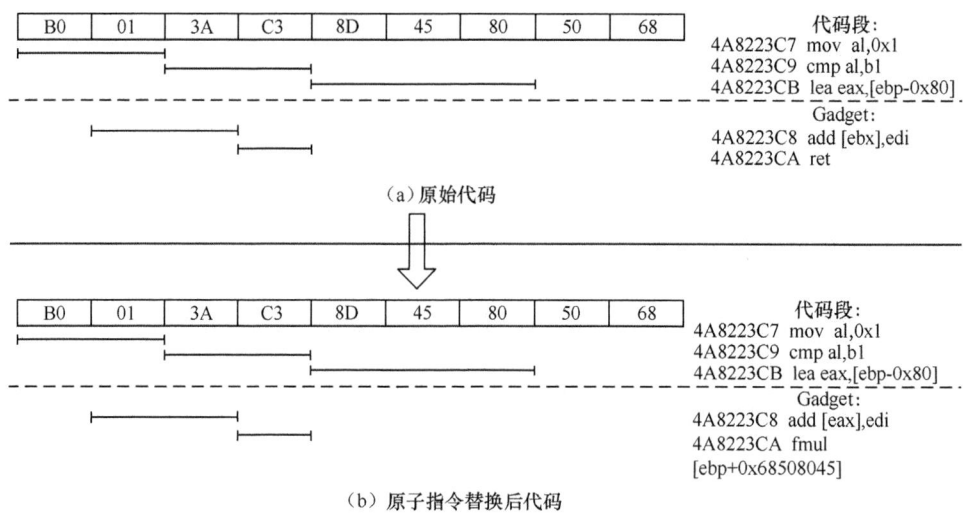

(a) 原始代码

(b) 原子指令替换后代码

图 3-28 原子指令替换示例

确定指令之间的排序关系是进行指令重排的基础。排序关系必须保证代码的正确性，可以借助程序的基本块依赖图实现。基本块依赖图代表各指令间的相互依赖关系。基本块为线性代码，其依赖图是一张有向非循环图，图中机器指令作为顶点，指令间的相互依赖性作为各条边。对反汇编基本块的代码进行依赖性分析，可得到各基本块间的依赖图。对机器代码进行依赖性分析，首先需要仔细处理 x86 指令间的依赖关系，此外，还要考虑寄存器操作数与内存操作数之间的数据依赖性，以及 CPU 标志、隐含使用的寄存器和内存位置之间的数据依赖性等。

对于每个指令 i，可以通过指令使用与定义的寄存器来导出 use[i] 集与 def[i] 集。除了用于有效地址计算的寄存器操作数与寄存器之外，指令 i 还包括所有隐含使用的寄存器。例如，用于 pop eax 的 use 集与 def 集分别是 {esp} 与 {eax, esp}，而用于 rep stosb 的 use 集和 def 集则分别是 {ecx, eax, edi} 和 {ecx, edi}。首先假设基本块内的所有指令都相互依赖，然后检查每对指令的读后写（RAW）、写后读（WAR）与写后写（WAW）依赖关系。例如，如果下列任何一个条件成立，i_1 与 i_2 之间则具有 RAW 依赖性：① def[i_1] ∩ use[i_2] ≠ ∅；② i_1 的目的地操作数与 i_2 的源操作数均为一个内存位置；③ i_1 至少写一个标志由 i_2 来读。

图 3-29(a) 所示为含有 Gadget 基本块的代码，图 3-30 所示为其对应的依赖性有向非循环图（Directed Acyclic Graph，DAG）。与有向边不相连的指

令均为独立指令，它们的相对执行次序不受限制。根据基本块的依赖性DAG，可以确定基本块指令的可能排序方式。图3-29（b）所示为原始代码的一种备选排序方式。除了一个指令与一个字节值之外，其余所有指令的位置和字节值都发生了变化，消除了原始代码中包含的Gadget。虽然在代码块内几个字节后出现了一项新的Gadget，但攻击者不能依赖该Gadget，因为备选排序将把它转移到其他位置，且Gadget的一些内部指令将不断发生变换。

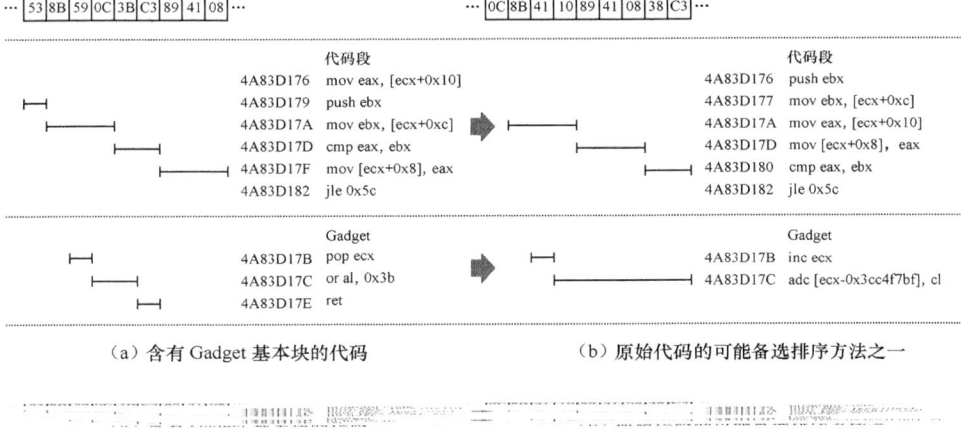

（a）含有Gadget基本块的代码　　　　（b）原始代码的可能备选排序方法之一

图3-29　内部基本块重排示例

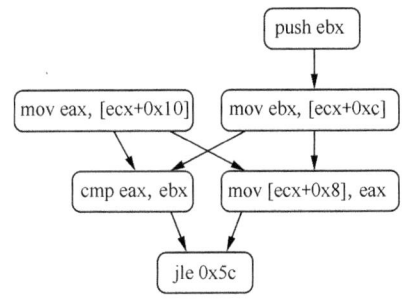

图3-30　内部基本块重排示例对应基本块依赖

3.4.5　基本效能与存在的不足

就地代码随机化技术能够有效防御ROP攻击，是对ASLR和DEP防护的有效补充。但该技术提供的保护是一种概率性的保护，并不能保证彻底防御ROP攻击，此外该技术还依赖于二进制文件的反汇编效果。

3.5 软件多态化技术

3.5.1 基本情况

目前，网络攻击与防御存在着严重的不对等，其中主要原因在于软件的静态性、单一性。现有的软件开发部署主要从成本概算和易用性出发，对通过测试验证的源代码采用同一编译器用同样的方法进行编译链接，生成同一版本的众多软件实体，销售给不同的用户使用，这种方式虽然使软件生产者受益，但造成了信息系统易攻难防的被动局面，因为攻击者只需要集中精力对一个软件实体进行缺陷分析，发现漏洞后可以方便地将其应用到该版本所有软件中，轻易地对运行相同二进制代码的成千上万、甚至数亿台的计算机设备成功发动攻击。这种不对等体现在成本和代价等不同方面，攻击方只需要一个或几个人利用几台计算机对一款软件进行分析，防护方则需要投入大量安全维护人员保障上万台计算设备的安全；攻击者只需要找到一个漏洞就可以发动大规模攻击，防御者则需要监控系统的各个层面，不能有一丝疏忽。这种基于成本考虑的软件静态生产与部署忽视了安全的重要性，最终导致更加巨大的经济损失。

为了消除软件静态性带来的巨大安全隐患，软件多态化技术应运而生[29]，其基本原理是在软件生产过程中基于编译器为同一源代码生成功能相同、内部结构各异的大量软件实体，分发给不同用户使用，使每个用户使用的同一款软件在内部结构上都不相同，打破目前攻防严重不对等的态势，增加攻击者发动攻击的成本（如图 3-31 所示）。随着云计算和移动互联网的发展以及应用商店模式的日益普及，软件多态化技术迎来了发展的重要机遇，相关研究受到越来越多的关注。

在软件开发过程中，编译器是极为重要的，目前编译器的流行设计模式是确定性的：相同的源代码总是翻译成相同的可执行文件。实际上，在编译过程中，编译器可以做很多优化，根据用户需求对编译细节进行调整，因此，编译器是实现软件多态化的理想场所。利用编译器可以很容易地根据输入的程序，生成大量外部功能相同、但内部结构不同的变体，这些变体在设计规定的操作方面是相同的，而在设计中未规定的方面各有差异。当攻击者试图利用不符合规范的操作进行攻击时，这些变体会有不同的表现。在利用编译器生成多态软件的过程中，可以综合运用前述 ASLR 中的相关技术，以及变量重排、功能调整等多种技术。

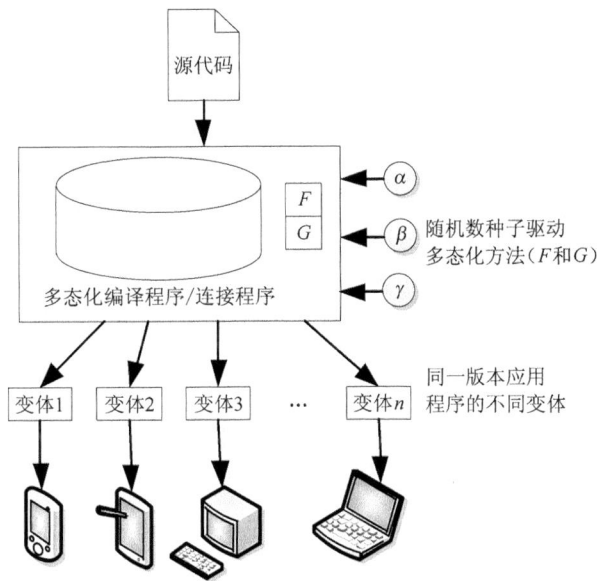

图 3-31　软件多样化技术原理示意

3.5.2　支持多阶段插桩的可扩展编译器

在编译过程中引入各种随机化、变形等技术，可以得到多态化的软件。为实现这一功能需要对现有编译器进行扩展，支持多阶段插桩的可扩展编译器是一种主要实现方法。

支持多阶段插桩的可扩展编译器可以实现对 C/C++/VB/.NET 多语言源代码相关工程的通用化编译，并基于微软开放编译服务（Compiler as a Service）的思想，为编译过程中产生的不同抽象层次的中间表示开放其内部访问接口，提供相应中间表示的读取、转换和修改的插桩函数。通过支持编译扩展模块在其上实现包括程序控制流混淆、垃圾指令插入、复杂算法的多变体执行函数的生成与调度、随机指令集的替换、内存缓冲区数据的随机加解密、内存边界检查等软件抗攻击机制的全面应用。

支持指令和数据随机化的编译流程如图 3-32 所示。

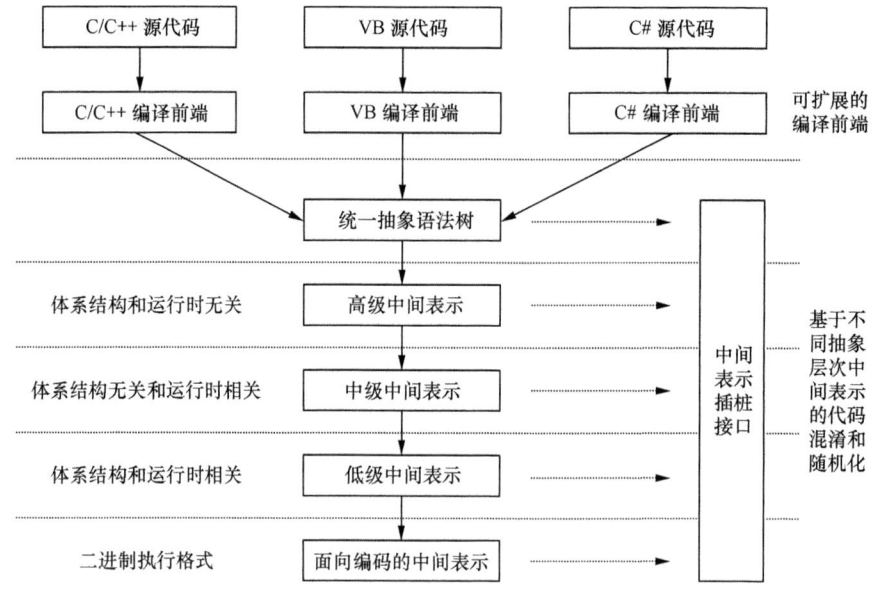

图 3-32　支持指令和数据随机化的编译处理流程示意

3.5.3　程序分段和函数重排技术

编译器是软件多态化的基础。为生成同一程序的不同变体，还需要结合各种随机化和变形技术，例如前文提到的 ISR 和 ASLR 技术，以及下文介绍的几种常用技术。

程序分段和函数重排技术是指在编译时对程序分段和函数进行重排，实现程序地址空间布局的改变。现代程序是把许多模块放在一起而生成的，每个模块通常对应一个独立的源文件。每个模块被分为不同类型的区段，如数据段和代码段。这些模块自身通常被组织成函数，这些函数互相调用。一些攻击依赖于知道某个特定位置存放有某个全局函数，从而发起攻击。程序分段和函数重排技术的一种简单方式是在编译过程中随机改变 Object File 链接顺序，如图 3-33 所示。

每次区段顺序的改变将生成一个结构完全不同的变体，随机化的强度由区段粒度决定，粒度越小，随机化强度越大。

3.5.4　指令填充随机化技术

利用指令调度、调用内联、代码提取、循环分配、部分冗余消除以及其他编译器变换，都可改变生成的机器代码。为了产生随机化输出，可对这些变换进一步改变。

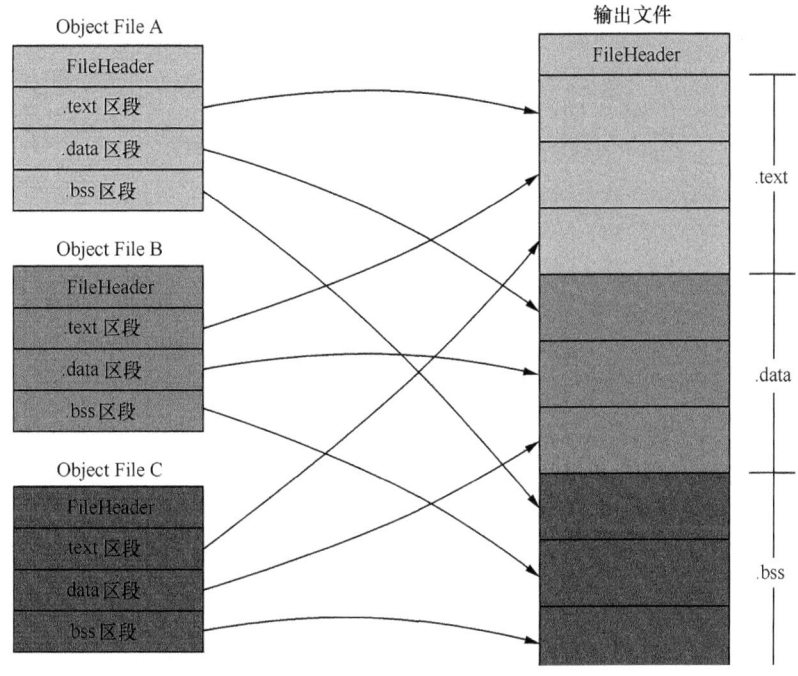

图 3-33 区段随机化的实现

无操作序列（No Operation Sequence，NOP）插入。有些短小的代码序列在运行时没有实际效果，但可用作代码的填充块，用于将后面的指令向前推几个字节。这些 NOP 引入了偏移量，增加了二进制文件的长度，并能改变后面一些代码序列的位置。这种变动能阻止那些基于固定位置上已知字节发起的攻击。NOP 实例代码有：movl %eax，%eax；xchgl %esi，%es；leal (%edi)，%edi 等。使用 NOP 插入技术来强迫跳转目标的校准，这样攻击者就无法利用现存跳转指令跳转到一个适当指令代码中间，而是转换到一个指令片段中。图 3-34 所示为 NOP 插入和代码序列随机化示例。

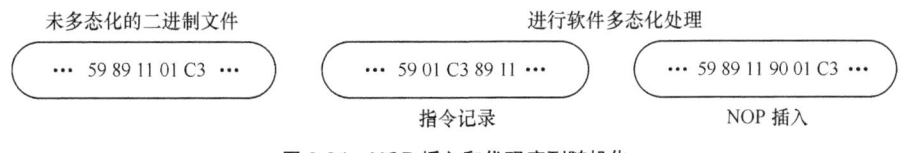

图 3-34 NOP 插入和代码序列随机化

等价指令。很多体系结构的指令系统都提供了不同指令，在某些特定情况下，这些指令能够得到相同的结果，而且可以彼此互换。利用这些指令代替其等价指令，既不会造成任何性能损失，又能显著地改变二进制指令序列。

例如，下列指令（及对应字节编码）

movl %edx, %eax	89
xchgl %edx, %eax	92

可以替换为如下指令。

leal（%edx），%eax	8D 02
xchgl %eax, %edx	87 D0

转换后代码流中的 leal 指令与装入地址指令相结合，就转换成一个简单的寄存器到寄存器的移动，这里的所谓装入地址指令，指的是使用寄存器寻址方式把一个内存操作数的地址加载到一个寄存器中。其他实例在编码中使用可换用（Exchange）操作或 x86 操作的交换性。虽然转换后的指令与以前的指令等价，但其二进制编码可能是明显不同的。

3.5.5 寄存器随机化

寄存器随机化，即交换两个寄存器的意思。例如，Intel x86 体系结构中的堆栈指针寄存器 esp，可随机与一个其他寄存器（如 eax）交换。大多数攻击依靠寄存器中的固定内容，寄存器随机化就是针对这一情况提出的。例如，如果一个攻击把系统调用号放在 eax 中，并运行系统调用，那么这个攻击就会失败，因为系统会把存在 esp 中的值作为系统调用号。由于硬件体系结构中没有专门支持随机化处理的寄存器，因此，需要先交换寄存器，再去运行那些隐含依赖 esp 或 eax 中值的指令，如堆栈操作指令或系统调用指令。只改变那些用于存储变量和临时变量的寄存器是一个更加方便的方法，这些变量的值不会被那些需要特殊寄存器的指令所使用。例如，指令 addl %eax, %ebx 可以很容易地被换成 addl %esi, %ecx。

3.5.6 反向堆栈

大多数处理器体系结构采用非对称设计，把堆栈的增长设计为一个方向。例如，在 Intel x86 指令集中，所有预定义堆栈的手工操作，如压入、弹出，只适用于一个向下增长的堆栈。通过扩展堆栈操作指令，可以建立一个带有向上增长堆栈的变体[30]。改变堆栈布局，使分配在堆栈中的缓冲区和变量完全不同了，该方法能阻止依赖向下增长堆栈的缓冲区溢出攻击和堆栈粉碎攻击。图 3-35 展示了一次缓冲区溢出，这次溢出对于向下增长的堆栈会改变返回值，但对于向上增长的堆栈则无法造成损害。被覆盖的区域是未被使用的堆栈区域。

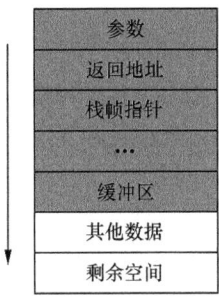 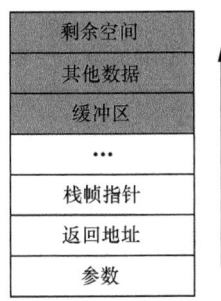

图 3-35　反向堆栈应对缓冲区溢出示意

3.5.7　基本效能与存在的不足

多态化软件技术为同一软件创建不同变体，使攻击者在一个软件上发现的漏洞难以大规模应用，增加了攻击者的成本，降低了严重蠕虫爆发的可能性，从整体上提高了系统的防护能力。

软件多态化技术存在以下缺陷。

① 提升了软件开发者的成本。软件开发者要为同一源代码生成不同版本的软件实体，同时管理维护代价也会提升。

② 软件校验问题。因为软件的每个拷贝都是不同的，现有的软件校验方法就难以适用，多态化软件的用户需要利用其他方法来检验二进制文件的真伪。

3.6　多变体执行技术

3.6.1　基本情况

软件多态化技术能够增加攻击者的成本，有效降低大规模网络攻击爆发的可能性，但并不能够阻止对单个软件的攻击。随着信息安全日益受到各国的重视，网络攻击早已从个人行为上升到组织甚至国家层面。相对于巨大经济利益或者重要政治目的，对重要目标系统投入大量人力、物力进行攻击（如 APT 攻击等）以获取机密信息或控制权限是值得的，攻击的影响也是巨大的。对于这类攻击软件多态化技术无法应对，需要更高安全等级的防护措施。

对于高安全等级的信息系统，迫切需要采用预警监控技术进行防护，实时监控系统状态，及早发现攻击行为，弥补安全缺陷。多变体执行技术实时监控同一程序多个变体的运行，发现异常行为后即刻进行分析处理，能够在攻击发生前阻断恶意代码运行，有效保护信息系统安全。

3.6.2 技术原理

多变体执行技术是一种能够在运行时防止恶意代码执行的技术[31～34]，通过同时运行多个语义上等价的变体，并在同步点比较各个变体的行为，在输入相同的前提下，一旦发现有不一致的行为，监控程序就启动分析过程，判断是否存在攻击行为。

美国加利福尼亚大学的 Todd Jackson 等的架构采用用户空间的解决方案[35,36]，Cox 等设计实现了 N 变体系统框架[37]，对系统内核进行了修改，使监控程序运行在核心层。Todd Jackson 等应用多变体执行技术设计实现了多变体执行环境（MVEE）。多变体执行由编译器、MVEE 共同完成：通过在源代码中为需要重点保护的程序核心算法或关键控制过程，添加设立多变体生成的编译指示，在编译时生成多样化代码的变体；通过多变体执行环境运行多个变体，在系统调用上同步并监控各个变体行为，若发现某个变体与其他变体不一致时，则说明该变体受到攻击，此时中止该变体执行，同时选取其他变体的结果作为程序执行的结果。在 MVEE 中，系统的输入同时送到所有变体，使攻击者不可能对不同变体发送不同的恶意输入，可以保证监控时变体执行的一致性。

多变体执行分为变体生成和监控执行两个部分，变体生成基于编译器实现，源代码中的多变体编译指示由可扩展编译器提供，形如"#DIVERSITY_OPTION= OPTION"，其中，OPTION 是多样化选项，可以是软件多态化中提到的各种技术。编译器在编译时根据该命令对相应代码执行随机化，每次编译可以生成多个（由用户设置）变体。

多变体执行环境由动态运行支撑环境和多变体监视器组成，其架构如图 3-36 所示。

动态运行支撑环境用于支撑变体的运行，采用轻量化虚拟执行技术，通过虚拟化运行环境来运行变体程序，使变体程序的运行独立于本地系统，并置于监视器的监视之下。

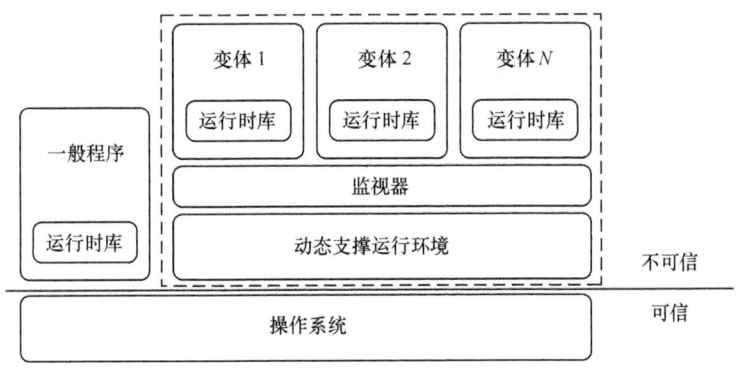

图 3-36　多变体执行环境架构

多变体监视器用于控制变体的执行状态，同时验证它们是否符合预先定义的规则。首先，在用户启动程序时，MVEE 运行程序的多个变体，只要变体不访问其进程空间之外的数据或者资源，监视器就不会中断变体的执行；当变体请求系统调用时，监视器会拦截请求并暂停变体执行，然后监视器会尝试同步其他变体的系统调用，所有变体需要在短时间内执行功能相同且参数等价的系统调用；当某个变体因为攻击导致执行结果不同或执行超时，监视器根据所配置的策略采取相应动作，默认将终止并重新启动所有变体，也可以根据简单多数原则剔除不一致的变体。监控技术允许不同粒度的多个程序实例中同步运行，其中，粒度粗糙的为系统调用级别，粒度细致的为指令级别。

从公式化的角度讲，监视程序根据下列规则来确定各变体是否处于一致状态。如果 p_1 至 p_n 是同一个程序 p 的变体，当且仅当在任何系统调用同步点下述条件成立时，它们处于一致状态，即

$$\forall S_i, S_j \in S : s_i = s_j \quad (3\text{-}1)$$

其中，$S = \{s_1, s_2, \cdots, s_n\}$ 为在同步点被调用的一系列系统函数。s_i 是由 p_i 调用的系统函数。

$$\forall a_{ij, a_{ik}} \in A : a_{ij} = a_{ik} \quad (3\text{-}2)$$

其中，$A = \{a_{11}, a_{12}, \cdots, a_{mn}\}$ 为在系统同步点被调用函数所使用的一系列参数，a_{ij} 是被 p_j 调用系统函数的第 i 个参数，m 是这个系统调用的参数数目。A 为空表示系统调用没有带参数。参数等价操作符的定义为

$$a \equiv b \Leftrightarrow \begin{cases} \text{if type} \neq \text{buffer} : a = b \\ \text{else} : \text{content}(a) = \text{content}(b) \end{cases} \quad (3\text{-}3)$$

类型是对应系统调用的参数所需的类型。缓冲区的内容是这一系列的所有

字节，这些字节包含于 content(a)：= {a[0]···a[size (a)-1]}。

对于以 0 结尾的缓冲区，size 函数返回缓冲区中遇到的第一个 0 字节；对于明确指定大小的缓冲区，size 函数返回系统调用中那个用来表示缓冲区大小的参数。

$$\forall t_i \in T : t_i - t_s \leqslant \omega \tag{3-4}$$

其中，$T = \{t_1, t_2, \cdots, t_n\}$ 表示监控程序拦截系统调用时的时间；t_i 是系统调用 s_i 被监控程序拦截的时间；t_s 是同步点启动的时间，也是第一个系统调用到达同步点的时间；ω 是监控程序等待一个变体的最大挂起时间，ω 的值在监控程序的应用策略中有定义，这个值依赖于应用和硬件。

如果不满足这些条件，将会触发一个警告，监控程序会基于可配置策略采取一个适当的操作。在默认情况下，监控程序强行终止并重新启动所有变体；但也可能采取其他策略，例如，根据多数表决结果仅终止不符合要求的变体。

（1）系统调用粒度

为同步各变体，最粗糙粒度方案是在系统调用级别进行同步[38]。选择这个粒度的原因在于，当前操作系统环境中，不可能在不先唤起系统调用的情况下破坏系统。因此，当各变体不访问其进程空间以外的环境时，允许各变体互不干扰地自行运行；当有变体试图访问其进程空间以外环境时，监控程序拦截系统调用，并比较各变体的状态，如图 3-37 所示。

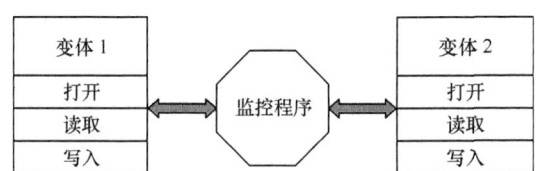

图 3-37　使用系统调用粒度的监控

（2）函数调用粒度

函数调用是比系统调用更为细粒度的级别，函数调用同步需要对变体内部进行检测，这时监控程序能知道每个变体进程的内部工作。为此，MVEE 需要包含一个动态二进制工具，以便检测某个变体对一个新函数的访问。

这个级别的粒度更严格地加强了对变体行为的限制，可以有效地阻止攻击。通过在函数入口进行同步，监控程序能在注入代码得到执行前，检测程序流程内部的变化，并使用这一信息来建立执行痕迹。当与系统调用粒度相结合时，执行痕迹可以与系统调用痕迹组合，显示引起变化的输入种类，以及在变化出现前所有变体执行路径。该方法也能用于检测其他种类的差异，如对系统调用和函数调用之间的错误匹配。

函数调用粒度的同步受限于代码优化种类和它所能允许的多态化种类。例如，在这个粒度下，不允许利用变体中的函数内联进行监控，除非所有变体具有相同的函数内联关系。类似地，在其他变体没有对应封装的情况下，不允许插入封装函数这样的转换。

（3）指令级粒度

适用于高安全性应用的一种精细粒度更高的方法，就是在指令级进行监控，如图 3-38 所示。

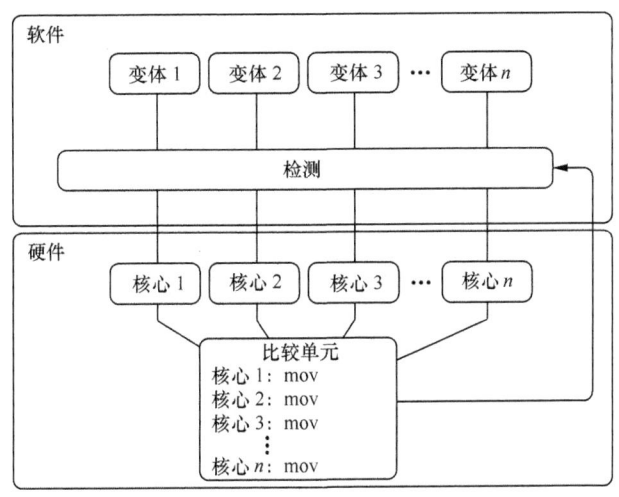

图 3-38 指令级监控示意

对于保护一个系统来说，系统调用粒度通常已经足够了。然而，在指令级粒度，能够检测到那些导致控制流出现差异的程序设计错误，还能检测出攻击者注入的、导致故障的代码。

3.6.3　基本效能与存在的不足

多变体执行技术适用于高安全等级的需求。通过监控同一程序不同变体的执行情况，通过对比发现，可能的攻击行为能够先于攻击生效进行阻断，保护系统的安全。多变体执行技术存在以下不足。

① 性能开销大。在多变体执行中，同一个程序必须有至少两个变体步调一致地执行，监控程序要实时监控每个变体的运行结果，对系统性能要求较高，特别是对于细粒度的监控，系统性能影响更大。

② 面临拒绝服务攻击。当 MVEE 发现某一个变体有异常时，系统就会进行报警，监控程序进行深入分析和处理。如果攻击者以 MVEE 为攻击目标，设计大量攻击程序，就会导致 MVEE 反复进行报警和处理，造成更为严重的性能消耗，甚至导致系统无法运行。

③ 系统灵活性不高。维持 MVEE 的正常运行需要独立管理每个变体。例如，为了给 MVEE 中应用软件的源代码打补丁或升级软件，必须重建变体，当这种改变修改了监控程序所要检测的变体行为时更是如此。现有的 MVEE 不支持动态地重新加载一个变体，当需要重新加载一个变体时，用户必须手动重新启动 MVEE。

本技术的一个未来研究方向是研究更多的变体多样性方法，同时需要能与更多的系统调用或操作系统其他组件相结合。另外，多样化技术对攻击的影响也是下一步的一个研究重点。

3.7 本章小结

现有多数攻击都是针对软件漏洞发起的，因此，软件安全防护在信息系统安全中极为重要。由于软件漏洞不可避免，导致软件防御相对于攻击存在严重的不对等性，而软件的同质化现象更加加剧了这一不利局面。现有的主流防护技术仍以静态的、被动的防护为主，难以应对日新月异、快速变化的攻击技术，对于未知攻击更是无所适从。攻击与防御互为目标，网络攻击以系统漏洞为目标，以灵活多变的方式绕过静态庞杂的防护手段，达到破坏目的。受攻击动态性的启示，防御可以转变原有被动应对的模式，同样引入动态机制，向攻击者呈现出动态的、多变的、随机的形式，不断迁移系统攻击面，使攻击者无法进行漏洞的重复利用，增加攻击者发现漏洞、利用漏洞的成本，有效保障系统安全。软件动态防御技术正是基于这一思想被提出，改变安全防护的传统固定思维模式，被认为是一种能够改变游戏规则的技术。

软件动态防御是一项综合性技术，涉及密码技术、编译技术、动态执行技术、反汇编技术等多个领域，同时与软件生命周期密切相关，可以在软件开发、编译、链接、部署、载入和最终运行的多个阶段引入。本章归纳了主流的软件动态防御技术，并对每项技术的基本情况、技术原理、基本效能和存在不足进行了深入分析。表 3-2 对地址空间布局随机化、指令集随机化、就地代码随机化、软件多态化、多变体执行这几项主要技术进行了总结对比。这些技术相互之间有着密切联系，如软件多态化技术在生成多种软件变体时会大量用到地址空间布局随机化的相关技术，多变体执行技术则要用到软件多态化技术生成的多个变体版本。现有的软件动态防御技术对特定攻击都有很好的防御效果，如何将各种技术有效地协调整合好，是下一步的研究方向。由于网络攻击和防御是在相互对抗中不断发展，为应对不断演进的攻击技术，需要不断研究新型的动态软件防御技术。

表 3-2 软件动态防御技术比较

序号	具体技术	技术基础	发挥作用的时机	防御效能
1	地址空间布局随机化技术	编译技术、动态执行技术	编译阶段、载入阶段	缓冲区溢出攻击
2	指令集随机化技术	加密技术、编译技术、动态执行技术	编译阶段、载入阶段	XSS 攻击、SQL 注入攻击、代码注入型攻击
3	就地代码随机化技术	反汇编技术、动态执行技术	载入阶段	ROP 攻击
4	软件多态化技术	编译技术	编译阶段	抑制攻击传播
5	多变体执行技术	编译技术、动态执行技术	运行阶段	攻击监控与预防

参考文献

[1] AVIZIENIS A, CHEN L. On the implementation of n-version programming for software fault tolerance during execution[C]// Proceedings of the International Computer Software and Applications Conference, 1977: 149-155.

[2] SHACHAM H, PAGE M, PFAFF B, et al. On the effectiveness of address space randomization[C]// ACM Conference on Computer and Communications Security(CCS), Washington D. C., 2004: 298-307.

[3] BHATKAR S, SEKAR R, DUVAMEY D C. Efficient techniques for Comprehensive protection from memory error exploits[C]// Proceedings of the 14th USENIX Security Symposium, Baltimore, MD, 2005.

[4] 王清. 0day 安全：软件漏洞分析技术（第二版）[M]. 北京：电子工业出版社, 2013.

[5] MARCO-GISBERT H, RIPOLL I. On the effectiveness of NX, SSP, RenewSSP and ASLR against stack buffer overflows[C]// Proceedings of the 13th International Symposium on Network Computing and Applications, 2014.

[6] FORREST S, SEMAYAJI A, ACKLEY D H. Building diverse computer systems[C]// IEEE Computer Society in 6th Workshop on Hot Topics in Operating Systems, 1997: 67-72.

[7] ALEXANDER S. Improving security with homebrew system modifications[J]. USENIX, 2004, 29(6):26-32.

[8] BHATKAR S, DUVAMEY D C, SEKAR R. Address obfuscation: an efficient approach to combat a broad range of memory error exploits[C]// Proceedings of the 12th USENIX Security Symposium, Washington D. C., 2003.

[9] EUGENE H S. The Internet worm program: an analysis[J]. Computer Communication Review, 1989, 19(1):17-57.

[10] ZOU C C, GONG W, TOWSLEY D. Code red worm propagation modeling and analysis[C]// Proceedings of the 9th ACM Conference on Computer and Communications Security(CCS), 2002: 138-147.

[11] 何子昂. 轻量级缓冲区溢出防护技术研究[D]. 成都：电子科技大学, 2008.

[12] THIMBLEBY H.Can viruses ever be useful [J]. Computers and Security, 1991, 10(2): 111-114.

[13] KC G S, KEROMYTIS A D, PREVELAKIS V. Countering code-injection attacks with instruction-setrandomization[C]// ACM Computer & Communications Security Conference, 2003: 272-280.

[14] BOYD S W, KC G S, LOCASTO M E, et al. On the general applicability of instruction-set randomization[J]. IEEE Transactions on Dependable and Secure Computing, 2010, 7, (3):255-270.

[15] BARRANTES E G, ACKLEY D H, FORREST S, et al. Randomized instruction set emulation[J]. ACM Transactions on Information System Security, 2005, 8:3-40.

[16] HU W, HISER J, WILLIAMS D, et al. Secure and practical defense against code-injection attacks using software dynamic

translation[C]// Proceedings of the 2nd International Conference on Virtual Execution Environments (VEE), 2006: 2-12.

[17] LUK C K, COHN R, MUTH R, et al. Building customized program analysis tools with dynamic instrumentation[C]// Proceedings of Programming Language Design and Implementation (PLDI), 2005:190-200.

[18] BARRANTES E G, ACKLEY D H, FORREST S, et al. Randomized instruction set emulation to disrupt binary code injection attacks[C]// Conference on Computer and Communications Security, 2003. 281-289.

[19] SCOTT K, DAVIDSON J. Strata: a software dynamic translation infrastructure[C]// IEEE Workshop on Binary Translation, 2001.

[20] SCOTT K, DAVISON J W. Safe virtual executionusing software dynamic translation [C]// Proceedings of the 18th Annual Computer Security Applications Conference (Las Vegas, NV), 2002: 209-218.

[21] DAVI L, SADEGHI A, WINANDY M. Dynamic integrity measurement and attestation: towards defense against return-oriented programming attacks[C]//Proceedings of the 2009 ACM Workshop on Scalable Trusted Computing, Chicago, 2009: 49-54.

[22] HISER J, NGUYEN-TUONG A, CO M, et al. ILR: where'd my Gadget go[C]// Proceedings of IEEE Symposium on Security and Privacy, Oakland, 2012:571-585.

[23] CHECKOWAY S, DAVI L, DMITRIENKO A. Return-oriented programming without returns[C]// Proceedings of ACM Conference on Computer and Communications Security(CCS), 2010: 559-572.

[24] MINH T, MARK E, TYLER B, et al. On the expressiveness of return-into-libc attacks[J]. Lecture Notes in Computer Science, 2011, 6961:121-141.

[25] 王金凤. 基于 ShellCode 静态特征的 ROP 攻击检测技术研究 [D]. 天津：南开大学, 2012.

[26] SHACHAM H. The geometry of innocent flesh on the bone: return-into-libc without function calls(on the x86)[C]// Proceedings of ACM Conference on Computer and Communications Security(CCS), 2007: 552-561.

[27] CHEN P, XIAO H, YIN X C, et al. DROP: detecting return-oriented programmingmalicious code[J]. Lecture Notes in Computer Science, 2009, 5909:163-177.

[28] DAVI L, SADEGHI A R, WINANDY M. ROP defender: a detection tool todefend against return-oriented programming attacks[C]// Proceedings of the ACM Symposium on Information Computer & Communication Security Cited, 2011: 22-24.

[29] FRANS M. Eunibuspluram: massive-scale software diversity as a defense mechanism[C]// Proceedings of the 2010 Workshop on New Security Paradigms, 2010: 7-16.

[30] SALAMAT B, GAL A, FRANZ M. Reverse stack execution in a multi-variant execution environment[C]// Workshop on Compiler and Architectural Techniques for Application Reliability and Security, 2008.

[31] SALAMAT B, JACKSON T, WAGNER G. Run-time defense against code injection attacks using replicated execution[C]// IEEE Transactions on Dependable and Secure Computing, 2011.

[32] SALAMAT B, GAL A, JACKSON T, et al. Multi-variant program execution: using multi-coresystems to defuse buffer-overflow vulnerabilities[C]// Proc. Int'l Conf. Complex, Intelligent and Software Intensive Systems, 2008: 843-848.

[33] SALAMAT B, JACKSON T, GAL A, et al. Orchestra: intrusion detection using parallel execution and monitoring of program variants in user-space[C]// Proc. European Conf. Computer Systems, 2009: 33-46.

[34] SALAMAT B, WIMMER C, FRANZ M. Synchronous signal delivery in a multi-variant intrusion detection system[R]. 2009.

[35] JACKSON T, SALAMAT B, WAGNER G, et al. On the effectiveness of multi-variant program execution for vulnerability detection and prevention[C]// Proceedings of the 6th International Workshop on Security Measurements and Metrics, 2010: 1-8.

[36] JACKSON T, WIMMER C, FRANZ M. Multi-variant program execution for vulnerability detection and analysis[C]// Proceedings of the Sixth Annual Workshop on Cyber Security and Information

Intelligence Research, 2010: 1-4.

[37] COX B, EVANS D, FILIPI A, et al. N-variant systems: a secretless framework for security through diversity[C]// Proceedings of the 15th USENIX Security Symposium, 2006: 105-120.

[38] PARAMPALLI C, SEKAR R, JOHNSON R. A practical mimicryattack against powerful system-call monitors[C]// Proc. ACM Symp. Information, Computer and Comm. Security, 2008: 156-167.

第 4 章
网络动态防御

　　网络动态防御是指在网络层面实施动态防御，具体是指在网络拓扑、网络配置、网络资源、网络节点、网络业务等网络要素方面，通过动态化、虚拟化和随机化方法，破除网络各要素的静态性、确定性和相似性，抵御针对目标网络的恶意攻击，提升攻击者进行网络探测和内网节点渗透的难度。本章从动态网络地址转换、网络地址空间随机化分配、端信息跳变以及基于覆盖网络的动态变化 4 种典型的防护技术角度出发，对网络动态防御的基本思想及实现原理进行阐述，分析比较各方法的技术特点及存在的不足，并指出其未来研究的发展方向。

4.1 引言

目前，网络空间攻击手段诡谲多变、花样翻新、层出不穷，以APT为代表的高强度、复杂的未知网络攻击正在快速发展中，为网络空间安全带来了极大的隐患，所产生的影响和危害极大，造成的损失不可估量。这类攻击的实施在初始阶段通常需要通过对目标网络的长时间观察、采集相关信息，发现网络中的薄弱环节，利用网络、系统或应用中的漏洞，逐步渗透到网络内部，从而窃取内部信息或控制内部网络，给传统网络层安全防护方法带来极大的挑战。

现有网络防御体系在网络层面中通常采用的网络安全产品主要是防火墙、入侵检测、隔离网关、流量检测等各类软/硬件产品，对需要保护的网络实现网络攻击检测、网络攻击防护。这些产品在一定程度上保护了网络的安全，也在不断地发展和进步，但由于网络架构和配置方法固有的静态性，这些防护技术主要是集中于加强网络静态对抗的能力。一方面，检测攻击时依赖于先验知识；另一方面，防护网络时难以阻止内部伪合法五元组的数据流量，最重要的是攻击者可以持续性地分析和积累对网络和系统的认知，使攻击者仍有可能有充足的时间分析内网架构或主机系统可能存在的缺陷，找出其中的漏洞，从而逐步渗透进入网络，突破更多内网节点，达到攻击目标。

研究表明，网络攻击过程中95%的时间用于前期侦察，具体实施网络攻击的时间只占到5%。因此，如果能够在攻击者前期的探测和侦察过程进行干扰，甚至提供虚假信息，实施网络动态化防御，将是一种重要而有效的网络防御途径。事实上，这种干扰和动态变化的思想在网络对抗中由来已久，攻击者在网络攻击中最先引入了此类动态变化技术,例如,端口反弹木马、IP代理跳板、协议转换攻击、跳加密方法攻击、时隙跳变技术都是典型的网络层动态攻击技术。

(1)端口反弹木马

端口反弹木马的端口是随机的,由受感染的主机主动向黑客主机发起网络连接,并且伪装为 Web 数据流量,而不是像传统木马那样由黑客主机主动发起,因为防火墙一般对内部外连的 Web 数据流量不做过多的检测分析。显然,这种端口随机的反弹端口木马对于穿透防火墙十分有效。

(2)IP代理跳板

IP代理跳板是十分有效的攻击隐藏技术,黑客通过一系列的代理主机转发攻击流量,每一个代理都有独立的 IP 地址,每一次转发都经过隐藏处理,使受害者难以追踪真正的攻击者。从代理主机的拓扑结构看,可以将跳 IP 代理划分为广度跳代理技术和深度跳代理技术两种基本类型。在前者情况下,攻击者在不同的时间或跳变时隙使用不同的代理服务器进行流量转发;而后者则通过多次级联使用代理服务器向受害者发起网络攻击。

(3)协议转换攻击

协议转换攻击是一种网络攻击的隐藏手段,通常攻击者可以利用 TCP/IP 协议中的某些特性进行攻击流量的协议转换,如异常流量处理机制等。路由器收到一个未知地址的 TCP 数据分组后,会向数据分组的源地址返回一个网络层的 ICMP 数据分组,告知目的网络不可达。攻击者可以利用这种特性向受害者发起网络攻击。

(4)动态加密攻击方法

动态加密攻击方法是攻击者为了防止网络监管人员破译其对网络"肉机"的控制指令,而进行的动态加密过程,能够有效地躲避监听和追踪。这种跳加密的方法一般包括加密种子跳变和加密算法跳变两种方式,由于这种跳变攻击的方法原理简单,这里不再赘述。

(5)混合跳变攻击

基于多种跳变形式的混合跳变是指综合使用上述各类动态方法的一种综合性攻击方法,例如,集端口、地址、协议、加密方法于一身、利用 Snake 代理跳板的混合跳变攻击技术。它将用于攻击的 UDP 数据分组转化为 TCP 数据分组,从而成功突破对 UDP 端口的封锁,并可以支持多达 255 个中间代理跳板,每一级代理之间采用跳加密的方式进行数据传输和指令传达。

这些技术本质上都是通过在网络层面对通信的端口、IP 地址等标识实施动态变化,使攻击者一方面在攻击的过程中隐藏了自己,另一方面也可以通过这种动态达到更好的攻击效果,这为在网络层面实施动态防御提供了很好的启示。

(1)网络动态防御的目标

网络动态防御的总体目标是阻断整个攻击链的第一步,即切断网络侦察和目标节点访问这一环节。从攻击效果上看,网络动态防御有助于增加攻击者侦察目标网络的难度,阻止、迷惑攻击者尝试连接到目标系统并获取其属性(版本、漏洞、配置等),增大攻击者在目标机器上搜集信息的难度,从而阻断或误导后续攻击。

(2)网络动态防御的技术体系

可以对链路通信、网络架构、关键设备、网络服务等多种网络元素,分别引入动态化、虚拟化和随机化的技术和方法,打破网络各要素的静态性、确定性和相似性,使整个网络在互联级别实现拓扑结构可变、互联协议可变、通信内容可变、通信方式可变等。

具体来说,在网络链路通信层次实施动态化主要包括物理通信信号动态化、通信规程动态变化等技术。这类技术在无线通信抗干扰中应用广泛,主要是通过对通信系统进行快速主动变参,例如,通过伪随机跳变通信频率使攻击者的监听和阻塞干扰变得困难,甚至于采用跳时、跳空、跳功率、跳码、跳规程、跳结构等多种更为复杂的组合抗干扰技术和手段,增强无线通信的抗干扰能力,事实上这也是一种典型的通信信号动态变化防御方法。由于该方法涉及通信专业领域且技术发展非常成熟,在本书中不再累述。

针对网络架构方面实施动态化主要是指对网络拓扑、网络节点、网络配置等网络核心资源的虚拟化、随机化和动态化技术,包括对链路和网络地址的随机跳变技术、节点随机接入技术、信道动态加/解密技术、网络配置动态化管理技术等,这是网络动态化防御技术的核心和重点。

针对以核心路由器、交换机为代表的关键网络设备实施动态化主要包括两个方面的内容:一方面,可以通过硬件平台、软件动态化的相关技术,分别实施设备自身软/硬件层面的动态化防护,以抵御针对设备自身硬件系统或操作系统层面的攻击,该部分内容可参考本书的运行平台和软件动态防御章节的相关内容;另一方面,也可以根据各自具体的网络通信功能和网络业务服务,通过动态化技术实现信息的动态交换、路由的动态选择等功能,以抵御内部网络遭受攻击或保护网络数据流。

针对网络服务和应用实施动态化主要包括针对特定的网络服务实现虚拟化、随机化和动态化等技术,使网络服务指纹对外呈现动态化、虚拟化变换。此外,本层次还可以依托当前依赖覆盖网络和管理配置系统,如可信任网络、重定向网络流网络等,构建出有特定安全需求的应用级网络。

综上所述,整个网络动态防御的技术体系如图 4-1 所示,自底向上包括物理、链路、交换和路由、应用和服务 4 个层次。其中,物理层主要完成对物理信号、通信规程的动态变换功能;链路层主要完成对链路状态和资源的管理,能够动态、随机地改变链路通信协议、链路通信地址;交换和路由层主要完成节点的动态接入和生成、网络的动态虚拟生成、节点的动态通信、节点动态路由等;应用和服务层主要完成服务指纹随机化、网络业务动态虚拟化、虚拟化覆盖网络等功能。需要注意的是,不论是哪个层次的哪一种网络动态化技术,都应该从谁来变、变什么、怎么变和成效等方面来讨论,这不仅影响技术本身的安全效能,也会影响原有系统自身的服务性能。

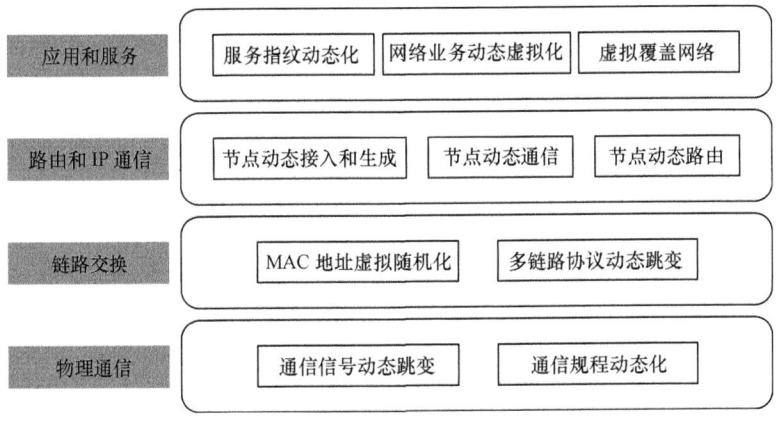

图 4-1 网络动态防御技术体系示意

本章将重点论述针对网络架构、协议和服务等层面的动态化方法和技术。将针对网络动态防御的本质、防御的目标和效果,以及各类动态化方法、技术及其效果展开论述。

4.2 动态网络地址转换技术

4.2.1 基本情况

动态网络地址转换(Dynamic Network Address Translation,DyNAT)是一种典型的网络节点标识动态变化方法,很容易联想到网络技术中非常成熟的网络地址转换（NAT）技术，该技术在 1984 年首次被提出。NAT 属于接入广域网（Wide Area Network，WAN）技术，在网络技术中用于解决内部网络外网 IP 地址不够用的问题，能将内部网络的私有（保留）地址转化为合法的互联网 IP 地址，是一种典型的网络地址动态转换技术。目前，NAT 技术在实用级路由器、交换机的网络和链路层都有所实现。

从保障内部网络安全的角度来看，NAT 技术在解决内部网络 IP 地址不够用而转换为外部网络合法地址的同时，一定程度上也对外部网络隐藏了内部网络的真实地址，提供了一定的安全性。但相关研究已表明，仅依靠在出口处使用 NAT 转换，存在很多绕过 NAT 进入内网的方法和技术，例如依靠木马技术将内部网络的某台主机发展为跳板、采用源路由协议攻击等。因此，单纯依靠 NAT 技术来保障内网安全的作用十分有限，实际使用中都需要和防火墙等其他安全产品结合使用。

美国能源部下属桑迪亚国家实验室 Dorene Kewley 等人在传统 NAT 技术的基础上，进一步扩展了网络节点标识变化的范围和机制，提出了 DyNAT[1,2] 技术，可用于抵御攻击者对内部网络和节点的信息采集。该技术的核心理念是通过改变终端节点固定编址，提供相应的机制和方法，不断地改变终端节点标识。该技术对网络数据分组头部中和主机标识相关的信息（不包括数据分组的载荷部分）进行加密等加扰处理，并对密钥引入按时间或网络属性（例如已发送数据分组的数量）的动态更新机制，在数据分组进入网络前启动转换、进入主机前还原变化。这种周期性变换通信协议字段的方法可用于防御攻击者攻击个人终端主机，从而破坏中间人嗅探的效果，防范攻击者对内网的扫描攻击，阻碍攻击者对终端节点的信息搜集，因为只有合法用户才知道正确更改协议相关字段域映射的方法。

4.2.2 DyNAT 的技术原理

在介绍 DyNAT 技术原理前，首先定义什么是内部网络安全防御。内部网络安全防御通常是指为防止内部网络被入侵而采取的保护内网安全的方法和手段。现在的网络安全防御技术主要采取的是强边界防御，即在内、外网边界区域采用防火墙、安全代理、应用级网关等，甚至可以用入侵检测系统来降低外部攻击者接入本地网络的能力。但是，一旦攻击者能够接入本地网络，内部传统防御在防止内部网络渗透、滥用内部网络资源方面的效果很有限。

作为一种保护内部网络、抵御外部攻击者的技术，DyNAT 技术的核心理念是通过改变终端节点的固定编址,不断改变终端节点标识的协议相关字段。

在具体运用时,需要根据目标网络的应用场景、具体防御目标来确定DyNAT的适用机制和方法类别。桑迪亚国家实验室构建了DyNAT判别树,总结归纳了DyNAT技术动态变化、动态变化机制和相关部署和应用执行机制,如图4-2所示。

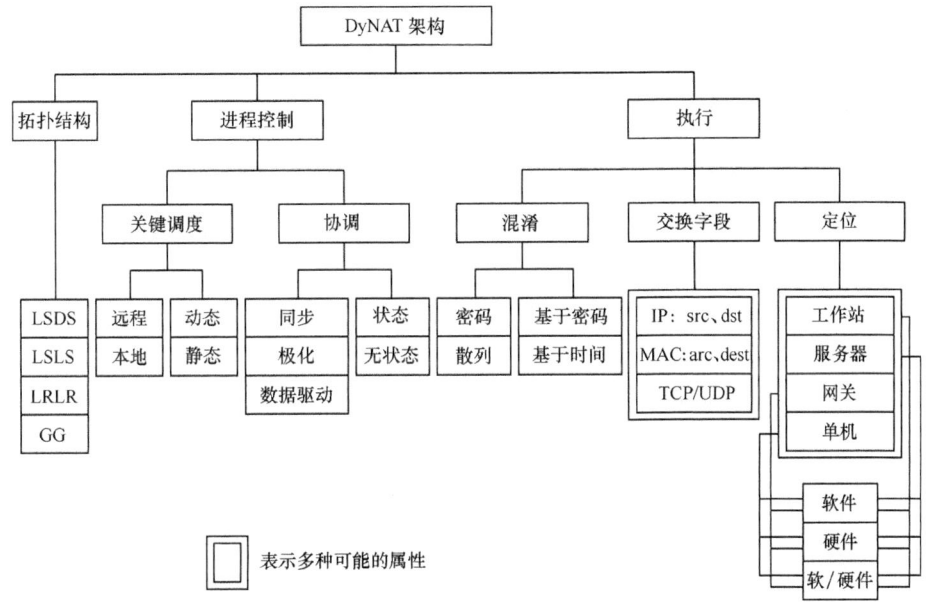

图4-2 DyNAT体系结构

1. DyNAT的变化

DyNAT技术本质上是一种协议混淆技术。其变化的主要对象是网络数据分组头部某些和主机标识相关的字段信息,变化的方法是对其进行加/解密的随机化。由于IP网络中通信五元组所具有的实际含义,根据变化位置的不同,这种随机化使攻击者难以确定网络上当前正在进行的网络操作、通信的双方、所使用的服务、重要系统的位置等信息。

可变协议字段按照TCP/IP协议层次分类,自底向上可对链路层中介质访问控制(MAC)的源/目的地址,网络层中IP源/目的地址、IP服务类型(Type Of Service,TOS)字段,传输层中传输控制协议(TCP)源/目的端口、TCP序列号、TCP窗口大小以及用户数据报协议(UDP)源/目的地端口等进行加扰处理。这种加扰处理可以对这些字段的全区域进行处理,也可以对字段中的部分区域进行处理,例如,对MAC源/目的地址和IP源/目的地址随机化处理时可只针对主机比特位进行处理。

Dorene Kewley 等人提出这种加扰随机化处理可采用高强度加密方案，按时间或根据网络的某些属性（例如已发送数据分组的数量）对密钥进行动态更改。用于加扰的密钥可以是在各主机上静态生成的，可以兼有静态和动态特征，也可以是完全动态生成的。DyNAT 可变协议字段见表 4-1。

表 4-1 DyNAT 可变协议字段

层次	可变项名称	位置 1	位置 2
第 2 层	MAC 地址	源	目的
第 3 层	IP 地址	源	目的
	IP 服务类型	源	目的
第 4 层	TCP 端口号	源	目的
	TCP 序列号	源	目的
	TCP 窗口大小	源	目的
	UDP 端口	源	目的

2. DyNAT 变化机制

Dorene Kewley 等人针对随机化变化的触发机制提出了 3 种方法：基于时间同步机制、基于时间投票轮询机制、基于数据分组或数据帧机制。

（1）基于时间同步机制

基于时间同步机制是用时钟来确定 DyNAT 加密需要改变的时机。这一时机是参照 DyNAT 代码变化率而确定的。时间的同步对所有参与节点都至关重要，因为时间将作为索引信息，构成动态编码密钥的一部分。密钥也可以是一个基于时间的递增指数输出。密钥可以由两个或多个部分组成。例如，每个参与的节点共享生成密钥的静态"秘密"的一部分，还需要一个额外的部分由时间或指数递增时间输出。可以有更多的输入，包括整体的关键结构，但动态部分的关键总是基于一个共同的时钟变化。

（2）基于时间投票或轮询机制

基于轮询控制时间的方法也依靠时钟来确定 DyNAT 编码机制需要改变的时机。需要在非分布式方式下实施，需要一个控制器节点，负责协调 DyNAT 编码值的变化。与基于时间同步的分布式时间序列方法的主要区别是，虽然时间元素引用的节点控制器对 DyNAT 代码变化率提供协商时机，但时间并不在分布式密钥生成中发挥作用，即密钥本身和时间是无关的，时间只用来控制代码混淆时机的协商过程和协议。

（3）基于数据分组或数据帧机制

基于分组或数据帧协商的方法必须包括一个预先确定的方案。这一方案不需要依赖任何时间或基于时间的协调机制。变化速率取决于数据分组或帧。采用这种方法时，每次启动 DyNAT 变化时都发起一个会话，记录分组或帧的数量。数据分组或帧也提供有调整索引的方法。索引可以被用来作变量，帮助构建数据分组或帧的变换密钥。变化率是可选的，但必须协调各参与节点。

3. 保护区域和部署位置

该技术可用于保护的区域和对象的网络结构类型包括 5 类：① 基于交换机的局域网（LAN）网段；② 基于争用的局域网网段；③ LAN 到 LAN 的连接（本地路由器连接）；④ 网关到网关的连接（被 Internet 或远距离连接分离的网络）；⑤ 局域网网段和网关连接。具体见表 4-2。

表 4-2　DyNAT 保护的对象

网络结构类型	级别
基于交换机的局域网网段	访问
基于争用的局域网网段	访问
LAN 到 LAN 的连接	分布式
网关到网关的连接（被 Internet 或远距离连接分离的网络）	分布式
局域网网段和网关连接	分布式

针对不同的保护对象，DyNAT 可以有多种不同的实际部署方案，具体取决于所需要的防护级别。可以部署在主机、工作站、服务器、路由器和网关等位置，部署方式包括 3 种类型：软件、硬件和软 / 硬件结合方式。

以 LAN 区域内客户端本地或远程连接服务器需要经过路由器模式为例，DyNAT 软 / 硬件部署位置示意如图 4-3 和图 4-4 所示。

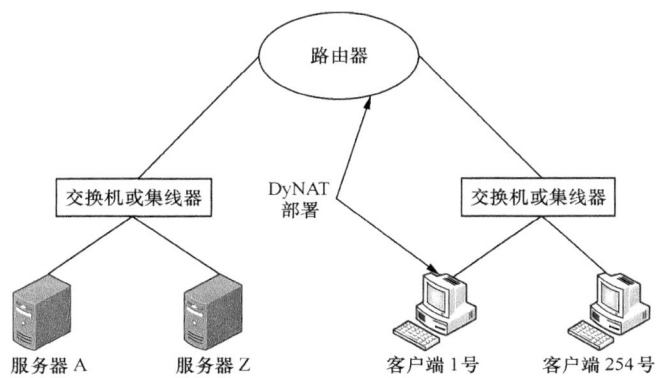

图 4-3　本地服务器直连本地 LAN 区域客户端模式 DyNAT 部署

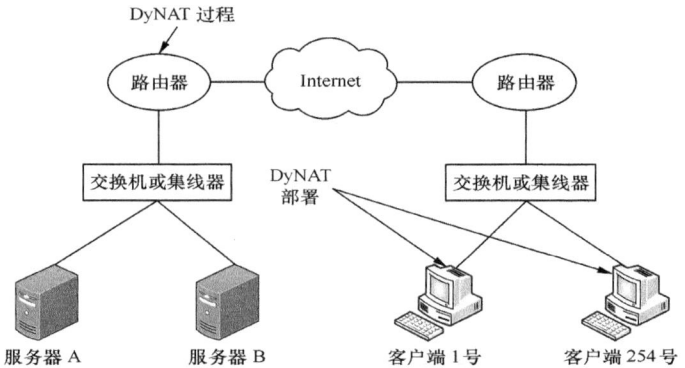

图 4-4　远程服务器连接本地 LAN 区域客户端模式 DyNAT 部署

4.2.3　DyNAT 的工作示例

以客户端远程连接到服务器端通信为例，介绍 DyNAT 的工作过程，如图 4-5 所示。DyNAT 在数据分组进入网络的公共部分前，动态变换 TCP/IP 数据分组首部的主机标识信息。

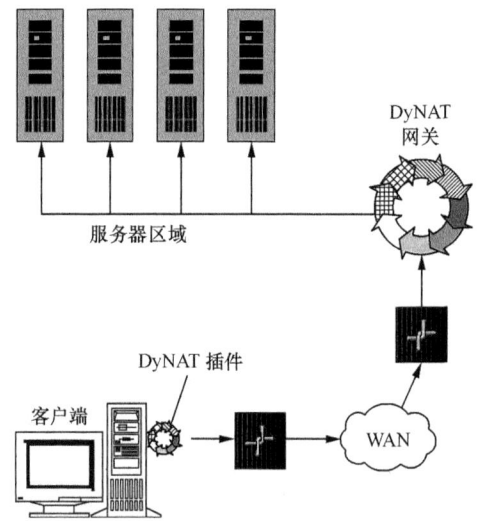

图 4-5　客户端远程连接服务器端模式下的 DyNAT 工作过程

发送客户端的源地址信息在路由到接收端服务器之前，在数据分组首部被转换。转换算法依赖于预先建立的、基于时间变化的密钥参数。接收端在 DyNAT 网关处将首部域转换回去，以获得真实的主机标识信息；包含原始身份信息的数据分组，被发送给服务器区域进行正常的处理。

主机标识信息可以是首部中能够唯一描述两个主机之间网络连接的任意信息。在实验中，标识信息包括服务器 IP 地址的主机部分地址和 TCP/UDP 端口号。从网络的第 2 层和第 3 层来看，我们可以隐藏服务器及其服务的真实信息。这种隐藏有助于抵御大部分网络层流量分析工具。图 4-6 为 TCP 首部参数转换示例。

	版本	头长	服务类型	总长	
	重组标志			标志	段偏移量
IP	生存时间		协议代码	头校验和	
	源网络地址			源主机地址	
	目的网络地址			目的主机地址	
	可选选项				

	源端口			目的端口	
	数字序号				
TCP	确认序号				
	偏移	保留	标志	窗口字段	
	包校验和			紧急指针	
	可选选项				

图 4-6 TCP/IP 首部字段的转换

从图 4-6 中可以看出，只有目标地址的主机地址部分被转换了。这样，数据分组仍然能够正常路由。被转换的地址比特数取决于 IP 地址的种类。在实验中，使用的是 B 类和 C 类地址。DyNAT 需要对 B 类地址转换 16 bit 的地址，对 C 类地址转换最后 8 bit 的地址。UDP 和 TCP 数据分组的目标端口一样处理。

这里的转换方法是通过一个加密算法执行的。DyNAT 源端和目的端会计算一个初始的秘密值。在本实验中，采用基于时间的机制来周期性地更改这个秘密项，从而改变转换计算结果，使攻击者难以构造和维护网络的拓扑。在本实验中，是以软件形式在源端主机中和目标端的 DyNAT 网关中实现这些转换，从而保护一系列服务器信息。客户端和服务器端的秘密转换机制可通过时钟来同步。为纠正潜在的同步问题，DyNAT 软件会重新转换那些使用上一时隙密钥转换的数据分组。

在实验中，Windows NT 客户端运行了一个流量产生器，用于模拟经过 NT TCP/IP 协议栈真实产生的数据流。网络协议栈创建的数据分组被 DyNAT 源端软件转换目的地址信息和目的端口信息，重新计算数据分组校验和，将修改过的数据分组转发到网络中，并被路由到服务器。服务器网关接收到公共网络接口的数据分组后，重新转换目标主机标识信息，重新计算校验和，转发数据分组到内部的私有服务器网络中。服务器对客户端的响应相应地也做类似的处理过程。

实验结果表明，通过转换客户端和服务器端数据分组的目标地址，DyNAT降低了攻击者辨识服务器和服务器上所提供服务的能力。

4.2.4 IPv6 地址转换技术

Matthew Dunlop 等针对 IPv6 地址隐私性保护问题也提出了移动目标 IPv6 的动态防御（Moving Target IPv6 Defense，MT6D）技术[3~5]。该技术通过不断变化发送方和接收方的 IP 地址，实现对主机和网络的隐私防护，为平台和应用层提供了一种强有力的移动目标防御解决方案。

1. 无状态地址自动配置功能的问题

MT6D 旨在解决在使用 IPv6 无状态地址自动配置（SLAAC）功能时的隐私泄漏问题。SLAAC 是使用 IPv6 协议的主机，在不需要集中管理的情况下，自己配置网络地址的一种方式，和 IPv4 网络环境中使用的 DHCP 动态主机配置方式有所不同，IPv6 允许主机自己配置 IP 地址，可以减轻网络管理者的管理负担。

使用 SLAAC 的问题在于，不论主机是否连接子网，它的主机地址或接口标识符（IID）都是相同的。这种默认地址体系，即 64 位扩展唯一标识（EUI64），是采用 MAC 地址作为 IID 的。这样做的结果是，攻击者一旦拥有了子网列表以及主机的 MAC 地址，这台主机就可能被追踪，并且容易成为来自世界任何位置攻击的目标。

IPv6 的庞大地址群，可以提供客户端 IP 地址的频繁更换，这样为隐私扩展功能的实施提供了条件，它可以保护客户端免受网络攻击，这对于客户端是很重要的。但隐私扩展对于服务器的安全性则无能为力，因为服务器的 IP 地址相对来说是静态的、保持固定的，这样才能确保服务器的可靠连接。隐私扩展对服务器的安全缺乏有效性，不能完全防止网络攻击。例如，Web 服务器或企业的 VPN 服务器等，它们不可能经常变换地址。除此之外，隐私扩展主要用于 Web 通信及其他应用（像 VoIP 和 VPN 等），隐私扩展对其都没有作用，并且拥有隐私扩展的系统也容易成为攻击者的目标。Windows 操作系统的隐私扩展技术还依赖于另一个 IPv6 地址，用于在邻居发现、本地 DNS 及其他功能上，这个地址必须是静态的并能被其他主机访问。黑客如果截获该地址，则目标主机就可能被攻击到。

2. MT6D 隧道技术原理

MT6D 通过发送方和接收方的 IP 地址动态变化，来提高隐私安全性，使通信双方实现匿名和安全的通信，类似于跳频技术。当现实中两台主机在 IPv6 网络中通信时，攻击者拦截到的是多个独立主机地址的配对。攻击者无法得知其中哪个地址配对才是真正的通信双方，也无法简单地对某个地址进行攻击。MT6D 的一个关键功能是可以在两个主机进行通信时在线程中段进行地址变化，而不会引起通信的重置或崩溃。

MT6D 建立了一个通道并将所有数据流封装进去，如图 4-7 所示，并没有修改 TCP 的 3 次握手规则。隧道通过平衡所有 4 层协议，限制了 TCP 线程开销。在线程中段改变地址并不会中断已有的线程，也不会导致额外增加 3 次握手通信。

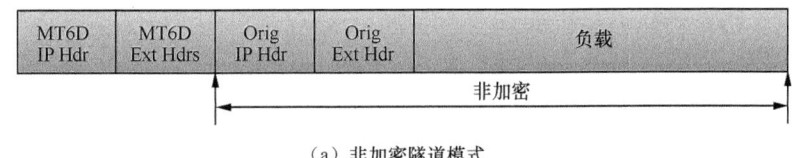

（a）非加密隧道模式

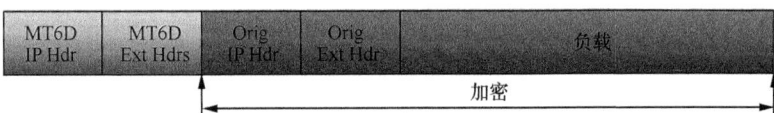

（b）加密隧道模式

图 4-7　MT6D 建立隧道封装 IPv6 数据分组

3. 部署方式

MT6D 的部署方式如图 4-8 所示，可以以软件形式嵌入在终端主机中，也可以以独立安全网关的形式部署在被保护实体前端。

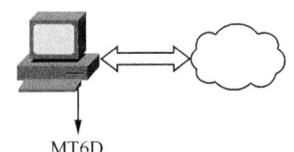

（a）MT6D 以软件形式嵌入在终端设备中

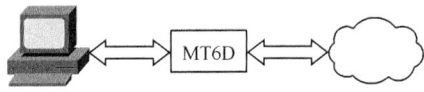

（b）MT6D 以独立网关形式实现

图 4-8　MT6D 部署方式

美国弗吉尼亚理工大学拥有美国国内少数几个完全支持 IPv6 协议的网络环

境。实际上，它是美国规模最大的校园 IPv6 网络，包含了大约 3 万个网络节点。这种规模能够支持我们进行 MT6D 现实环境测试。

4. MT6D 和 IPSec 的区别

MT6D 还会将信息流加密，可以被看作是一个增强型的 IPSec。IPSec 可以对网络数据流进行加密，但是需要固定 IP 地址。如果主机或网关上配备了 IPSec，那么攻击者就可以通过发起拒绝服务攻击对主机或网关进行攻击。

MT6D 提供了网络层加密以及动态地址。和 IPSec 一样，攻击者无法对通过 MT6D 封装的数据分组进行侦听，同时，攻击者也无法锁定主机地址，因此无法发动拒绝服务攻击。

5. 效果

MT6D 可以防止多种针对某个地址发动的网络攻击，比如拒绝服务攻击，同时也可以对应用层攻击进行防护。这都是通过对通信双方主机 IP 地址进行动态模糊来实现的。由于 IPv6 网络地址数量相当庞大，理论上黑客不可能通过范围扫描来定位主机。即使黑客获知了目标主机的 IP 地址，其所能攻击的时间也仅限于主机地址再次进行变换之前。

同时，尽管 MT6D 的技术理念也适用于 IPv4 网络，但是仍然存在两个问题。第一，IPv4 的子网规模太小，攻击者可以在几分钟内将整个子网规模的 IP 地址扫描一遍，这使攻击者锁定目标主机变得容易；第二，IPv4 已经没有足够多的可用地址来进行地址变换了，直接采用 MT6D 技术很容易造成地址冲突。

IPv6 的子网是 64 位的，这意味着整个 IPv4 网址空间都可以放在一个 IPv6 子网中，所占用的地址空间还不及总空间的四十亿分之一。目前来看，对这样大范围的子网进行详细扫描，还不太可能高效完成。

同样，由于 IPv6 拥有足够大的地址空间，地址变换时出现地址冲突的可能性非常小。因此，MT6D 最好还是在 IPv6 环境中使用。

在 IPv6 环境中，尽管每台电脑都将直接面对互联网，但 MT6D 技术能够帮助保护隐私，消除很多潜在的风险。

4.2.5 基本效能与存在的不足

从攻击杀伤链阶段来看，动态网络地址转换技术加大了攻击者侦察网络和

访问关键节点的难度。主要效能包括以下几个方面：① 该技术根据所改变的协议字段位置的不同，可用以抵御诸如拒绝服务攻击之类的资源攻击；② 增加了攻击者执行欺骗攻击的难度；③ 采用基于密钥机制的动态地址变化，加密密钥的变化和网络地址映射的不确定性增加了攻击者捕获网络流量并进行重放的难度。本技术虽然增加了攻击者的工作量，但不能阻止攻击者收集所需信息，攻击者仍可以通过流量分析来分析网络流的类型，也可通过分析数据分组的数据载荷来收集网络的有关信息。

同时，该技术也带来一些额外的开销和成本，主要表现在：① 增加网络开销，根据部署和所加扰字段的不同，网络开销可能会很大，例如，当在交换网络上对 MAC 地址进行加扰处理，这可能会导致交换机内存占用过满，会更容易确定将数据分组路由到哪个交换机端口的地址解析协议（ARP）网络流；② 增加部署和实现成本，实际部署时需要对操作系统、硬件和基础设施做改动，对用户不透明。

此外，DyNAT 技术也存在一定的使用局限性，主要包括：① 如果内网使用了其他 VLAN 或 MPLS 等子协议，可能会降低此技术的有效性，因为数据分组首部对这些额外信息不采用加扰方式，会泄露关于网络内部情况的信息；② DyNAT 技术不改变数据分组大小，不改变分组时序，也不使用伪数据分组，因此不能防范流量分析；③ DyNAT 技术只限制了节点的可达性，对于可从外部访问的服务，这种技术没有提供任何保护；④ 对主机不透明，需要在客户端安装插件，同时在服务器端相应地安装插件，不易于部署和应用。

动态网络地址转换技术典型地体现了动态变化终端标识信息的思想，实际工程化使用时可以对本技术做进一步扩展，增强其抵御流量分析的能力，采用更多加扰方法，包括改变系统发送数据分组的时序、通过插入填充数据而改变数据分组的大小、发送伪数据分组等参数。还可以考虑和 IPSec 结合对有效数据载荷进行加密，那将使攻击者无法分析数据分组的内容，从而提高本技术的有效性。

值得一提的是，在近几年 SDN 概念兴起前，通过 NAT、DyNAT 这类早期动态网络地址转换技术来提高网络安全性的方法和思想由来已久，但受限于网络基础设施可控措施实现和性能问题，早期此类技术的实用性和可用性有限，随着近年来相关设备提供商逐步支持 OpenFlow 相关协议[6]，这些动态化技术在实际网络中进行工程应用成为可能，也为在更广泛应用范围内统一调度和自动化控制不同类型网络设备提供了可能，同时开发和应用过程也更加便捷。

4.3 基于 DHCP 的网络地址空间随机化分配技术

4.3.1 基本情况

网络地址空间随机化（NASR）是指主机能够随机化地获得网络地址，DHCP（Dynamic Host Configure Protocol，动态主机配置协议）是一种典型的网络地址随机化分配技术，DHCP 是 TCP/IP 协议簇中的一种应用层协议，主要用于给局域网的网络客户机分配动态 IP 地址，这些被分配的 IP 地址都属于 DHCP 服务器预先保留的、一个由多个地址组成的地址集，并且通常是一段连续的地址。

使用 DHCP 服务时，必须在网络上配置一台 DHCP 服务器，其他机器作为 DHCP 客户端。当 DHCP 客户端程序发出一个信息请求，要求使用一个动态 IP 地址时，DHCP 服务器会根据目前已经配置的地址情况，提供一个可供使用的 IP 地址和子网掩码给客户端。

基于 DHCP 的 NASR 技术[7]最初被提出，是用于防范基于 IP 地址列表进行蠕虫传播和攻击的一种方法，和其他防范蠕虫攻击的方法一样，NASR 只是一种针对蠕虫攻击的部分解决方案。采用这种方法要求修改 DHCP 服务器的实现，使其足够频繁地改变主机 IP 地址，其本质是 IP 地址跳变技术。通过这种跳变，蠕虫攻击的 IP 地址列表黑名单在病毒扩散和发动之前变得无效，从而迟滞蠕虫病毒的传播。本技术实际上并不能阻止任何具体攻击，但有助于降低扫描攻击的有效性，同时，本技术针对基于 DNS 黑名单等其他类型蠕虫攻击没有效果，不能用于完全防御蠕虫攻击。

4.3.2 网络蠕虫的传播原理

在介绍网络地址空间随机化选择的原理前，首先分析一下蠕虫病毒是如何传播和扩散的。

网络蠕虫是一种综合黑客技术和计算机病毒技术，不需要计算机使用者干预即可自动运行的攻击程序代码，它利用网络系统中存在漏洞的节点主机，从一个节点传播到另外一个节点。网络蠕虫的运行机制可分为 3 个阶段：发现易感目标、感染易感目标和执行攻击代码。其中，发现易感目标取决于所选择的传播方法，而好的传播方法可以使网络蠕虫以最少的资源找到网上易传染的主机，并在短时间内扩大传播。

根据网络蠕虫发现易感主机的方式，传播方法可分成以下 3 类：随机扫描、顺序扫描、选择性扫描。选择性扫描是网络蠕虫的主要发展方向，可细分为选择性随机扫描、基于目标列表的扫描、基于路由的扫描、基于 DNS 扫描、分而治之扫描。本章所讨论的基于 DHCP 的 NASR，就是为了防范采用基于目标列表的扫描传播方式的蠕虫病毒。

基于目标列表扫描的传播方式是指网络蠕虫在寻找受感染的目标前，预先生成一份可能易传染的（即存在某种缺陷或漏洞）目标列表，然后对该列表进行攻击尝试和传播。在采用目标列表扫描时，网络蠕虫通常会将初始的蠕虫传染源分布在不同的地址空间中，以提高传播速度。美国加州大学伯克利分校的 Nicholas C Weaver 曾研究并实现了一个基于良好构造的目标列表扫描试验性 Warhol 蠕虫，并从理论上推测该蠕虫能在 30 min 内感染整个互联网。最近有更多的研究表明，蠕虫能够在不超过 2 s 的时间内感染 100 万台主机。

目前关于防范蠕虫的研究主要集中在扫描及检测机制上，期望通过阻断蠕虫的连接企图来达到防范的目的。但是，如果蠕虫病毒不展现出其已知特征，单纯依靠检测技术就不可能有效抵抗蠕虫攻击。同时，发现蠕虫后的响应机制也难以对一个极快的目标列表攻击型蠕虫及时做出响应，因此，应该考虑采用某些特殊防御手段来防范蠕虫攻击。

分析可知，当目标列表地址中易感染主机没有连接或程序被非正常中止时，攻击列表的传播速度自然会被延迟，就会迟滞病毒的传播。这样的结果也会使感染源主机增加大量新的扫描连接，从而暴露蠕虫攻击的痕迹。因此，网络地址空间随机化选择这一机制就是为了有目的地增加攻击列表的延迟，是一种 IP 地址跳变机制。

4.3.3 网络地址空间随机化抽象模型

网络地址空间随机选择的目的是使主机足够频繁地改变 IP 地址，以至于在攻击列表上收集的信息都是过期的，从而导致蠕虫无法有效传播。其抽象系统模型如下。

令地址空间 $R=[1,2,\cdots,n]$，主机集合 $H=[h_2,\cdots,h_m]$，其中，$m < n$，并且函数 A 映射所有主机 h_k 到地址 $A(h_k)=r$，$r \in R$。

假设在时间 t_a，攻击者能够立刻产生一个攻击列表 $X \subset R$，其中包含了在那

个时刻开启的、有漏洞的主机地址,如果攻击开始于时间 t_x,并且所有主机 X 依然开启且有漏洞,并且和时间 t_a 有相同的地址,那么蠕虫就能够非常快速地感染主机 X。假设在某时刻 $t_b(t_a < t_b < t_x)$ 时,主机从地址空间 R 又分配一个新地址,那么在攻击时刻 t_x,攻击列表中地址 x_k 仍然符合开启的主机的概率 $p=m/n$,之后攻击者能够成功感染的主机数量为 $(m/n)|X|$。

从这个模型中可以看出,地址空间的密度 m/n 是网络地址空间随机选择机制在检测效率上至关重要的因素。假设对一个相似的节点集合,所有节点都具有同样的漏洞及感染概率,那么如果只有一个主机群体的子集是针对某种类型攻击是脆弱的,则网络地址空间随机选择机制在减少局部受感染的黑名单节点数量和导致企图失败的数量上效果会更好。

4.3.4 系统原理和部署实施

NASR 的一种基本实现方式是通过配置 DHCP 服务器,限制其地址有效期为合适的间隔并进行随机化。DHCP 服务器允许客户端在上个租期过期前发起请求,重新启用一个租期。这样,即使客户端在过期前要求重新开始租期,强制地址变化也仍然需要在 DHCP 服务器做一些小改动。幸运的是,不需要对协议或客户端做改动。研究人员实现了一个改进版的、能够实现 NASR 的 DHCP 服务器,被称作 Wuke-DHCP,基于 ISC 的开源 DHCP 实现的。为了尽可能减小地址变化带来的影响,原型系统引入两个模块,即主动监控模块和服务指纹模块,系统原型如图 4-9 所示。

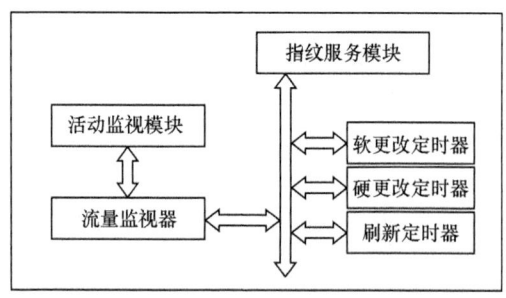

图 4-9 DHCP 服务器组成原型

活动监视模块检测每个主机的开放连接,用以避免因地址中断而导致主机服务的中断。在此原型中只考虑长时间的 TCP 连接,例如 FTP 下载。用一个流监视器检查子网中所有主机的网络流,并对大量地址变动敏感的活动连接作出响应。指纹服务模块检验网络通信并且确定在每个主机上运行的服务。

指纹服务模块的任务有两个：其一，通过指供一个连接错误，观察终端系统是否能够容忍，为活动监视模块提供一些能够进行地址更改决定的上下文信息；其二，避免出现为某个主机分配一个地址，而此主机又与近期使用过该地址的主机在服务以及潜在漏洞上有明显的重叠。为此，可以选择运行不同操作系统的主机，例如，选择 Windows 平台或 Linux 平台。指纹检测的实施只是初步的，仅使用被动监视获得的端口号信息来确定操作系统以及应用程序特征。例如，在 80 端口的 TCP 连接说明主机在运行一个 Web 服务，而 445 端口则表明此主机可能是 Windows 平台。同时，在操作设置上需要更多技术支持，例如被动探测技术以及主动探测技术。

在 DHCP 服务器实现中使用 3 个定时器控制主机地址变化。

① 刷新定时器。用以决定与客户端租约通信的交送。当该定时器到期时，客户端被迫向服务器发出查询，由服务器决定是否使用相同的地址去刷新。

② 软更改定时器。在流量监视器不能报告主机的存活状态时，由服务器间隔性的使用，用以指定地址变更时间间隔。

③ 硬更改定时器。用来明确指定一个主机保持同一地址的最长时间，如果该定时器到期，则不管是否导致连接破坏发生，都强迫主机更改地址。

使用基于 DHCP 的这种地址变化方法，也要充分考虑到地址更改所带来的局限性和主机的容忍性。

有些节点的地址不能更改，还有些节点的地址不允许变更得太频繁。必须要考虑主机是否有活动连接被中止，以及应用程序是否能从由地址变更引起的短暂连接问题中恢复。例如，DNS 服务器的地址在系统配置中通常是硬件固化的。即使是对主机 DHCP 配置，更改一个 DNS 服务器的地址将需要同步持续租约，这样才能保证在 DNS 服务器精确更改其地址的同时，所有主机能刷新它们的 DHCP 租约。

E-mail 和 Web 服务器都要使用域名解析，实施网络地址空间随机选择机制时需要域名精准地映射到正确的主机 IP 地址。因此，域名解析实时时钟需要设置足够长的时间，当一个地址发生变化时，客户端和域名服务器不需要缓存历史数据。网络地址空间随机选择机制同样需要与 DNS 服务器发生交互，来及时更新地址记录，询问增加 DNS 的负担是否合理。

研究人员根据上述想法，以不同参数的试验仿真模拟了蠕虫爆发，并测量了蠕虫传播时间，结果如图 4-10 所示。由此可以看出，对网络地址空间进行随机选择达到了减缓蠕虫爆发的目的。从 500 s 网络地址空间随机选择机制被使用起，到 1 000 s 主机频繁更改其地址为止，在无措施时，感染蠕虫的主机数量变化非常快，迅速达到可感染数量的峰值；而在随机地址选择机制下，攻击列表中地址所对应的主机因为频繁地址变更而使攻击列表地址的蠕虫感染失败，感染的主机数量迅速减少，网络地址空间随机选择机制导致许多感染企图的失败和失败后的再次扫描无效，因为主机经更改的地址及其先前的地址均不被使用，运行相同服务的不同主机也可能不使用此地址，所以主机将不再脆弱，不会被感染蠕虫。

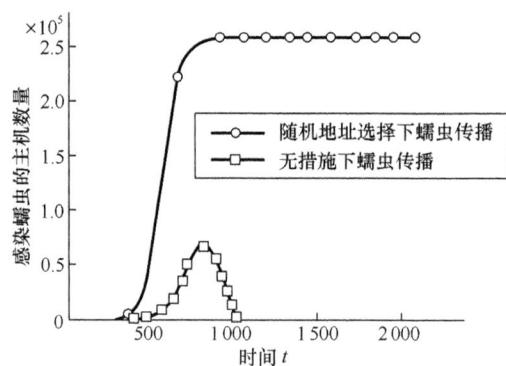

图 4-10　无措施实施随机地址选择机制后的蠕虫感染主机数量变化示意

4.3.5　基本效能与存在的不足

基于变更 DHCP 而防范基于 IP 地址列表的蠕虫攻击，是网络地址空间随机化分配技术的一种典型应用，其实现原理和部署方法都比较简单。这种技术能迫使主机频繁地更改它们的网络地址，在特定条件下其防御效果非常明显。一方面，该技术能迫使基于 IP 地址列表感染的蠕虫攻击进一步暴露出其主机扫描行为；另一方面，该技术可实施性强，不需要任何终端的改动，对主机透明，易于部署。虽然从安全效能上看仅限制了纯 IP 攻击列表蠕虫的感染，但这是对动态网络防御技术的一种有效尝试。

从技术角度分析，该技术的局限性是明显的：第一，该技术只能减慢某些特定类型的攻击，只针对 IP 层地址进行随机选择；第二，还需要依赖于其他积极防御，或与分布式检测机制等手段相配合才能完成整体功能，即该技术单独使用时的性能还有待提高；第三，仅在子网局部部署，没有考虑广泛部署下的效能；第四，本方法不能防止攻击者使用其他类别的协议到达主机，也不能防范针对客户端的攻击（例如浏览到恶意网站）。最后值得一提的是，地址空间的密度（待分配地址数/可分配地址空间总数）是网络地址空间随机选择后致使 IP 地址列表失效的至关重要的因素，所以应尽可能增大地址可随机化分配的空间。但在实际使用中，为便于管理，可分配的地址空间通常并不够大，如果为了增强安全效能而采用 DHCP 配置，应考虑地址范围的折中问题。

DHCP 本身是为了给网络中的用户配置 IP 地址和网络参数提供便利而设计的，因此，该协议在自身安全性方面也存在一定缺陷，而且 DHCP 最大的特点是客户端和服务器端是松耦合的，不需要对客户端做改变，这种方式虽然易于部署，但需要额外考虑对应用的干扰。

同样，和 NAT、DyNAT 这类动态网络地址转换技术一样，单纯依靠 DHCP 本身以提高网络安全性的方法实用效果有限，应与其他相关安全技术结合，依托 SDN 技术和 OpenFlow 相关标准，使这些动态化技术在实用网络中的工程化应用成为可能。

4.4 基于同步的端信息跳变防护技术

4.4.1 基本情况

端信息跳变技术是指在端到端的数据传输中，通信双方或一方按协定伪随机地改变端口、地址、时隙、加密算法甚至协议等端信息，从而破坏敌方攻击与干扰，实现主动网络防护。端信息跳变技术属于网络层面的节点信息跳变技术。

从跳变参与者的类别看，端信息跳变可以是服务器单方面的端信息跳变，也可以是对等主机双方面的端信息跳变。由于双方面的跳变系统实现非常复杂，目前的研究和原型系统实现大都集中于服务器端单方面的信息跳变研究。

近年来，基于端信息跳变的防御技术引起了研究人员的广泛关注，在网络防御方面也得到了一定的应用。美国军方在 2003 年的 APOD[8,9] 项目中提出了端口和地址跳变的混合跳变防御策略，研发了一种基于虚假端口地址跳变的抗端口扫描和抗 DoS(Denial of Service，拒绝服务) 攻击的网络防护方法。在该方法中，服务器的真实地址和端口并不跳变，仅在数据传输通信中使用虚假地址和端口进行地址端口的替换，以迷惑外部攻击者。在国内，南开大学林楷、贾春福等 [10~12] 提出了基于端信息跳变的主动网络防护系统模型，通过伪随机地改变端到端数据传输中通信端口、地址、时隙甚至协议等端信息，破坏攻击者干扰，实现网络防护。该系统采用加密算法进行跳变和同步，并采用 Java 移动代理技术实现了原型系统，证明了端信息跳变技术具有较强的抵御 DoS 攻击的能力。

此外，Lee H C J[13]等对基于端口跳变的抗DoS攻击进行了研究。该研究团队将网络通信时间划分为等间隔的离散时隙，网络服务的端口由时隙、密钥和生成函数决定，可信用户通过合法授权的方式获得密钥，而攻击者无法获得这种密钥，从而无法锁定攻击的目标端口。Badishiy G 等[14]同样利用端口跳变进行网络通信，通过随机变换的通信端口，抵御DoS攻击和截获攻击。为了实现服务器与客户端之间的端口同步，作者利用通信过程中已经成功确认的ACK报文作为端口生成函数的一个因子，结合共享密钥，生成通信所使用的端口。Mills D L 等[15]则利用端口跳变实现通信的隐蔽，探讨了端口跳变在实现过程中需要解决的端口同步、密钥管理、时隙选择等问题。

从动态跳变的端信息元素看，端信息跳变是一种全面而有效的防御手段，目前其相关技术和理论研究仍处于不断完善和试验验证阶段，理论研究成果大多仅限于原型系统，离应用于真实网络服务还有一定的距离。在网络防护手段中，如果能够协同使用，尤其是使用复杂多变的混合跳变技术，将有助于提升现有网络防御DoS攻击的效能。

4.4.2 DoS 攻击原理

端信息跳变的最终目标是要抵御DoS攻击。DoS攻击是当前网络攻击中影响最大、危害最深的攻击之一，是典型的破坏型攻击。首先介绍一下此类攻击的原理和防御难点。

美国国家标准与技术研究院(National Institute of Standards and Technology，NIST)专门对DoS攻击进行定义：DoS是一种通过耗尽CPU、内存、带宽、磁盘空间等系统资源，来阻止或削弱对网络、系统、应用程序等授权操作的行为。

一般DoS攻击不对目标系统中的数据信息进行修改，而是采用相对容易实施的攻击方式。DoS的攻击原理大致包括以下3种。

① 产生大量的突发数据流量，致使目标系统的网络性能大大下降，失去与外界通信的能力。例如，UDP Flooding攻击伪造与某主机A的Chargen服务之间的UDP通信，回复地址指向开启Echo服务的另一台主机B，这样主机A和主机B之间的网络带宽就会被耗尽；Smurf攻击将ICMP请求分组的回复地址指向目标网络的广播地址，所有主机都对ICMP分组进行应答，从而淹没被攻击的目标网络。

② 利用网络服务或协议的特征，发送超出其处理能力的请求，使服务器短

时间内无法向合法用户提供网络服务。例如，SYN Flooding 攻击利用 TCP 的 3 次握手的协议漏洞，在短时间内发送超过服务器接收能力的请求流量，致使合法客户端无法连接到服务器。

③ 利用操作系统或应用软件中存在的漏洞，发送经过特殊构造的数据分组，造成系统或软件崩溃。例如，Ping of Death 攻击利用 ICMP 碎片分组，使在数据分组重组时，出现缓冲区溢出；Teardrop 攻击也是一种基于碎片分组的攻击方式，一些操作系统在受到包含重叠偏移的伪装分段时，将会崩溃。

4.4.3 端信息跳变的技术原理

理论上，端信息跳变防护技术中可跳变的内容可以包括和端信息相关的各类标识元素，如时隙、端口、地址、加密算法甚至协议等，目前已有相关研究成果和应用领域的主要包括以下几个方面。

（1）端口跳变

端口跳变（Port Hopping）技术是近年来跳变思想在网络防御中最典型的一个应用。其主要原理是，服务器的服务端口号在信息传输过程中随机变化，通信双方在某种同步策略下进行信息传输，合法客户端能跟随服务器端口号的跳变保持同步并完成通信，而非法客户端或攻击者不能预知服务器某一特定时刻正在使用的端口号，从而无法获得全部通信内容或不能实施有效攻击。

（2）地址跳变

随着对端口跳变技术的研究和应用的进一步深入，研究人员开始考虑能否将参与跳变的资源进一步扩大，让网络地址也能够像端口一样动态化，从而更加具有迷惑性。目前的研究成果（如 APOD）大多集中在通信过程中动态改变 TCP 服务的一些标志，如 IP、端口等，用端口结合地址跳变的方式来抵御 TCP 洪泛攻击。

（3）协议跳变

协议跳变技术是指预先在协议库中储备大量可供使用的协议，既包括网络通信协议，也包括数据加密协议，通信时可在不同协议之间跳变，动态选择下一个协议。这种跳变形式既可在两节点之间进行网络通信时实施，也可在设备内部不同部件间进行数据传输时实施。目前，实施通信协议跳变的研究成果尚未见相关报道，但有相关研究提出基于加密协议跳变的通信机制，即动态转换数据传输中所使用的加密协议，如从 AES 到 Twofish，从 Twofish 再到 Triple DES，通信过程中区段式的实时、动态加密协议变化比单一固定加密协议更加安全。

（4）混合跳变

混合跳变是指集上述多种跳变于一身的跳变技术。混合跳变拥有更高的安全防护能力，能降低来自攻击者的网络威胁。其中，Snake 代理跳变技术在使用代理的过程中，使用了包括地址和协议跳变的混合跳变。

上述跳变方式中，端口跳变实现起来相对简单，不需要考虑复杂网络环境的影响，而且对异常流量的检测也相对容易一些，只须检测当前端口的流量即可。但如果端口跳变的策略设计不当，就容易受到截获攻击的影响，因为攻击者可以截获该主机发出的所有数据分组，然后进行流量分析。地址跳变的实现相对复杂，需要在多台主机（或一台主机多个 IP 地址）之间实现数据通信的一致性，但相对端口跳变更不容易被敌方攻破。然而与众多的可用端口（IPv4 的可用端口数最多有 65 535 个）相比，可用的 IP 地址相对较少，而且代价更高，如果应用环境可局限于局域网内，这种跳变方式的使用效果会更理想。网络协议跳变实现最为复杂，而且网络兼容性相对较低，但其安全性更高。到目前为止，基于通信网络协议跳变的网络防护技术研究成果很少。

下面以针对服务端一方端信息跳变系统为例[10-12]，简要介绍基于端信息跳变防御系统的工作模式，其逻辑示意如图 4-11 所示。系统应包括 4 个模块：服务模块、控制模块、同步模块和客户端模块。服务模块采用服务器集群的方式实现，通过将多个拥有相同硬件性能与软件系统的服务器连接到一起协同工作；控制模块可以使用一台普通的服务器，其主要任务是协同各个模块之间的工作，并严格控制跳变系统的运行策略；同步模块主要是向客户端提供同步服务，使远程客户端可以无缝地与服务模块同步；客户端模块的主要任务是与同步模块通信合作实现同步。

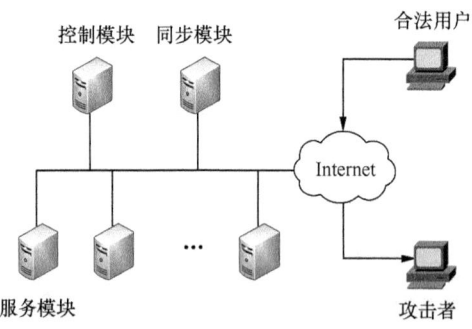

图 4-11 基于端信息跳变的防御系统示意

① 服务模块是整个跳变系统的核心，它负责向远程合法用户提供网络服务，如 Web 服务、FTP 服务等。服务模块集群中的各个服务器都拥有自己独立的

IP 地址，并且可以根据来自控制模块的命令来更改网络服务端口。一般情况，由于合法用户发出的网络服务请求是时间延续性的，即若要满足服务需求，服务器需要一定的时间。这就与跳变的思想存在冲突，例如，当一个合法用户向 Web 服务器 A 提出一个大文件下载请求，文件下载到一半时，服务器 A 需要跳变到服务器 B，服务器 A 就需要通过服务迁徙技术将这个文件下载服务无缝地迁徙到服务器 B 上面。

② 控制模块是整个跳变系统的指挥部，它负责计算下一个跳变服务器终端的网络信息（IP、端口以及协议等），通知对应的服务器及同步模块。控制模块关系到整个系统的稳定性与抗攻击性。

③ 同步模块是跳变系统的广播员，它向合法用户提供同步服务，使合法用户能够准确地定位当前正在提供网络服务的服务器网络信息。同步模块是整个跳变系统实现的难点，同时也关系跳变系统的安全性，因为如果攻击者可以从同步模块中获得服务模块的网络信息，那么整个跳变系统将形同虚设。

④ 客户端模块拥有与同步模块相同的同步算法，根据同步模块提供的一致同步策略，如基于时间戳因子计算算法，就可以计算得知服务模块的网络信息，然后请求正常的网络服务。

4.4.4 端信息跳变核心技术

要完成上述端信息跳变系统的跳变过程，系统需要重点解决跳变协同模式、跳变项选取、同步策略、服务切换、攻击模型、自适应策略等问题。其中，跳变项选取、同步策略、网络服务硬切换技术和自适应策略的选择是端信息跳变的核心技术。

1. 跳变项选取

端信息的选择至关重要，直接决定跳变系统的服务性能和安全性能。在互联网环境下，端信息的可变化范围包括端口、地址、协议等基本的网络协议栈信息。随着可供选择的端信息类型的增多和组合使用，可以提供给服务器的变化范围也增大，攻击者能够准确定位服务器的难度更大，但也会加大整个系统的运行复杂性。

2. 跳变同步方法

跳变同步关系着跳变服务的服务性能，也关系着跳变服务的安全性能。服务器与客户端通过双方统一的同步策略来实现步调一致的跳变通信，这正是本技术与DyNAT、DHCP的主要区别,DyNAT和DHCP依赖网络层自有协议自动完成地址、端口等信息的分配和随机化,不需要考虑同步问题,而本技术正是因为攻击者无法获得端信息的跳变规律,所以无法实现传统的网络攻击。目前较为常见的同步策略主要包括以下几种。

(1)基于时间片的严格时间同步

严格时间同步是最简单且最容易实现的同步方式,不需要复杂的计算方法,也不需要过多的系统定制,仅需要使用一张跳变图,将时间与通信所使用的端信息一一对应起来。服务器根据当前时间对应的端信息开启网络服务,而客户端根据与当前时间对应的端信息发送网络请求流量,只要能够保证跳变图不被攻击者破解,就可以保证端信息跳变的同步安全。一般地,严格时间同步会将时间进行等长切片,每个时间片都对应着唯一的端信息。

(2)基于数据分组的ACK应答同步

由于计算机网络中存在一定的拥塞和传输延迟,严格时间同步会导致严重的同步失败问题。客户端发送数据流量到服务器所开启的端信息上,但由于网络传输需要消耗一定的时间,当这些数据流量到达服务器后,如果端信息已经发生了跳变,这就意味着同步失败。因此,可以考虑针对TCP的ACK应答同步。

ACK应答同步机制在客户端和服务器上都维护一个ACK报文计数器,计数器可以记录已成功发送完成的ACK报文数量,然后将ACK报文数量作为生成因子,生成通信所使用的端信息。由于不需要严格的时间对应,网络的延迟和拥塞都不会造成同步的失败。但ACK应答同步容易受到截获攻击的影响,如果攻击者从通信开始时就窃听服务器的网络,就能准确得知已经成功发送完成的ACK报文数量。

(3)基于时间戳的同步

为了克服严格时间同步中存在的同步失败问题和ACK应答同步中存在的ACK报文数量泄露问题,研究人员提出了时间戳同步技术,每次发送数据分组前,客户端先向服务器发送时间戳请求,服务器立即生成一个即时时间戳,并使用私密的端信息生成算法结合即时时间戳计算得出确定的端信息,然后将即时时间戳返回给客户端,客户端在接收到该时间戳后,利用相同的生成算法也可以计算得出相同的端信息,从而实现同步。

时间戳同步要求客户端在每次发送数据分组前向服务器请求一个时间戳,只有客户端的数据分组在时间戳的有效时间内达到服务,才可以被服务器接收。这种同步技术既可以避开计算机网络的时间延迟和网络拥塞,也可以抵御网络攻击者的截获攻击。

同步问题是端信息跳变技术中的重要部分,无论哪一种同步式方式,都需要通信双方的变化相互协调一致。要充分考虑到网络延迟和服务延迟的问题，这也是目前端信息跳变技术的研究热点。

3. 网络服务硬切换技术

服务切换关注的是当网络服务从一个端信息服务跳变到另一个端信息服务时，如何保障服务的连续性。服务切换技术是端信息跳变中的重要核心技术，也是本技术的当前研究热点，其性能决定着跳变服务的服务性能。目前已有成熟应用的转换技术，包括Socket迁徙、跳代理等技术。其中，跳代理技术是较为有效的服务切换实现方案，它通过在客户端与服务器之间部署多个跳变代理（Hopping Agent，HA），在HA上实现跳变过程和跳变策略，将真实的服务器隐藏在HA之后。每个HA都拥有独立的外部IP地址，能够接收和发送数据分组。服务器的IP地址为内部IP地址，无法直接访问外部网络。客户端通过同步模块得到服务端信息后，与对应的HA进行通信。HA负责将客户端的数据分组转发给服务器，将服务器的数据分组转发给客户端，并且HA可以在活动状态和非活动状态之间进行切换，只有处于活动状态的HA才会进行转发工作，使客户端好像是与IP地址、端口都不断变化的服务器进行通信，而服务器的真实IP地址和端口其实是固定不变的。

4. 自适应的跳变策略

端信息跳变技术以动态变换、虚实交替的工作方式应对网络攻击，其最终目标是使攻击者迷失攻击目标，因此，端信息的变化规律（即跳变策略）作为端信息跳变的重要组成部分，应该能够动态变换，以应对错综复杂的网络环境和不断进化的网络攻击。

策略固定的简单跳变难以应对跟随攻击的威胁，攻击者可以通过监听、截获等网络技术手段，在一定程度上掌握端信息的跳变规律，从而有效地缩小其攻击范围（端信息可跳变的范围），将原来稀疏分散的攻击流量集中到较小的范围，提高攻击效果。因此，能够适应复杂网络攻击环境的自适应跳变策略是极为必要的，因为服务器需要根据实时的网络状况选择最优的跳变策略，使跳变技术能够适应网络环境的变化，自动地提升防御效果。自适应的跳变需要综合考虑时间自适应策略、空间自适应策略和时空混合的自适应策略，使策略既能防御网络攻击的威胁，又能够保证服务性能的高效性。

上述4种核心技术也是网络动态防御每一种动态化技术需要考虑的重点和难点。

目前，本技术的研究大都集中于原型系统的研发和仿真实验的结果验证，重点验证该技术在实际网络中应用和抵御网络攻击的可用性、可行性和抗攻击性。林楷、石乐义等人在上述原型系统环境下，在特定的实验环境配置下，开展了 SYN-Flood 攻击实验，实验测试了端信息跳变原型系统在不同 SYN-Flood 攻击速率下的平均服务响应时间变化，以反映服务可用性能，从服务的响应率体现抗 DoS 攻击的能力，得到了很有意义的实验结果和结论。

① 端信息跳变抗 DoS 性能远优于非跳变服务和简单端口跳变服务，并且与可用跳变地址数近似成比例关系。可用跳变地址数越多，性能会越好；端信息慢跳变容易引起敌手有指导的进攻而性能恶化；但受网络拥塞和延迟的影响，过快的跳变将引起服务的频繁切换，会带来服务性能的下降。这表明好的端信息跳变策略可以大大提高系统抗 DoS 攻击性能，但跳变速率应根据网络规模、拥塞程度等情况进行优化设置。

② 无跳变策略时难以分散网络流量，使网络的抗截获性能差；端信息跳变技术则有效分散了网络流量，加之使用伪随机跳变的加密算法，显著增大了截获者完整解析出数据报文的复杂度，这对于干扰敌手截获攻击十分有利。

4.4.5 基本效能与存在的不足

基于同步的端信息跳变技术通过两方协商统一的同步策略实施一方或两方的端信息跳变，是一种动态网络防御技术，与传统网络防护技术相比具有以下几点优势。

（1）抗攻击性强

传统的网络防护技术在攻击的实施阶段或善后阶段进行防御，端信息跳变则使攻击者丢失其攻击目标，无法在攻击的准备阶段锁定服务器。基于端信息动态变化的思想，结合诱惑和隐藏的手段，可以使网络攻击难以奏效。

（2）抗截获性

在进行数据通信的过程中，端信息的动态变化使攻击者难以有效截获数据分组。由于网络截获的目标往往是某个 IP 地址或者局域网络，对于多个不属于同一个局域网络的数据通信，一般是难以实现网络截获。

端信息跳变技术可以简单地通过逐渐增大或缩小端信息状态空间的大小，在原跳变技术性能的基础上，来逐渐提升或降低端信息跳变的服务性能和抗攻击性能。

但这种技术的同步和全局协调非常复杂，而且在端信息变化过程中，需要通信双方的合作，对用户并不透明，实际部署难度大。目前，端信息跳变的网络防护技术的研究成果尚处于理论研究和原型系统验证阶段，尤其是针对复杂多变的混合跳变技术，其理论研究仅限于原型系统，与应用于真实的网络服务和应用部署还有一定的差距。但其理论研究与实验结果表明，本技术在防御难度大的 DoS 和截获攻击时具有较好的主动防护性能，这对于主动网络防御具有重要意义。而且，本技术的可扩展性强，针对同步策略、跳变策略、混合跳变以及对等跳变等方面都可以进一步展开有效的理论和实践研究，对防护 DoS 和 DDoS 产生积极效果。

4.5 针对 DDoS 攻击的覆盖网络防护技术

4.5.1 基本情况

覆盖网络是一种构造网络的方法，与特定技术、特定层次无关，是建立在一个或者多个已存在网络之上的网络，通过增加额外的、间接的、虚拟的层，来改善底层真实网络部分领域中的一些属性，从而提高网络的性能。覆盖网络的实质是对网络资源利用在结构和分布上的调整，目前的覆盖网络研究多局限在针对特定应用的支持上，不同的应用需建立不同的覆盖网络[16]。

覆盖网络节点一般具有路由功能、数据存储功能和数据处理功能，覆盖节点间的虚拟链路通常对应底层一条或多条物理链路。即使网络出现异常，应用系统也可以根据覆盖网络查询到替代路径，以此提高网络传输的可靠性。此外，应用系统可以在覆盖网络上按照不同服务质量的要求选择最优路径。从应用级网络看，覆盖网络可以屏蔽内部物理网络的动态变化和物理资源的异构性，在逻辑网络层面可以根据应用需求动态改变路径、重新配置和管理，并对动态变化的链路或节点及时做出响应。

覆盖网络的特点是隐藏底层物理网络的动态变化，通过提供一个虚拟的逻辑网络，满足高层应用的特定需求，如任务调度、安全与管理[17]等。因此，可以根据具体应用需求的特点，构造特定的覆盖网络结构，建立一个节点交互的虚拟网络，实现运行环境与物理资源的隔离，屏蔽物理网络的异构性，增强应用系统对物理网络的分布、自治、动态以及演化特性的适应能力，可以作为一种有效的安全应用模式。基于动态骨干（DynaBone）的多层覆盖网络防护技术[18]也是通过构建多层覆盖网络，实时动态地重新路由网络流，保护虚拟覆盖网络，防范拒绝服务攻击。

4.5.2 覆盖网络的体系结构

覆盖网络是指覆盖现有网络上的虚拟网络。覆盖网络节点和它们之间的连接是逻辑上的。覆盖网络的节点可以是路由器、服务器,甚至可以是网络终端。它们之间的虚拟链路对应着一条或多条物理链路。覆盖网络实际上是在底层网络提供基本连接的基础上,在应用层用软件工程的方法实现一个新的网络应用模式。图4-2给出了覆盖网络的示意。

覆盖网络节点一般具有路由功能、数据存储功能和数据处理功能,而覆盖节点间的虚拟链路对应底层一条或多条物理链路。即使网络出现异常,应用系统也可以根据覆盖网络查询到替代路径,以此提高了网络传输的可靠性,此外,应用系统可以在覆盖网络上按照不同服务质量的要求选择最优路径。

弹性覆盖网络(Resilience Overlay Network,RON)是一种分布式覆盖网络体系结构,它利

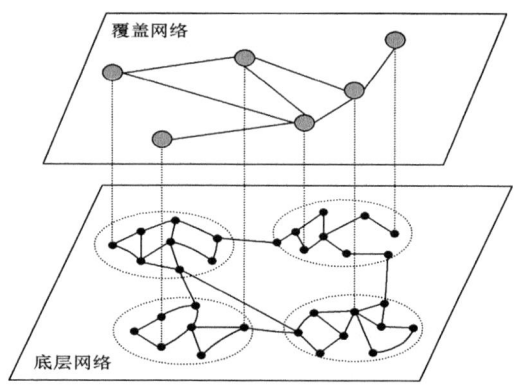

图4-12 覆盖网络示意

用分布于互联网上的RON节点,仅用数秒时间即可检测到链路的失效和周期性的性能恶化,并迅速恢复,而目前的互联网边界网关协议(Border Gateway Protocol,BGP)则需要数分钟。

RON节点自动检测连接它们的下层互联网链路的质量,使用收集到的信息并结合该应用程序对哪一条路径因子(如时延、分组丢失率、链路吞吐量等)更敏感来决定某一应用程序的分组是直接由互联网链路转发还是经由另一RON节点转发,这样可以更加优化应用程序的路由选择。

4.5.3 DDoS攻击原理

基于单节点的DoS的攻击流量相对较小,无法造成巨大影响,而且容易被追踪并暴露自己。分布式拒绝服务(Distributed Denial of Service,DDoS)攻击采用僵尸网络等肉机技术来实施分布式的拒绝服务,既可以通过流量汇聚形成巨额的攻击流量,又可以隐藏在僵尸网络之后躲避追踪。

由于其高攻击强度、高隐蔽性等特点,DDoS攻击已经成为攻击者的首选

手段。Arbor Networks 公司的全球基础设施安全报告指出，DDoS 攻击的规模正逐年增大，而且呈扩大趋势，网络攻击的流量带宽也在显著加大，平均单次 DDoS 攻击的流量带宽已高达 10 Gbit/s 级以上。

目前防御 DDoS 攻击是异常困难的，基本上没有有效的方法。因为 DDoS 攻击不仅可以轻易地形成远超出服务器的网络带宽的攻击流量，而且还可以选择千变万化的攻击方式，针对不同的网络服务采用不同的攻击方式。要对 DDoS 攻击进行防御，主要面临以下挑战。

（1）分布式的攻击源

由于僵尸网络的存在，DDoS 攻击可以利用分散在互联网上的若干台主机，形成由大量小流量组成的汇聚流量。相当于对服务器进行来自四面八方的全方位攻击，类似于海战中用来对付航母的"群狼战术"，其可怕之处不言而喻。

（2）欺骗性的 IP 源地址

IP 欺骗是攻击者惯用的伪装伎俩。在发送攻击流量时，使用一个虚假的或者随机的 IP 地址作为源地址，隐藏流量的真实来源。这使逆向追踪变得非常困难，难以揪出网络攻击的真正幕后黑手。

（3）动态的攻击速率

DDoS 攻击不希望服务器立刻察觉到攻击行为，而是希望在已经造成了一定的攻击效果后，才被发现或者始终不被发现。于是出现了一些低速的拒绝服务攻击，如脉冲式拒绝服务攻击。脉冲式拒绝服务攻击利用 TCP 拥塞控制机制的协议缺陷，通过造成瞬间的网络拥塞，使 TCP 的滑动窗口迅速减小。慢速的拒绝服务攻击隐蔽性更强，检测更加困难。

（4）多样化的攻击手段

计算机网络的漏洞成千上万，在一次 DDoS 攻击中，攻击者可能混合使用多种不同的攻击手段，同时对服务器进行攻击，使单一的、静态的防护技术变得无力适从。

因此，单一的检测、分析等静态技术对 DDoS 的抵御效果十分有限，采用复杂跳变模式下的端信息跳变技术正是为了应对现有静态防护的缺陷而提出的动态防护手段。

4.5.4 DynaBone 技术原理

基于 DynaBone 的多覆盖网络动态防护技术依托于多层覆盖网络的构建及其动态配置和管理系统，其主要思想是通过动态重新路由网络数据流而保护虚拟覆盖网络，从而防范 DDoS[19,20]。

DynaBone 的核心思想是构建一个更大的外虚拟覆盖网络,其内部依托多个内虚拟覆盖网络,通过多层覆盖网络来提供加密、动态路由、配置多样性等安全目标。DynaBone 提供了一种可选择路径的方法,在各个内部不同的覆盖层部署多种不同的网络防御方法和手段,可根据各自内部网络的状态和吞吐量的不同,将外部数据流量分散到不同层次中,形成一个动态的骨干网,在提升性能的同时阻挡 DDoS,也使网络流量能够自动路由。

1. DynaBone 多覆盖网络结构

DynaBone 的并行内部覆盖,可称为内部层,对外提供一个单一的、一致的网络服务,可看作一个外部覆盖网络。DynaBone 的入口处提供 PRM(预置多路转换器)模块,通过攻击数据和性能监控数据来决定在内部层次中分配数据分组。内部某个覆盖网络如果收到攻击,链接失效,其他覆盖层可以用来均衡网络流量,其逻辑示意如图 4-13 所示。

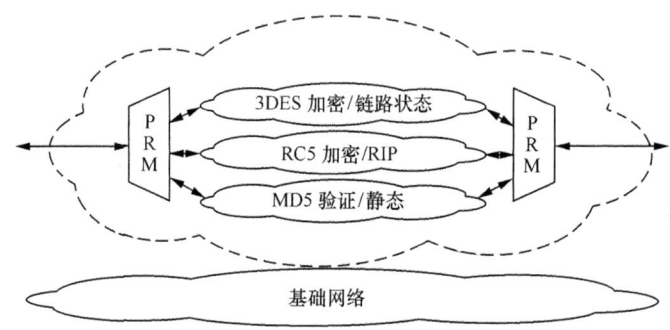

图 4-13　DynaBone 动态并发覆盖网络示意

2. DynaBone 的组成

DynaBone 有两个组成部分:覆盖层和基于反馈的 PRM。

(1)覆盖层

覆盖层基于 X-Bone 系统的独特能力,提供一个循环的覆盖式结构。每一个覆盖网络是在一个真实存在的网络上部署的一个单独虚拟网络。它包括主机、路由器和通道。通道是基础网络上的路径,即覆盖网络上的链接。

主机是数据分组源,路由器用于数据分组转发,和传统网络一样。个别的组件(如路由器或主机)可以在一段时间内参与不止一个覆盖网络或以多种不同角色(路由器或主机)参与到覆盖网络中。图 4-14(a)所示为一个 IP 网络,在这个网络上,使用基础网络中的节点构成的不同子网,配置了一个环状网络

（如图 4-14（b）所示）和星形网络（如图 4-14（c）所示），被一套通道连接起来。这些通道确定了覆盖网络的拓扑结构，可以穿越基础网络的多重链接，或在一个连接上穿越多次。

(a) IP 网络　　　(b) 环状网络　　　(c) 星形网络

图 4-14　覆盖网络通道示意

这些内部覆盖网络具有以下特点。

① 每个内部网络可以使用不同的网络和路由协议或托管不同的服务，以提高相互之间的多样性。

② 外覆盖网络中的每个主机不知道这些内部网，从而表现为只有一个网络。在内覆盖网络的入口配有若干个传感器，用于监控性能和可能的攻击流。

③ 基于网络状况的不同而决定使用哪个内部网络。

④ 如果检测到某个内覆盖网络受到攻击或正在遭遇性能问题，可以通过不同的覆盖（DynaBone 的动态网络）进行路由。

该技术建立在 X-Bone 上，X-Bone 是一种动态网络覆盖技术[21]，可允许多个同步的虚拟覆盖共存，允许动态创建网络拓扑结构并被应用程序使用。主机和网络设备可以参与多个覆盖。也可通过设置，使网络中的各条物理路径对不同覆盖具有唯一性。

X-Bone 是互联网上覆盖网络的一个动态配置和管理系统。覆盖网络被用于在已经存在的网络顶层配置基础设施，用于隔离对新协议、分隔能力的实验，或提供一个简化后的拓扑结构网络环境。当前的覆盖网络系统包括商业 VPN、IP 隧道网络（M-Bone）和提供服务质量保证的新兴研究系统。

X-Bone 系统提供高层次的、用户和应用可以提需求配置的接口，例如，创建一个在一个环中包括 6 台路由器的覆盖网络，每个路由器包含两台主机。X-Bone 自动化地识别可用的组件、配置，并进行监控。

DynaBone 扩展了 X-Bone 体系结构，在一系列层次化的内部覆盖网络上配置了用于反馈和分配流量的 PRM 转化器，包含在外部的覆盖网络中。

（2）PRM

PRM 用于动态重定向外部覆盖的网络流量到内部能够提供网络服务的覆盖

层中。PRM 包括多路转换器、多路输出转换器、监视器和预置控制组件，如图 4-15 所示。其中，多路转换器用于分配外部网络的流量到内部覆盖网络中，根据多路转换算法对每一个数据分组、每一个会话或者每一个连接，或者复制包含特定格式的数据分组给多个内部覆盖网络。如果需要，还可以添加标签信息，例如，为便于接收者重建序或者配合特定格式数据提取。多路输出转换器用于收集内部来的数据分组，可能也需要重新排序，去掉复制内容，从特定格式编码中提取数据。多路转换算法需要基于内置或用户定义的策略、通道管理、已有的带宽预留和分配机制的接口来综合决定。策略和通道管理决定用哪个通道。监视器用于协调分析内部覆盖网络层的状态。它可能会自己发送心跳分组，或者触发外部机制来综合分析网络状态，例如，制订用于循环跟踪内部覆盖网络层的性能的机制等。

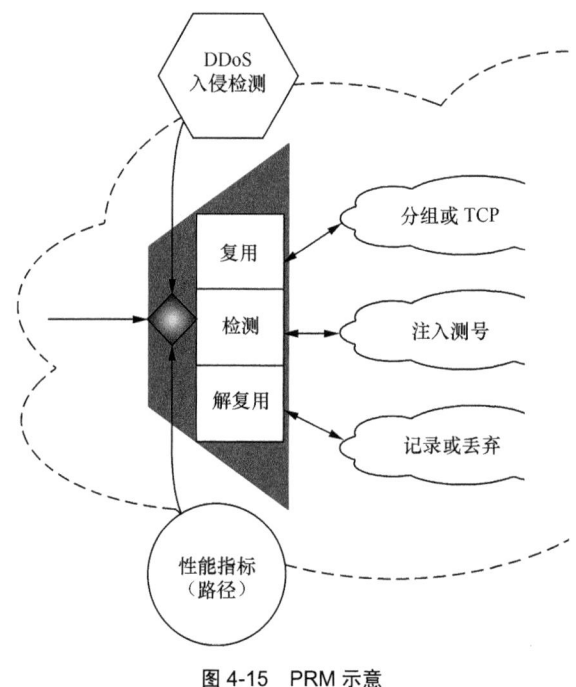

图 4-15　PRM 示意

这 3 个组件通过预置控制组件相互协调工作。控制器根据外部传感器检测到的攻击状况决定如何配置多路转换器并分配流量。

4.5.5　DynaBone 的安全策略

DynaBone 的结构组成能够抵御 DDoS 攻击，因为任何被攻击的单独一层网络可以被断开连接，而且不会影响整个覆盖组的连通性。当 DynaBone 内部的覆盖层被攻击时，PRM 会转换流量到没有被攻击的覆盖层，如图 4-16 所示。所有这些处理过程对顶层的用户和应用透明。

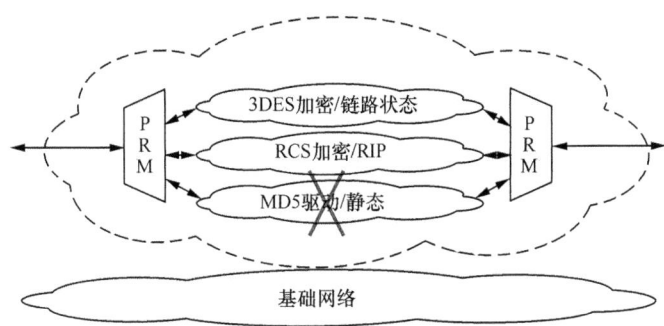

图 4-16　DDoS 攻击时 PRM 转换流量示意

　　DynaBone 允许内部网络因遭受攻击而不可用，能并发使用剩余的多个内部覆盖使 DDoS 攻击更加困难，也允许所有的服务慢慢降低性能。个别协议的弱点或在固定地址上的攻击只能在一段时间内破坏一层覆盖网络，只有在所有覆盖网络都被同时成功攻击的情况下，服务才会完全不能用。而且，服务会自动重新恢复，能把流量重新分配到其他覆盖层中。

　　DynaBone 结构也提供一些其他功能配置。不同覆盖层的使用和不统一的流量分配会使攻击者获得一些信息，使他们能够中断那些负载重的覆盖层服务。虽然这不会完全破坏整个架构，但可能导致重新恢复原始服务的速度很缓慢。因为整体覆盖层是以一种相互协调的方式配置，一些流量保密性技术，例如，在随机化数据流隐藏真实数据分组。还有一些其他技术，如蜜罐、动态添加新的覆盖层、重新定位危险的服务等，在这种体系结构中也都可以被配置。

　　DynaBone 技术的多样性体现在，可以在不同的内部覆盖层中使用多种已有的网络协议和安全算法，从而部署可选的、并发并行的内部覆盖网络。目前，DynaBone 软件已在 50 个并发内部网络中应用。研究人员在特定测试环境下得到了有效的结果。

4.5.6　基本效能与存在的不足

　　基于覆盖网络的安全防护技术应用是一种应用级的动态网络应用模式，也是动态网络防御的重要思路，在应用级完成动态改变路径、重新配置和安全管理，屏蔽了物理网络的差异和动态路由的困难。但是本技术严重依赖于基础网络的健壮性和稳定性，其在应用层网络的所有操作都可能增大基础网络的开销，同时，节点之间传递的控制消息会带来更多的网络流，重新配置和路由可能带来未确定的网络开销，因此，还需要进一步的实验验证和应用。

基于 DynaBone 的多覆盖网络动态防护技术的目的是保护网络上服务的可用性，保证流量被动态地重新路由或通过多条路径同时进行路由。根据在不同内部虚拟网络层部署的网络和路由协议的不同，可能会增加延迟和降低带宽，而且，关于更多路由和负载对网络基础设施的影响，尚缺乏有效的实验和仿真验证。此外，本技术还存在一些局限性：① 依赖于完善的检测机制，用以检测覆盖网络何时受到攻击；② 内部覆盖层之间可能没有充分隔离，并且可能会因为某些主机/网络设备/路由的丢失而严重影响整个网络；③ 本技术是一种较为理想的原型系统模型，离实际使用还有一些差距；④ 此技术的防护能力有限，在攻击者能到达某台主机后，本技术就不能提供任何保护。

4.6 本章小结

从整个攻击链来看，网络动态防御的目标是为了在攻击的初始阶段，主要是对侦察和目标节点访问阶段实施防御。在侦察阶段，有助于增加攻击者侦察目标网络的难度；在目标访问阶段用于阻止、迷惑攻击者尝试连接到目标系统并获取其属性（版本、漏洞、配置等），增大攻击者在目标机器上搜集信息的难度。

本章分析了基于 DyNAT 的动态网络地址转换、基于 DHCP 的网络地址随机化、基于同步的端信息跳变、基于覆盖网络的安全更新分发、基于动态路径的多覆盖网络等多种网络动态化技术和方法，每一种技术围绕动态变化什么信息、动态变化如何实施和同步、动态变化策略及其防御效能分别展开论述，这些动态化技术的比较分析见表 4-3。

表 4-3　网络动态化技术比较分析

序号	技术名称	动态化对象	动态化策略	防御效能	部署
1	基于 DyNAT 的动态网络地址转换	MAC 地址、网络地址、端口、IP 序列号等	基于加密的端信息加扰处理	扫描、探测	通信两端
2	基于 DHCP 的网络地址随机化	网络地址	频繁的随机化分配网络主机地址	基于 IP 地址列表的蠕虫攻击	服务器端

续表

序号	技术名称	动态化对象	动态化策略	防御效能	部署
3	基于同步的端信息跳变	端口、地址、时隙、加密算法甚至协议等端信息	两方协商统一的同步策略	DoS 攻击	服务器端或两端
4	基于动态骨干的多覆盖网络动态防御	网络数据流路径	多层覆盖网络	防范 DDoS 攻击、操纵网络内容等资源攻击	覆盖网络和配置管理系统
5	MT6D	IPv6 地址	随机化分配虚拟通信双方地址	隐藏实际地址，防范扫描、探测	通信两端

这些动态化技术的共同点在于它们改变了网络结构、网络通信、网络服务在不同时间、不同空间的多维度呈现形式，使攻击者用常规的攻击手段无法有效实施。同时，每一种技术根据自身特有的变化对象和变化策略，又分别有自身独立的特点和应用范围。这些技术与传统网络级安全防护手段和产品互不排斥，互补增强。传统防御可在授权攻击防护、保密认证以及应用数据安全防护方面发挥作用，而动态化防御技术通过网络架构、通信内容的动态变化，给攻击者实施攻击带来更大的难度，实现安全效能倍增。

动态赋能的网络防御是一种能够主动提升自身防御能力的网络防护技术。未来的研究中，一方面，应加强动态混合变化技术的有效性验证和效能评估，在安全和性能之间寻求平衡点，在保障正常服务的前提下，以一定的服务性能损耗换取安全性能的提高；另一方面，应积极研发实用化程度高的多样化技术，应与当前的 SDN 技术和 OpenFlow 相关工程化标准相结合，使这些动态化技术在大规模网络中进行工程应用成为可能，在更大的网络范围内统一调度和自动化控制不同类型的网络设备，使开发和应用过程更加便捷，便于部署现有网络防护设备的升级改造，使动态防御技术既适用于当前的网络设施，也适用于未来的网络体系及应用。

参 考 文 献

[1] KEWLEY D, FINK R, LOWRY J, et al. Dynamic approaches to thwart adversary intelligence gathering[C]// Proceedings of DARPA

Information Survivability Conference & Exposition Ⅱ, 2001: 176-185.

[2] PRICE C M, STANTON E, LEE E J, et al. Network security mechanisms utilizing dynamic network address translation LDRD project[J]. Sandia National Labs, 2002.

[3] DUNLOP M, GROAT S, URBANSKI W, et al. Mt6d: a moving target IPv6 defense[C]// IEEE Military Communications Conference, 2011: 1321-1326.

[4] DUNLOP M, GROAT S, MARCHANY R, et al. IPv6: now you see me, now you don't [C]// Tenth International Conference on Networks (ICN 2011), 2011.

[5] GROAT S, DUNLOP M, MARCHANY R, et al. Using dynamic addressing for a moving target defense[C]// 6th International Conference on Information Warfare and Security, 2011.

[6] JAFARIAN J H, AL-SHAER E, DUAN Q. OpenFlow random host mutation: transparent moving target defense using software defined networking[C]// Proceedings of the 1st Workshop on Hot Topics in Software Defined Networking, 2012: 127-132.

[7] ANTONATOS S, AKRITIDIS P, MARKATOS E P, et al. Defending against hit list worms using network address space randomization[J]. Comput. Netw., 2007, 51(12):3471-3490.

[8] ATIGHETCHI M, PAL P, WEBBER F, et al. Adaptive use of network-centric mechanismsin cyber-defense[C]// Proc. 6th IEEE Int'l Syrup. Object-Oriented Real-Time Distributed Computing, 2003: 183-192.

[9] WEBBER F, PAL P, ATIGHETCHI M, et al. Apod final report[R]. Technical Report Technical Memorandum, BBN Technologies LLC, 2002.

[10] 石乐义, 贾春福. 基于端信息跳变的主动网络防护研究[J]. 通信学报, 2008, 29(2): 106-110.

[11] 贾春福, 林楷, 鲁凯. 基于端信息跳变DoS攻击防护机制中的插件策略[J]. 通信学报, 2009, 30(10): 114-118.

[12] 林楷, 贾春福. 基于消息篡改的端信息跳变技术[J]. 通信学报, 2013, 34(12): 142-148.

[13] LEE H C J, THING V L L. Port hopping for resilient networks[C]//Proceedings of 60th IEEE Vehicular Technology, 2004: 3291-3295.

[14] BADISHIY G, HERZBERG A, KEIDAR I, et al. Keeping denial-of-service attackers in the dark[J]. Springer Berlin Heidelberg, 2005, 4(3):191-204.

[15] MILLS D L. Internet time synchronization: the network time protocol[J]. IEEE Transactions on Communications, 1991, 39(10): 1482-1493.

[16] ANDERSEN D, BALAKRISHNAN H, KAASHOEK F, et al. Resilient overlay networks[C]//Proceedings of ACM Symposium on Operating System Principles(SOSP), 2001.

[17] LI J, REIHER P L, POPEK G J. Resilient self-organizing overlay networks for security update delivery[J]. IEEE Journal on Selected Areas in Communications, 2004, 22(1): 189-202.

[18] TOUCH J D, FINN G G, WANG Y S, et al. DynaBone: dynamic defense using multi-layer Internet overlays[C]// Proceedings of DARPA Information Survivability Conference and Exposition, 2003,2: 271-276.

[19] WANG H, JIA Q, FLECK D, et al. A moving target DDoS defense mechanism[J]. Computer Communications, 2014, 46(6): 10-21.

[20] JIA Q, SUN K, STAVROU A. MOTAG: moving target defense against Internet denial of service attacks[C]// IEEE International Conference on Computer Communications and Networks, 2013: 1-9.

[21] TOUCH J. Dynamic Internet overlay deployment and management using the x-bone[J]. Computer Networks, 2000, 36(2): 59-68.

第 5 章
平台动态防御

平台动态化防御通过构建多样化的运行平台，动态改变应用运行的环境，使系统呈现出随机性、不确定性和动态性，缩短应用在某种平台上暴露的时间窗口，使攻击者难以摸清系统的具体构造。本章从基于可重构计算的平台动态化技术、基于异构平台的应用热迁移技术、Web 服务动态多样化技术和基于入侵容忍的平台动态化技术 4 个方面叙述了平台动态化防御的实现方式，使内外部攻击者难以对系统进行有效侦察和探测，从而将攻击链阻断在侦察阶段。

5.1 引言

平台，主要指能够承载应用运行的软/硬件环境，包括处理器、操作系统、虚拟化平台及具体应用的开发环境等。其中，硬件主要包括处理器的体系结构，如 x86、Sparc、ARM、MIPS、Alpha 等架构。对于每种架构的处理器，又包含有多种型号，每种型号在主频、指令集、处理位数、寄存器和支持的接口等方面各有差异。操作系统包括操作系统的类型和版本，主要有 Windows 和 Linux 两大类型，Windows 包括 Windows 95、Windows 98、Windows XP、Windows Vista、Windows 7 和 Windows 8 等版本，版本之间的差异不大；基于 Linux 内核定制的版本有许多，如 RedHat、Ubantu、Fedora、CentOS 和 Debian 等。虚拟化平台主要包括硬件级虚拟化和操作系统级虚拟化，硬件级虚拟化的产品有 VMware、Xen、KVM 等，操作系统级虚拟化的产品有 Jail、Virtual Zoo、Open VZ 等。对于 Web 应用开发来说，Web 服务器有 Apache、Tomcat 和 IIS 等，Web 应用的构造方式有 CGI、ASP、PHP、J2EE 和 .NET 等。

目前，应用系统的设计往往采用单一的设计架构，在交付使用后长期保持不变，这就给恶意攻击者提供了足够的时间来探测和学习系统的构造和漏洞。尽管安全工作者做出了许多努力，但任何看似足够安全的系统都会有一定的漏洞，因此，随着攻击技术的不断发展，完全杜绝新安全漏洞是不可能的。一旦系统漏洞被恶意攻击者挖掘并成功利用，系统将面临服务异常、信息被窃取、身份被冒用等严重威胁。

根据动态赋能的思想，若能够构建动态变化的系统运行平台，使内外部攻击者观察到的系统运行环境非常不确定，从而无法或很难构建起基于漏洞或后门的攻击链，则将大大提高系统对攻击的防御能力。平台动态化是解决传统系统设计采用单一架构带来固有缺陷的一种有效途径，它通过构建多样化的运行平台，并动态改变应用运行的环境来使系统呈现出随机性、不确定性和动态性，从而缩短应用在某种平台上暴露的时间窗口，给攻击者营造出一种侦察迷雾，使其难以摸清系统的具体构造，难以发动有效的攻击。

平台动态化技术颠覆了采用防火墙、入侵检测、防病毒等技术的传统防护手段，它不是靠静态的封、堵、查、杀方法，而是通过构造多样化的运行平台，并随机改变应用的运行环境来提高攻击者对系统进行攻击的难度。一方面，平台动态化技术允许采用"带毒含菌"的软/硬件部件，其防护效能的发挥不是靠杜绝漏洞的出现，而是通过增强平台的随机变化来实现的；另一方面，平台动态化技术虽是一种全新的系统安全防护方法，但它并不排斥传统的防护方法，在传统的防护手段上采用平台动态化的技术，能够得到叠加的防护效果。

目前，平台动态防御技术主要有4种技术：基于可重构计算的平台动态化、基于异构平台的应用热迁移、Web服务的多样化和基于入侵容忍的平台动态化。这4种平台动态化的技术是目前具有代表性且较为有效的方法。以下分别从技术背景、原理、效能及不足等方面对每种技术展开详细讨论。

5.2 基于可重构计算的平台动态化

可重构计算（Reconfigurable Computing，RC）是为解决高性能、高效率计算问题而提出来的，通过利用可编程逻辑器件的灵活性，使设备在运行时根据不同的计算任务实现不同的功能。通过对可编程逻辑器件的复用而扩大硬件的等效规模，可以节省硬件资源的面积、输入/输出管脚，并降低系统的功耗等。

可重构系统通常是一个异构的计算环境，包括通用处理器和可编程逻辑器件等，它们分别运行不同的软/硬件任务。可编程逻辑器件能够在处理器的控制下加载不同的配置数据，进行运行时重构，并且在重构过程中能够实现处理任务的不中断，保证任务执行的连续性。

利用可重构系统支持运行时可重配置的特性可以构建多样化的运行平台，从而解决系统的安全性问题。因此，基于可重构计算的平台动态化技术的出发点与可重构计算是不同的，其目的不是实现高效能的计算问题，而是借鉴可重构系统的设计方法，着眼提高系统的安全性，基于动态赋能的思想，探索平台多样化的构建方法。

具体来说，基于可重构计算的平台动态化技术通过多样化的软/硬件任务划分和差异化的逻辑电路设计，设计满足应用任务，运行于通用处理器和可编程逻辑器件中的多个可执行文件和配置数据，并在系统运行过程中，随机变换加载在系统中的可执行文件和对应的配置数据文件。由于可编程逻辑器件配置数据的变化会引起其电路逻辑结构的变化，所以通过随机变换系统的配置数据文件，就能实现应用运行平台的动态化。

5.2.1 基本情况

可重构计算是近些年兴起的一种崭新的计算模式，它利用可重构逻辑器件的硬件可编程特性，允许针对特定的应用重新配置逻辑器件，改变其功能，以满足变化的应用需求[1]。尤其是动态可重构技术，它允许在应用运行过程中对逻辑器件进行重新配置，而不会引起任务的中断。

可重构系统本身具有一定程度的防御恶意攻击者对系统进行侦察和窥探的能力，这是因为对于不同的计算任务，系统需要加载不同的配置数据，从而能够呈现出一定的平台动态性。但这种动态性是与相应的计算任务关联的，缺乏随机性。攻击者经过一段时间的侦察，就能够掌握计算任务与平台状态的对应关系，进而发动攻击。同时，对于同一计算任务，系统加载的配置数据相同，不具备动态性。因此，仅利用可重构系统，不进行改进和变通，无法实现平台变换的不确定性和随机性。

借助可重构技术，特别是动态可重构技术，可以针对不同任务或者同一任务，构建随机的、多样的、动态变化的运行平台，并以防御者可控的方式进行时间维和空间维的动态变化。时间维动态变换是指可重构系统的逻辑功能能够根据需要动态改变，通过在不同时刻采用不同的软/硬件配置数据完成整个系统的数据处理。空间维动态变换是指每种配置数据调用的可编程逻辑资源不同，具体表现为逻辑电路的不同组织结构。时间和空间两维的动态变换使攻击者难以对系统进行有效的侦察和探测，从而将攻击行为消灭在攻击链的初始阶段。

5.2.2 技术原理

首先从理论上证明系统重构能够提升系统的防御能力，然后介绍可重构计算的概念，在此基础上概括目前常用的可重构系统体系结构及其设计流程，并针对典型的由传统通用处理器与可编程逻辑器件组成的异构系统，详述平台动态化的设计方法。

1. 系统重构提升安全性的理论分析

直观上讲，系统进行重构能够增强不确定性，提高攻击者的攻击难度。下面将从理论上给出证明过程。

借鉴 Valentina Casola 等人的验证方法[2]，假设攻击者对系统的侦察时间为 $[0,T]$，在时间段 $[0,T]$ 内系统重构的次数为 n（n 为不小于 2 的整数），则系统重构获得安全性的提升可表示为

$$Pr\big(success([0,T],n)\big) \leqslant Pr\big(success([0,T],0)\big) \quad (5-1)$$

其中，$Pr\big(success(I,n)\big)$ 表示在时间段 I 内系统重构次数为 n 的条件下攻击者能够攻击成功的概率。

为证明式（5-1）所示的结果，我们将其等号左侧转化为

$$Pr\big(success([0,T],n)\big) = 1 - Pr\big(\neg success([0,T],n)\big) \quad (5-2)$$

其中，$Pr\big(\neg success([0,T],n)\big)$ 表示攻击者在时间段 $[0,T]$ 内实施攻击失败的概率。我们将时间段 $[0,T]$ 划分为 n 个更小的时间段，并且假设系统在每个小时间段内采用不同的重构方法，则攻击者攻击失败的概率可以表示为

$$Pr\big(\neg success([0,T],n)\big) = Pr\bigg(\neg success\Big(\Big[0, \frac{1}{n} \cdot T\Big]\Big) \\ \cap \neg success\Big(\Big[\frac{1}{n} \cdot T, \frac{2}{n} \cdot T\Big]\Big) \\ \cap \cdots \cap \neg success\Big(\Big[\frac{n-1}{n} \cdot T, T\Big]\Big)\bigg) \quad (5-3)$$

由于攻击者在每个小时间段内进行攻击的事件是相互独立的，所以 $Pr\big(\neg success([0,T],n)\big)$ 可表示为

$$\big(\neg success([0,T],n)\big) = \prod_{i=0}^{n-1}\bigg(1 - Pr\bigg(success\Big(\Big[\frac{i}{n} \cdot T, \frac{i+1}{n} \cdot T\Big]\Big)\bigg)\bigg) \quad (5-4)$$

假设对于系统的每种重构方式，攻击者攻击成功所用的时间相同，则攻击者在给定时间内攻击成功的概率与时间长度成正比。对于 $i \in [0, n-1]$，有

$$Pr\left(\neg success\left(\left[\frac{i}{n}\cdot T, \frac{i+1}{n}\cdot T\right]\right)\right) = \frac{Pr(success([0,T]))}{n} \quad (5-5)$$

将式（5-5）代入式（5-4），可得

$$Pr(\neg success([0,T],n)) = \prod_{i=0}^{n-1}\left(1 - \frac{Pr(success[0,T])}{n}\right)$$

$$= \left(1 - \frac{Pr(success([0,T]))}{n}\right)^n \quad (5-6)$$

对于实数 $x \in [0,1]$ 和正整数 n，有

$$\left(1-\frac{x}{n}\right)^n \geqslant 1-x \quad (5-7)$$

下面证明式（5-7）成立。基于二项式原理，$\left(1-\frac{x}{n}\right)^n$ 可以表示为

$$\left(1-\frac{x}{n}\right)^n = \sum_{k=0}^{n}\binom{n}{k}\left(-\frac{x}{n}\right)^n = 1 - x + \sum_{k=2}^{n}\binom{n}{k}\left(-\frac{x}{n}\right)^k \quad (5-8)$$

为完成证明，我们只需证明 $\sum_{k=2}^{n}\binom{n}{k}\left(-\frac{x}{n}\right)^k$ 不小于 0。因为当 $k=2$ 时，$\sum_{k=2}^{n}\binom{n}{k}\left(-\frac{x}{n}\right)^k$ 的值大于 0，所以只需要证明所有项的绝对值是逐渐减小的。现采用两连续项的比值，看其是否大于 1。

$$\left|\frac{\binom{n}{k}\left(-\frac{x}{n}\right)^k}{\binom{n}{k+1}\left(-\frac{x}{n}\right)^{k+1}}\right| = \frac{\frac{n!}{k!\cdot(n-k)!}}{\frac{n!}{(k+1)!\cdot(n-k-1)!}} = \frac{n(k+1)}{(n-k)x} \quad (5-9)$$

因为 $n(n+k) \geqslant n$，$(n+k)x \leqslant n$，所以式（5-9）不小于 1。

结合式（5-6）和式（5-7），可得

$$\left(1 - \frac{Pr(success([0,T]))}{n}\right)^n \geqslant 1 - Pr(success([0,T])) \quad (5-10)$$

再结合式（5-2）、式（5-6）和式（5-10），可得

$$1 - Pr(success([0,T],n)) \geqslant 1 - Pr(success([0,T])) \quad (5-11)$$

即

$$Pr\big(success([0,T],n)\big) \leqslant Pr\big(success([0,T])\big) \quad (5\text{-}12)$$

因此，式（5-1）得证。上述过程从理论上证明了，系统进行重构能够提高攻击者进行攻击的难度。

2. 可重构计算概念

可重构计算最早由美国加利福尼亚大学的 Gerald Estri 等人于 20 世纪 60 年代提出[3]。在可重构计算出现之前，一个程序主要采用两种方式实现。一种是采用通用处理器，计算任务的实现是以软件编程的方式在通用处理器上完成。当任务发生变化时，只需要重新编写软件就能实现新的任务。这种方式具有灵活性高、通用性强、可移植性好、开发周期短的优点。但是处理器以串行的方式逐条执行软件指令，指令执行效率不高，计算速度慢，难以实现高性能的并行处理。另一种是采用专用集成电路（Application-Specific Integrated Circuit, ASIC）。ASIC 是专为某一特定任务而设计的，它利用器件内的硬件资源并行地执行计算任务，具有处理速度快、计算效率高、功耗低等优点。但由于 ASIC 采用的是定制电路，设计完成后只能用于完成固定任务，当任务发生变化时，原有的 ASIC 就不能使用，需要重新设计硬件电路，缺乏灵活性。

随着可编程器件技术的发展，特别是 FPGA 的出现，可重构计算逐渐成为计算领域新的研究热点。可重构计算通过可编程器件的灵活配置能够实现不同的计算任务，既具有通用处理器的灵活性，又具有 ASIC 的高效性。

图 5-1 给出了采用通用处理器、ASIC 和可编程器件构建处理系统的架构[4]。采用通用处理器的架构，通过编译过程把应用程序转换为一系列的指令，这些指令按先后顺序使用通用处理器的计算单元完成数据的处理。ASIC 是将特定的功能映射到具体电路上，采用了流水线和并行处理等加速机制，对输入的数据进行顺序处理。可重构处理架构结合了二者的优点，通过加载不同的配置数据，而实现不同的处理任务，兼具通用处理器的灵活性和 ASIC 的高效性。

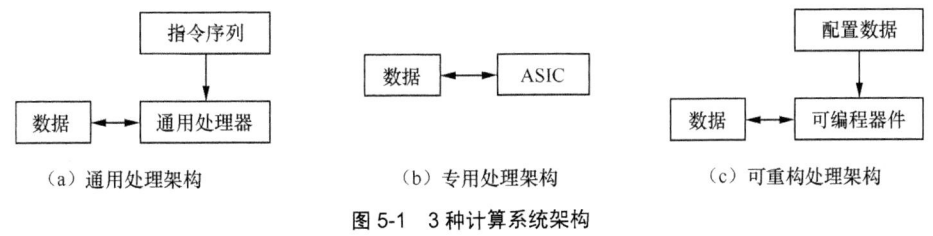

图 5-1　3 种计算系统架构

可重构系统分为静态可重构和动态可重构两种[5,6]。采用静态可重构时，整个电路系统生成一个配置文件,在系统执行任务前,将这个配置文件下载到可重构器件中;在系统运行中,可重构器件的配置保持不变。这种重构方式配置控制电路最为简单,但不适合实时性要求高的应用。动态可重构是指系统在运行的整个过程中,可以根据需要对可重构器件实时进行重新配置来实现新的逻辑功能,而不干扰系统的正常运行。采用这种配置方式,可以事先生成支持不同功能的多个配置文件,在系统运行过程中,根据任务需要选择加载相应的配置文件。

动态可重构又分为动态全局可重构和动态部分可重构。动态全局可重构是指当系统功能改变时,整个可重构器件全部需要重新配置。在重新配置前,先把之前运行的运算结果和状态取出保存于外部存储器中,在新的功能配置完成后,再调用存储器中的数据使系统继续工作。在重构时系统功能出现暂停,应用在时间上没有连续性,而且器件在重构时需重新配置全部的资源,配置数据多,配置时间长。动态部分可重构则是在系统运行过程中,只对可重构器件的部分资源重新配置,而其余部分的资源正常运行,不受重构的影响。较之于全局可重构,动态部分可重构配置数据少,从而配置时间也相应缩短。动态部分可重构系统可以通过动态地修改部分资源的配置而改变系统的功能,在这个过程中系统保持正常运行状态,所以整个系统的运行具有时间连续性。局部动态可重构系统不仅能够时分复用逻辑资源,提高资源的利用率,而且计算和配置可同时进行,有效提高系统的执行性能。目前具备局部动态可重构功能的主要是现场可编程门阵列(Field Programmable Gate Arrays,FPGA)。

由可重构计算的概念可以看出,采用可重构系统,通过事先生成支撑应用的多个配置文件(或称配置变体),并在系统运行过程中,随机变换加载在系统中的配置变体,能够使平台呈现出随机变换的逻辑架构,从而使攻击者难以对系统进行侦察和攻击。对于既要求实时性,又要求在重构过程中保持业务不中断的应用来说,可以采用局部动态可重构系统。

3. 可重构系统结构

一般来讲,可重构系统的固定计算部件是CPU,可变部件是FPGA。按照CPU与FPGA间的耦合关系可将可重构系统分为如下3类[7]。

(1)FPGA作为独立外设

如图5-2所示,FPGA和CPU通过I/O总线进行通信,这种耦合方式最松散。FPGA完全是一个独立的设备,它的工作可以完全不受主机干预,主机的工作有可能仅是对FPGA的配置进行控制。由于通信速率受限,通常适用于两者之间通信较少的情况。这种结构的优点是实现简单,CPU与FPGA分离,两者可以单独设计。缺点是 I/O 接口容易成为限制系统性能的瓶颈。

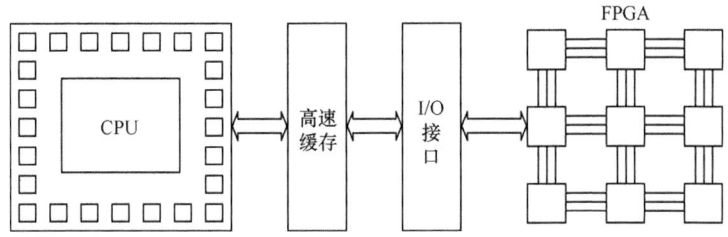

图 5-2　FPGA 作为独立外设的结构

（2）FPGA 作为协处理器

如图 5-3 所示，在这种耦合模式下，CPU 与 FPGA 的通信速度快得多。CPU 可以将 FPGA 配置成相应功能的协处理器，并将待处理数据提供给其处理，FPGA 独立完成计算任务，将结果返回给 CPU。这种模式下，FPGA 也可以独立工作，完成相对复杂的计算任务。在 FPGA 工作时，CPU 也可以并行执行其他任务。

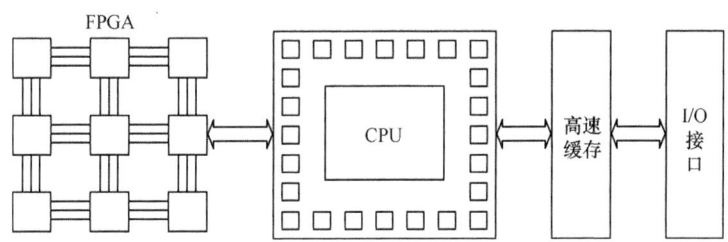

图 5-3　FPGA 作为协处理器的结构

（3）FPGA 内嵌 CPU

如图 5-4 所示，FPGA 内部嵌入硬核或软核 CPU，构成一个片上系统（System on Programmable Chip，SoPC）。目前，这种结构得到了极大的应用，例如，Xilinx Virtex-Ⅱ Pro 和 Virtex-4 系列的 FPGA 嵌入了硬核 Power PC，Virtex 和 Spartan 系列芯片都可嵌入软核 MicroBlaze，最新的 Virtex-7 系列嵌入 ARM。这种耦合方式降低了通信延迟和数据存取开销，也降低了可重构系统的设计复杂度。

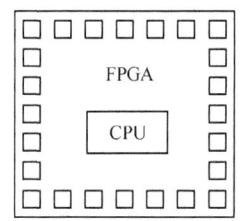

图 5-4　FPGA 内嵌 CPU 的结构

从以上 3 类可重构系统的结构来看，不管采用何种体系结构，可重构系统的抽象模型可以简化为由一个通用 CPU 和 FPGA 组成的异构系统，如图

5-5 所示。其中，可重构管理系统运行在 CPU 上，主要用于对系统资源的管理和任务的调度，包括调度器、布局器和加载器等部分。调度器负责为任务分配计算资源，并决定其加载和执行时机，布局器负责可编程资源的管理和维护，加载器负责加载相应的配置数据至 FPGA。

从图 5-5 可以看出，可重构系统的动态化可由运行在 CPU 中的可重构管理系统来实施，针对特定的处理任务，可重构管理系统随机选择事先生成的软件可执行文件和硬件配置数据（或称软件变体和配置变体），分别加载到 CPU 和 FPGA 中运行。在运行过程中，对于不同任务或同一任务，可以随机切换具有相同功能的软件变体和配置变体，从而增加系统的动态性和不确定性。

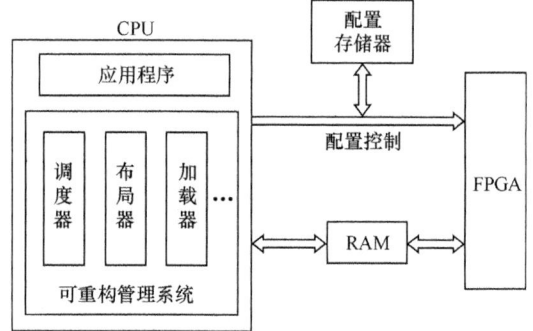

图 5-5 可重构系统的抽象模型

4. 可重构系统开发流程及动态化实现方式

图 5-6 是可重构系统的开发流程示意图[8,9]，对于不同的系统，具体步骤可能略有不同。首先，需要对设计进行描述，这个过程是对要实现的应用系统功能进行描述。其次，对应用任务进行软/硬件划分，目的是将应用任务划分为两部分：顺序执行的部分或者属于控制流的部分，映射到通用处理器实现；其余可以并行执行或高速实现的部分映射到可重构硬件中实现。完成软/硬件划分后，整个开发过程分为两个流程：一个按照传统的、面向通用处理器的开发流程，将设计描述编译链接成由指令和数据构成的可执行文件由处理器执行；另一个则采用传统硬件逻辑设计流程，将功能描述转换成电路结构。

在对可编程硬件开发的过程中，首先进行逻辑映射，目的是将应用任务的操作映射到逻辑单元中。对于 FPGA 来说，逻辑映射就是将各个操作映射为逻辑门电路。工艺映射在逻辑映射之后进行，对于 FPGA，需要将逻辑映射生成的逻辑门电路转换成查找表。布局布线是解决工艺映射后电路模块在可编程硬件上构造和连线的问题。将相邻的模块尽量放到一起，减少连线长度，可以有效降低信号传输延迟。最终，完成映射的电路会转换成对可编程硬件的配置信息，在应用时，将配置信息通过系统接口下载到可编程硬件上，即可完成可编程硬件的配置。

从图 5-6 所示的流程可以看出，系统平台的动态化可以采用两种方式，第一种是在软/硬件划分上进行设计。对于同一任务或者不同任务，采用多种软/硬件划分方法，在划分时不追求其性能最佳，而要注重其多样性。对每一种软/硬件划分方式，分别生成运行在通用处理器上的可执行文件和运行在可编程硬件中的配置数据。在系统工作过程中，随机选择加载相应的可执行文件和配置数据。第二种是在可编程硬件的实现过程中进行设计，对于特定的功能需求，采用多种逻辑设计、工艺映射和布局布线方法，生成多个配置数据文件，在系统运行过程中随机选择配置数据文件加载到可编程硬件中。这两种平台动态化的实现方式虽然对系统性能有一定的影响，但都能够使可重构系统具有变化的逻辑资源结构特性，能够使恶意攻击者难以对系统架构进行有效侦察，从而有利于提高系统对攻击的防御能力。

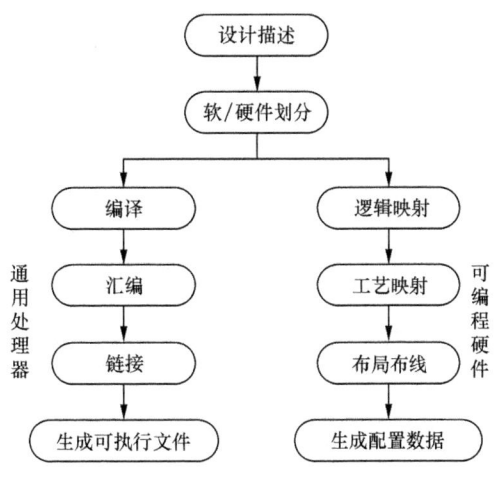

图 5-6 可重构系统的开发流程

5. 平台动态化的变换空间分析

为便于分析，我们将实现某种应用任务的可执行文件和相应的配置数据看作是平台动态化变换空间的一个配置变体，配置变体数量越多，平台变换可选的范围就越大，攻击者侦察的难度就越大。对可重构系统来说，平台的多样性等价于配置变体的多样性。

可重构计算的初衷是通过采用可编程逻辑器件，来实现高性能的计算任务。在系统运行过程中，动态改变可编程逻辑器件的配置数据，来处理不同的计算任务。对于不同的计算任务，可重构系统要求生成相应的配置数据。从这个角度来看，可重构计算本身也包含了一定的动态化过程。虽然不同计算任务对应的配置数据不同，具有一定的多样性，但是该配置数据是与计算任务绑定的，不具有随机性。为了最大限度地增加系统的多样性，就要努力增加配置变体数量。从平台动态化的角度来说，针对不同的计算任务，也需要生成相应每种任务的多个配置变体，并在系统运行过程中，随机变换加载的变体。

根据图 5-6，配置变体的设计主要涉及两个阶段：一是软/硬件任务划分，二是软/硬件任务的实现。

可重构计算中软/硬件任务划分的目的是从系统设计空间中，获得一个满足时间、成本及功耗等方面要求的实现，其本质上是获得计算效率的最大化。通常，软/硬件划分是一个 NP(Non-deterministic Polynomial，非确定多项式)完全问题，因此，研究者的目标主要是快速寻找近似最优解，采用的办法主要是启发式算法，例如爬山法、遗传算法、模拟退火、禁忌搜索算法等[10]。平台动态化技术可以借鉴可重构计算软/硬件任务划分的方法，但主要目的不是获得最佳的划分方法，而是获取划分方法的多样化，某些情况下可以牺牲性能为代价。软/硬件划分方法不同，在通用处理器中实现的软件功能不同。由于每种软件的实现方法不同，采用的地址空间也不同，所以随机变换加载在通用处理器中的软件变体，可以有效防御针对某种软件漏洞的攻击和缓冲区溢出攻击。

在软/硬件任务的实现阶段，对于某种功能需求，通过灵活采用不同的逻辑设计、工艺映射和布局布线方法，能够实现不同的配置数据文件，从而实现多个可加载在可编程硬件中的配置变体。

图 5-7 为两输入加法器的 Verilog 代码，采用 Xilinx 的综合工具 XST 进行综合后得到的逻辑电路如图 5-8 所示。为生成功能相同的配置变体，我们将加法器的输出结果延迟一个时钟周期，对应的 Verilog 代码如图 5-9 所示，综合后的电路如图 5-10 所示。比较图 5-8 和图 5-10 可以看出，将输出增加一个时钟延迟后得到了不同的逻辑电路图。增加延迟只是改变逻辑电路的一种简单方法，对于较复杂的功能需求，还可以采用不同的功能单元划分、不同的功能模块组合方式等实现不同的逻辑电路结构。通常，对于相同的功能需求，有着不同设计习惯的硬件工程师实现的逻辑电路也不相同。这个例子说明，在逻辑设计过程中就有许多种实现不同配置数据的设计方法。

```
module      MyAdder (
input                   clock,
input                   para1,
input                   para2,
output reg  [1:0]       sum);
alawys   @(posedge clock)
    begin
       sum <= para1+para2;
    end
end module
```

图 5-7　两输入加法器的 Verilog 代码

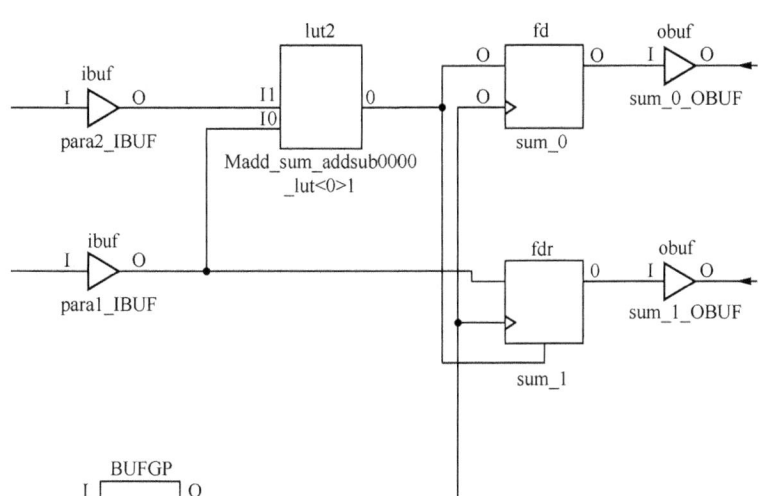

图 5-8 加法器综合后的逻辑电路

```
module        MyAdder (
input                    clock,
input                    para1,
input                    para2,
output reg   [1:0]   sum);
reg              [1:0]   sum_buf;
alawys   @(posedge clock)
   begin
       sum_buf <= para1+para2;
       sum <= sum_buf;
    end
end module
```

图 5-9 输出增加延迟的 Verilog 代码

在工艺映射和布局布线过程中，可以采用专用的布局约束工具，例如，Xilinx 的 PlanAhead 将逻辑映射生成的逻辑电路限定在 FPGA 的某个区域内。FPGA 的资源越多，逻辑电路越简单，可选的区域就越多。

综上所述，借助可编程硬件厂商提供的开发工具，采用可编程硬件能够简单、方便地实现多种配置数据文件。随机变换加载在可编程硬件中的配置数据，能够动态改变可编程硬件的执行时间、功耗、电磁辐射等特性，使攻击者难以在泄露的物理信号与处理的数据之间建立联系，从而能够有效防御旁路攻击。

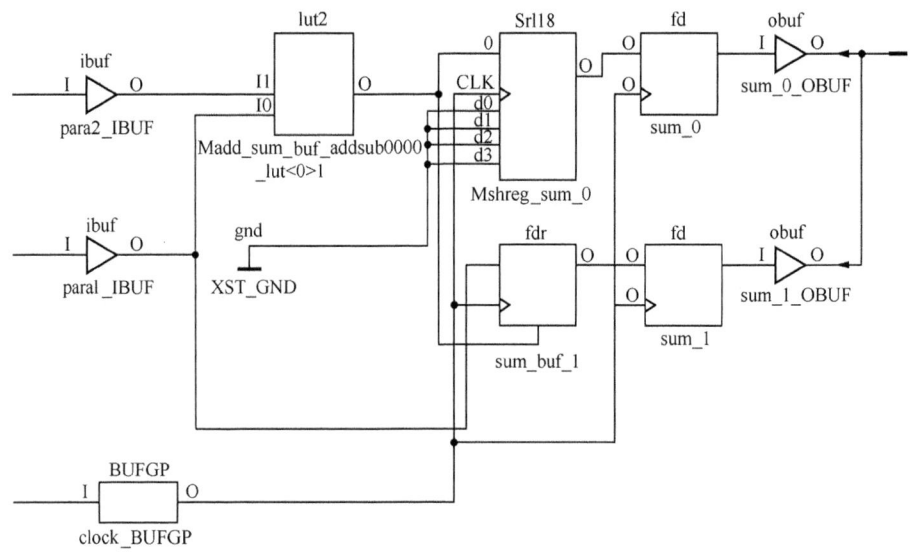

图 5-10 输出增加延迟的逻辑电路

5.2.3 基本效能与存在的不足

基于可重构计算的平台动态化方法，利用可编程逻辑器件可重配置的特性，通过在系统运行过程中，随机变换运行在通用处理器中的可执行文件和运行在可编程逻辑器件中的配置数据文件，缩短系统暴露的时间窗口，将攻击链阻断在侦察阶段。同时，可执行文件的动态变化，能够有效防御针对某种软件漏洞的攻击和缓冲区溢出攻击；配置数据文件的动态变化，能够有效防御针对可编程硬件的旁路攻击。

如果平台中的可执行文件和配置数据文件变体不够多，或变换速度不够快，攻击者可能会找到攻击方法，对系统平台发起攻击。存储配置数据文件的存储器如果没有采用禁止非授权访问的安全防护措施，攻击者有可能篡改其中的配置数据，进而对平台发动攻击，或者攻击者可能获取到存储的配置数据，进而对系统功能进行逆向分析。此外，由于要生成多个配置变体，增加了系统管理和任务调度的复杂性。

5.3 基于异构平台的应用热迁移

基于异构平台的应用热迁移技术，是指通过构造异构的多种系统平台，包括异构的硬件和操作系统，并使运行在其中的应用程序能够以可控的方式随机地在不同的平台间迁移，从而减少单一平台暴露的时间窗口，使恶意攻击者难以对系统进行有效侦察，最终达到提升系统防御能力的目的。

5.3.1 基本情况

对应用运行的平台进行侦察是攻击者发动攻击前首先要执行的操作。通过侦察，掌握应用运行的具体环境，找出该环境存在的漏洞，从而为发动攻击做好准备。如果应用始终在单一平台上运行，则攻击者就有足够时间对该平台进行持续的侦察和攻击尝试，一旦入侵成功，则会造成巨大危害。从防御者的角度来看，若能动态改变应用的运行平台，使应用在异构平台间随机迁移，则会使攻击者难以摸清应用运行的具体环境，提高系统的安全防御能力。

基于异构平台的应用热迁移技术是一种动态改变应用运行平台的技术，它通过随机动态改变应用的运行环境，包括硬件平台和操作系统，来实现运行平台的多样性和随机性，从而增强系统对攻击的防御能力。本技术采用了操作系统级虚拟化和检查点编译技术来创建虚拟执行环境，并在保存应用运行状态（包括执行状态、文件状态和网络连接等）的同时在不同平台间进行迁移。通过随机动态改变平台，使攻击者在侦察阶段收集的平台信息在攻击时变得无效，在一定程度上提高了攻击者对系统进行攻击的难度。

5.3.2 技术原理

实现应用在异构平台间热迁移涉及两个关键技术[11]：操作系统级虚拟化和检查点编译。以下分别介绍这两个技术的原理，并详述基于这两个关键技术的运行状态迁移的实现方法和应用运行环境迁移。

1. 应用在异构平台间热迁移的实现方法

应用能够在异构平台间热迁移，是指应用能够实现以下目标。

① 支持指令集架构级的异构性，即应用程序能够在具有不同指令集的处理器上运行。

② 支持操作系统的异构性，即应用程序能够在不同操作系统上运行。

③ 能够保存应用程序的状态，包括执行状态、运行状态和网络状态等。在异构平台间迁移应用程序时不能仅在目标平台上重启应用程序，而应保证源和目标平台上应用程序运行状态的一致性。

④ 支持跨平台的编程语言（如 C 语言），该语言能够在不同平台上运行。

尽管 Java 虚拟机为应用提供了运行的沙箱环境，使 Java 语言成为一种与平台无关的语言，但是目前许多软件是基于 C 语言开发的，若限定本技术采用 Java 语言则会限制其应用范围。

基于异构平台的应用热迁移技术需要在保存应用运行环境和状态的前提下，实现在不同硬件和操作系统上的迁移。操作系统级虚拟化和检查点编译这两个技术能够实现应用在异构平台上热迁移的目标。其中，操作系统级虚拟化作用是为应用构建运行的沙箱环境，并实现其运行环境（如文件系统、打开的文件和网络连接等）的迁移；检查点编译是编译应用程序以适应不同架构的平台，并跨平台迁移应用的运行状态。

图 5-11 给出了应用在异构平台间迁移的完整过程。首先，基于操作系统级虚拟化实现应用运行环境的迁移；然后，采用检查点技术保存应用的执行状态并在目标平台上进行恢复。图 5-11 中，不同平台上的应用是编译生成的、与平台对应的二进制代码。

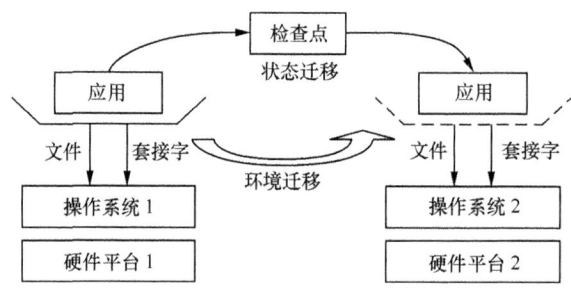

图 5-11　应用在异构平台上的迁移过程

2. 操作系统级虚拟化和运行环境迁移

保存应用的运行环境是实现应用在异构平台间迁移的前提条件。应用的运行环境包括文件系统、配置文件、打开的文件和网络连接等。尽管许多环境参数通过虚拟机迁移能够得到保存，但是虚拟机迁移只适用于同构的操作系统和硬件。而应用的热迁移是要在异构的操作系统和硬件上来实现，虚拟机迁移无法满足这个要求。

基于异构平台的应用热迁移技术通过操作系统级虚拟化技术来实现应用运行环境的迁移。下面分别介绍操作系统级虚拟化的概念和运行环境迁移的方法。

（1）操作系统级虚拟化的概念

操作系统级虚拟技术在现有操作系统（宿主）的基础上，通常以分区的方式提供多个独立的应用程序运行环境，各个分区都拥有完整的关键性系统资源，包含独立的根文件系统、系统库、系统软件和应用软件、用户和用户组、进程树、网络配置（例如 IP 地址、路由规则和防火墙规则）等[12]。不同分区中的应用程序相互独立，就像实际运行在相互独立的多台计算机上一样。所有分区都建立在宿主系统的基础上，与宿主系统使用同一个内核，能充分利用宿主系统的硬件驱动等资源。操作系统级虚拟化技术原理如图 5-12 所示。

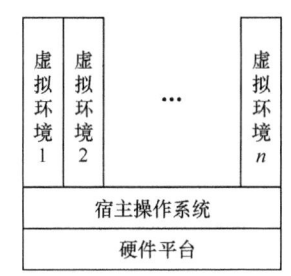

图 5-12　操作系统级虚拟化技术原理

操作系统级虚拟化并不是在物理系统里创建多个虚拟机环境，而是让一个操作系统创建多个彼此独立的应用环境。为了与虚拟机这个完整操作系统的虚拟化方案相区分，被隔离执行的进程（进程组）往往不称为虚拟机，而称为容器[13]。由于仅有一层操作系统内核，容器比虚拟机更加轻量，启动更快，内存开销、调度开销也更小，更重要的是访问磁盘等 I/O 设备不需要经过虚拟化层，没有性能损失。目前，主要的操作系统级虚拟化产品有运行在 FreeBSD 系统上的 Jail 和由 SWSoft 开发、工作在 Windows/Linux 平台上的 Virtual Zoo 及其开放源代码版本 OpenVZ 等。

操作系统级和硬件级虚拟化的区别如图 5-13 所示。硬件级虚拟化是通过虚拟机监控器在硬件平台上生成许多可以运行独立操作系统的虚拟机实例，它是将硬盘分区、存储扇区、硬件器件和 CPU 等虚拟化，本质上是从硬件角度对资源进行配置，是硬件实际的逻辑抽象，目前常用的支持硬件级虚拟化的产品有 VMware Workstation、Xen 和 KVM 等。而操作系统级虚拟化主要是作用在文件系统、存储区、套接字和内核对象上，是将应用程序运行于独立的多个执行容器中。

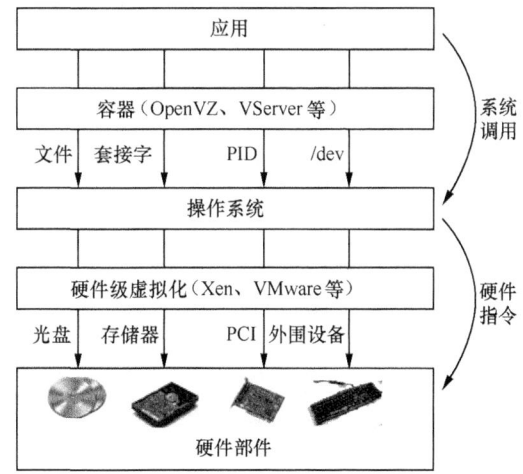

图 5-13　操作系统级和硬件级虚拟化的区别

概括地讲，操作系统级和硬件级虚拟化的区别主要体现在以下 4 个方面。

① 操作系统级虚拟化是以原系统为样本，虚拟出一个近乎一模一样的系统；硬件级虚拟化是虚拟硬件环境，然后真实地安装系统。② 操作系统级虚拟化，虚拟的系统都只能为同样的系统；硬件统虚拟化虚拟的系统可以为不同的系统，如 Linux、MAC、Windows 家族。③ 操作系统级虚拟化所虚拟的多个系统有较强的联系，体现在：第一，可以多个虚拟系统同时进行配置，更改了原系统，就改了所有系统；第二，如果原系统损坏，会殃及所有虚拟系统。硬件级虚拟化所虚拟的多个系统相互独立，与原系统也无联系，原系统的损坏不会殃及虚拟系统。④ 操作系统级虚拟化的性能损耗低，它们都是虚拟的系统，而非硬件级虚拟化那样真实安装的实体；硬件级虚拟化对计算机的性能要求高，虚拟机的创建与管理效率均较低，运行时计算机系统资源损耗严重。

（2）运行环境迁移方法

应用的运行环境包括文件系统、配置文件和网络连接等。虽然很多运行环境参数采用硬件级虚拟化技术，通过虚拟机迁移能够保存到目标平台上，但目前虚拟机迁移只支持同构的硬件平台和操作系统，无法支持应用程序在异构环境中的迁移。本技术采用操作系统级的虚拟化为应用构建运行时沙箱环境，并实现运行环境的迁移。

当检测到有恶意攻击行为，或按一定时间周期执行应用的迁移时，通过同步源容器和目的容器的文件系统，即可实现应用的容器从源平台迁移到目标平台。在同步过程中，由于操作系统实时跟踪应用对文件的操作情况，所以相同文件的状态也被同步到了目标平台上。

根据 OpenVZ 的说明文档，网络连接通常可以采用 3 种方式的虚拟化[14]：第二层虚拟化、第三层虚拟化和套接字虚拟化。只在采用第二层虚拟化时，每个容器才有独立的 IP 地址和路由表信息。因此，为了能够迁移容器的 IP 地址，需要采用第二层虚拟化。为保证在迁移过程中网络的连通性，首先，要将源容器的虚拟网络 IP 地址迁移到新的容器中；然后，再将每个 TCP 套接字的状态传输过去。在迁移过程中，网络的迁移对应用来说是无缝的，应用可以连续地收发数据分组。

3. 检查点编译及运行状态迁移

在异构平台间迁移应用时，除了要迁移应用的运行环境，还要迁移应用的运行状态。应用运行状态的迁移，可以采用检查点方法来实现，具体来说，首先对运行中的应用执行检查点，将应用的状态保存到检查点文件中，然后通过镜像文件的方式将应用的运行状态迁移到目标平台上。

（1）检查点的要求和实现方法

检查点技术是一种有效的容错方法，通常用来恢复应用程序运行的状态。该技术将运行中的进程状态以进程映像的形式保存起来，当该进程发生故障时，系统可以根据保存的进程映像文件从检查点处恢复执行。同样，通过使用检查点技术可实现进程运行状态的迁移。

为了实现应用运行状态的迁移，检查点必须满足以下 3 个要求。

① 灵巧性：检查点程序要能支持异构环境的不同硬件架构和操作系统。

② 透明性：在执行检查点时，应避免对现有程序进行大量的代码修改。

③ 扩展性：在不影响系统性能的前提下，检查点应能够处理复杂程序和大量数据。

图 5-14 给出的检查点编译过程能够满足灵巧性要求。这种编译方法能够支持各种操作系统和硬件结构的任意组合，编译生成的可执行程序中包含插入的检查点代码，能够在目标平台上运行。

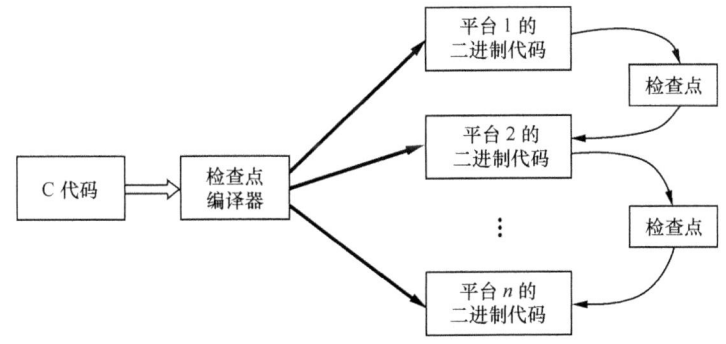

图 5-14　检查点编译方法原理

采用自动的代码分析和检查点代码插入能够实现透明性。这种方法避免了用户说明检查点需要在什么位置执行以及什么数据需要进行检查点处理而修改代码。

采用压缩的检查点文件格式是实现扩展性的有效途径。采用这种方法，即使处理的数据量增加时，检查点文件仍然能够尽可能小。

（2）进程的检查点方法

针对执行中的进程，有两种可能的检查点方法[15]：数据段级检查点（Data Segment Level Checkpointing，DSLC）和变量级检查点（Variable Level Checkpointing，VLC）。值得注意的是，这两种检查点是不同类型的检查点方法。

数据段级检查点将应用的整体状态（包括堆和栈）存入检查点文件中。虽然数据段级检查点保存了进程的整体状态，但是由于检查点文件包含平台的许多数据，如堆和栈，所以这种方法数据存储开销较高，检查点性能较低。

变量级检查点仅将与重启相关的变量存入检查点文件中。由于采用变量级检查点时，检查点文件仅包含较少的数据，降低了检查点的保存和恢复开销，所以变量级检查点较适合用于异构平台的迁移。为了重构进程的整体状态，变量级检查点必须重新执行代码中与平台相关的部分值,这些值存储在堆和栈中。

采用变量级检查点方法,需要重新编译代码,以找到与应用重启相关的变量[16],然后将这些变量及其存储位置记入检查点文件中。在执行检查点过程中,需要暂停进程,然后将存储位置存入文件。为保证一致性,检查点操作必须在代码的安全位置执行。在目标平台上重启应用时,将应用所需的变量值从检查点文件中载入。为了重构进程的整体状态,代码的某些部分需要重新执行。

图 5-15 和图 5-16 给出了变量级检查点的示例,其中,图 5-15 给出的是阶乘的代码,图 5-16 对源代码插入了检查点标记,代码中与检查点相关的调用加上了 VLC 前缀。首先,检查点进行初始化。然后,记录需要跟踪的变量的值。在这个例子中,变量 fact、curr 和 i 的值需要记录。实际的变量值记录操作在每次迭代后进行。当循环结束后,不需要再跟踪变量的值,因此释放记录变量值的空间。最后,在程序返回结果前,结束整个检查点过程。需要注意的是,为了实现透明性和可扩展性,代码中插入检查点标记是在编译前自动完成的。

```
int main (int argc, char **argv)
{
    int fact;
    double curr;
    int i;

    fact=20;
    curr=1;
    for (i=1; i<=fact; i++)
    {
        curr=curr * i;
    }
    printf ("%d factorial is %f", fact, curr);
    return 0;
}
```

图 5-15　计算阶乘的代码

检查点文件格式必须能够支持异构平台。如果目标平台具有不同的处理位数(32 位、64 位)或大小端,那么将数据简单地存入一个二进制文件可能导致不兼容。本技术采用 HDF5 格式,它不仅能够表示复杂数据形式,例如各种处理位数和大小端,还是一种开放的、通用的数据模型。

(3)变量级检查点方法

检查点预编译控制器(Controller/Precompiler for Portable Checkpointing,CPPC)是一种有效的变量级检查点方法,能够满足灵巧性、透明性和扩展性要求。CPPC 能够将运行中的应用状态保存成与硬件平台和操作系统无关的格式（例如 HDF5），并利用保存的文件在异构平台上恢复应用的运行状态。

```
int main (int argc, char **argv)
{
    int fact;
    double curr;
    int i;
    VLC_INITIALIZE ();
    fact=20;
    curr=1;
    VLC_REGISTER_VARIABLES (fact, curr, i);
    for (i=1; i<=fact; i++)
    {
        VLC_PERFORM_CHECKPOINT ();
        curr=curr * i;
    }
    VLC_UNREGISTER_VARIABLES (fact, curr, i);
    printf ("%d factorial is %f", fact, curr);
    VLC_TEAR_DOWN ();
    return 0;
}
```

图 5-16　阶乘代码的变量级检查点

CPPC 包含 4 个执行过程[17]。

① 代码编译：为每个平台独立编译代码，生成适用于每个平台的可执行文件。CPPC 能够编译传统的 C 和 Fortran 77 代码，在编译时，代码不需要进行修改，应用也不需要获得有关检查点的先验知识。CPPC 自动确定如何以及在何处对应用进行检查点。CPPC 通过一个预编译器与用户代码直接交互，采用 Cetus 编译架构来确定在代码中插入检查点指令的具体位置。在确定了插入检查点指令的位置后，将检查点函数插入代码中的相应位置，然后采用传统的编译器，如 cc 或 gcc 编译修改后的代码。

② 运行配置：配置检查点的具体参数。CPPC 采用配置文件来指定检查点的参数，包括执行检查点的频率、存储的检查点数量及存储的位置等。尽管有默认的配置文件，但用户通常期望根据程序的预期行为来确定配置文件。例如，对于重要的应用，为了获取最新的运行状态需要增加检查点的频率；对于更新较慢的应用，为避免频繁写文件可以减少检查点的频率。配置参数可以通过修改配置文件中相应的参数，或在运行过程中采用命令行的方式来修改。通常，在配置文件中针对某个应用有一个指定的配置，但是，为了获取不同的效果，

用户通过在命令行中输入一个新的参数值来更改配置参数。配置文件可以存储为文本或 XML 格式。

③ 检查点：运行应用，自动对应用的状态执行检查点操作。因为 HDF5 格式支持异构平台，所以 CPPC 采用 HDF5 作为检查点文件格式。CPPC 支持基于 CRC-32 算法来验证检查点文件的完整性。检查点能够自动执行，用户可以通过配置文件或命令行方式改变检查点执行的频率。另外，编译器选项支持编程者通过在源码中加入 #pragma 指令手动指定检查点执行的位置。由于一些初始化数据没有存储在存储器中，所以某些代码在应用重启过程中需要重新执行，这些代码也可以采用插入指令的方式来表明。

④ 应用重启：在运行环境迁移后，在新平台上恢复应用运行状态。在应用启动和检查点记录后，就可以根据最新的检查点记录重启应用，这可以在相同平台或不同平台上实现。检查点文件记录了有关应用的变量值信息，这些信息需要在应用重启时加载，以确保应用恢复到与执行检查点位置相同的状态。

采用 CPPC 方法对图 5-15 所示的计算阶乘代码进行分析。首先，代码自动转换成标记代码，转换后的代码采用 #pragma 指令指明 CPPC 标记需要插入的位置，如图 5-17 所示。然后，CPPC 采用图 5-17 中的标记创建 C 编译器能够理解的代码版本。对于每次检查点操作，插入行标识标明检查点的位置。在 CPPC 初始化时，采用阵列方式跟踪这些标识。根据标识在阵列中的位置为每个标识分配一个 ID 号。当执行检查点时，对应的 ID 号也存储在检查点文件中。

```
int main (int arge, char **argv)
{
    int fact;
    double curr;
    int i;
    #pragma cppc init
    fact=20;
    curr=1;
    #pragma cppc register
    for (i=1; i<=fact; i++)
    {
        #pragma cppc checkpoint
        curr=curr *i;
    }
    #pragma cppc unregister
    printf("%d factorial is %f", fact, curr);
    #pragma cppc shutdown
    return 0;
}
```

图 5-17 加入 CPPC 标记的阶乘代码

在应用重启时，初始化过程从存储器中加载变量值到寄存器，然后代码转到对应的检查点标记位置，这个过程可以采用 goto 命令跳转到由检查点文件中 ID 号标识的对应行。接下来，程序正常执行，继续根据程序中标记的位置进行检查点操作。

5.3.3　基本效能与存在的不足

基于异构平台的应用热迁移技术通过应用在异构平台间的动态热迁移，增加了系统的随机性、多样性、不确定性，克服了单一平台长期固定不变导致易于被攻击者侦察和攻击的缺陷。攻击者可能无法预测应用的迁移时机及当前是在哪个平台上运行，应用的随机迁移使被动扫描、收集信息等操作失去意义，从而将攻击链阻断在侦察阶段。由于不同平台采用的处理器和操作系统不同，所以针对某种处理器和操作系统漏洞的攻击行为将失效，本技术将能够防止与处理器指令相关的二进制代码注入攻击和与操作系统相关的内核攻击。

如果平台迁移的速度不够快，攻击者可能会找到攻击方法，并对当前所用的系统平台发起攻击。异构平台的数量不够多，应用热迁移的随机性不够，都会增大攻击成功的可能性。但增加异构平台的数量，在提升安全性的同时，也增加了复杂性，造成了建设和维护成本的上升。

5.4　Web 服务动态多样化

传统 Web 服务系统采用单一架构进行设计，在部署使用后长期保持固定状态，这就使攻击者有足够时间对系统进行侦察和探测，一旦发现漏洞，那么可以在相对长的时间内利用该漏洞，其他采用相同架构的系统也将同时面临安全威胁。为克服传统 Web 服务采用单一架构设计带来的缺陷，本技术引入 Web 服务系统的多样性和不确定性来构建动态变化的服务平台，增大了恶意攻击者对系统进行侦察和攻击的难度，提高了系统的防御能力。

5.4.1　基本情况

当前，大多数 Web 服务具有相同的组成架构，通常都由 Web 服务器程序、Web 应用程序、操作系统和虚拟层组成[18]。在组成 Web 服务的组件中，只要一个组件有一个漏洞，就会使整个系统面临被入侵的威胁。攻击可能仅利用一个单独的漏洞（如某个服务器缓冲区溢出漏洞），就可能获得对 Web 服务系统的完全控制。

本技术通过采用 Web 服务的多样化来提高其防御能力，其基本思想是：创建多个具有不同软件架构的虚拟服务器，并使某些虚拟服务器动态地在离线与在线状态间变换，由调度器选择由哪个虚拟服务器来处理所收到的请求。本技术采用了两种方式的多样化技术，一是虚拟服务器具有多样化的软件架构，对不同时刻的服务请求，随机选取某一在线虚拟服务器为其提供服务；二是以固定间隔时间或基于事件驱动，将某些虚拟服务器切换为在线或离线状态，在虚拟服务器变换为离线状态时，要使其恢复到初始安全状态。

5.4.2 技术原理

1. Web 服务动态多样性设计架构

图 5-18 为 Web 服务动态多样化的架构。该架构将可能有缺陷的网络软件置于一个虚拟服务器池中，该虚拟服务器池可运行在一个或多个主机上，其中的虚拟服务器是动态变化的，在某个时间点，一些虚拟服务器在线提供服务，而其他的虚拟服务器离线并恢复到一个初始安全状态。每个客户端的服务请求由调度器分配给某个虚拟服务器来处理。可信控制器采用入侵检测和异常传感器的输出作为观测量，入侵检测和异常传感器部署于网络、服务器和每个虚拟服务器中，用于报告状态和事件。可信控制器获取的观测量包括处理系统的响应结果、服务的有效性、虚拟服务器的暴露时间以及攻击报警等。通过获取这些观察量，可信控制器调用执行器来定位和处理潜在的威胁或可疑服务。执行器的处理方式包括在虚拟服务器中重启服务、关断可疑进程和将虚拟服务器恢复到初始安全状态。通过采用观察量和执行器，能够形成一个控制闭环来自动检测和管理虚拟服务器，而不需要人工介入。

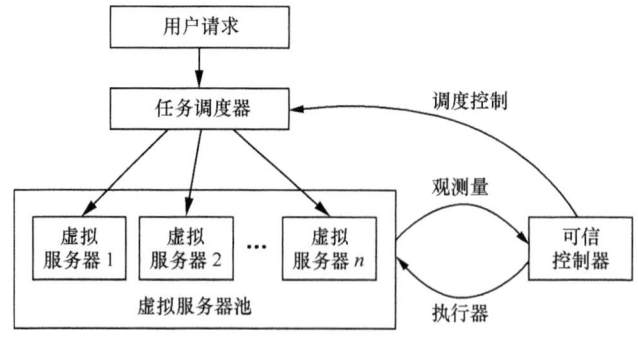

图 5-18 Web 服务多样化的架构

图 5-18 中，每个虚拟服务器有 3 种模式：在线、关断、离线。在线模式下，

能够为客户端请求提供服务。当可信控制器使虚拟服务器离线时，虚拟服务器进入关断模式，在这种模式下，它完成现有服务的请求，但不会接受新的服务请求。关断模式是在线与离线模式之间的中间态，它确保系统完成当前正处理的任务，而不会造成任务处理的中断。当完成所有请求时，虚拟服务器进入离线模式，恢复到初始安全状态。虚拟服务器在工作过程中在这 3 种模式间循环切换。

虚拟服务器由在线转换为离线的触发条件有 3 种。① 事件驱动：当检测到异常事件或完整性校验失败时，将存在问题的虚拟服务器转换为离线状态。② 随机选择：若不存在异常事件和完整性校验失败的情况，选择将某些虚拟服务器转换为离线状态，这样在不影响系统可用性的条件下，能够增加系统的不确定性。③ 最大时间周期：为了约束虚拟服务器暴露的时间，需要限定其最大在线时间，采用这种方式能够缩短系统遭受入侵的时间窗。

2. 虚拟服务器多样化设计方法

图 5-19 表示了 Web 服务的组成架构[19]。Web 服务各组成部分的设计方法有很多种，很难穷举出来，下面仅就常用的技术，对系统各个组成部分的多样化设计方法进行阐述。

（1）Web 应用程序

Web 应用的构造方法有很多。其中，CGI、ASP、PHP、J2EE 和 .NET 是目前构造 Web 应用的主要方法。其中，ASP 和 .NET 只能在 IIS+Windows 平台中使用，而其他的几种方法都可以应用于多种平台。需要注意的是，采用 C 语言编制的 CGI 程序对操作系统有一定的平台依赖性，如果将其混用于不同的操作系统可能需要移植，容易引入新的错误。PHP 和 J2EE 具有非常好的可移植性，尤其是 J2EE 应用采用 Java 语言，本身就具有平台无关性。J2EE 非常适合分布式企业计算环境，J2EE 中的 JDBC 技术还能够透明地实现对多种数据库的操作。

（2）Web 服务器软件

Web 服务器中 Apache 和 IIS 应用得最为广泛。其中，Apache 不但可以工作于类 Unix 系统中，还可以工作在 Windows 中，而 IIS 仅能够工作在 Windows 系统中。Web 服务器也是入侵者非常关心的要素，如果入侵者能够确切知道 Web 服务器的种类和版本，就可以通过查找漏洞库并尝试利用已知漏洞进行攻击。为增大攻击者进行

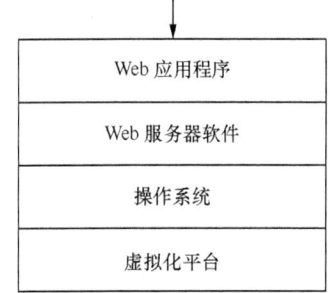

图 5-19　Web 服务系统软件架构

攻击的难度，通常可以在 Windows 系统中采用 IIS 作为 Web 服务器，而且类 Unix 系统中采用 Apache 作为 Web 服务器。

（3）操作系统

操作系统为各种软件提供了对计算机的访问接口，主要包括 Windows 和 Unix 两大流派。Windows 的版本较少，版本之间的差异不大，而 Unix 则又分为 Linux、AIX、Frebsd 等很多不同的版本。操作系统的信息是入侵者非常关注的，不同的操作系统有着不同的命令方式。安全策略不同的操作系统也有着截然不同的入侵方法，一般被入侵者掌握了操作系统的各项信息，系统被侵入的危险大大提高。因此，要选择不同的操作系统尤其是最好能够同时采用 Windows 和 Unix 这两类完全不同的操作系统。

（4）虚拟化技术

虚拟化主要包括基于虚拟机管理程序的虚拟化和操作系统级的虚拟化等技术，基于管理程序的虚拟化产品有 VMware、Xen、KVM 等，由于可以实现高度隔离的虚拟机环境，这种虚拟化技术安全性较高。操作系统级的虚拟产品有 OpenVZ、Jail 等，它比硬件级的虚拟化更加轻量，启动更快，内存开销、调度开销也更小。但由于操作系统内核支持多个独立的用户空间实例，所以内核的缺陷可能威胁其上运行的应用。

在 Web 应用、Web 服务器、操作系统和虚拟化技术中分别选取不同的设计方法，能够组合生成许多种不同架构的 Web 服务系统。在选择过程中，要注意各组成部分之间的兼容问题，例如，IIS 仅能够工作在 Windows 系统，不能支持 Linux 系统。

3. 进程迁移方法

Web 服务系统的正常运行关系到大量服务和应用的有效性，一旦发生服务意外中断或关键性数据丢失将会直接为用户带来巨大损失。为此，Web 服务系统应提供进程迁移机制，以保证关键服务的持续运行。

进程迁移是指将一个进程从当前节点的服务系统迁移到指定节点服务系统。与负载均衡集群中为改善系统性能而将进程迁移到空闲节点，Web 动态多样性系统中的进程迁移主要用于提高系统的生存能力，保证即使某台服务系统遭到攻击，服务也能幸存。例如，当某台 Web 服务系统遭受拒绝服务攻击而即将停止工作时，系统可以通过进程迁移的方式，保证关键业务可以在另一台 Web 服务系统中恢复运行，透明地为用户提供服务。

通常，进程迁移过程分为 4 个步骤[20]。① 选择迁移进程和目标节点。系统首先提取进程标识符锁定预迁移进程，然后根据安全状态和空闲长度选取合适的 Web 服务器作为目标节点。② 向目标节点发送迁移请求并协商。源节点首先向目标节点的迁移守护进程发出请求，目标节点接收到请求后，派生一个新的进程处理迁移请求。③ 提取并传送进程状态。源节点获取进程的状态信息，包括迁移进程的控制结构、代码段、数据段或者用户堆栈段的数据等内容，并将其传送到目标节点中，目标节点依据该进程状态信息修改新生成的进程状态信息。④ 恢复进程执行。进程迁移完毕后，源节点中的进程处于休眠或死亡状态，源节点转换为离线状态，目标节点上的新进程改为就绪状态，继续对外提供服务。

4. 管理的复杂性

在提升安全性的同时，引入 Web 服务系统的多样性，也会带来系统管理的复杂性。主要存在两方面问题：一是复杂系统的部署问题，二是系统的管理维护问题。与单个系统相比，多个不同虚拟服务器的构建要求更多的资源，这个问题可以通过增量部署的方式来解决。在构建系统时，不用同时建立所有虚拟服务器，而是先部署部分虚拟服务器，待运行稳定后再逐步加入新的虚拟服务器，采用这种方法能够有效缩短系统部署的时间。

对于日常的管理维护工作，降低复杂性有两种方法。第一种是采用一个虚拟服务器作为模板，该虚拟服务器始终处于离线状态以保证其安全性。当需要对某种类型虚拟服务器的某些组件打补丁或更新时，可以先对作为模板的虚拟服务器打补丁或更新，然后再将更新后的组件克隆到其他虚拟服务器。第二种降低复杂性的方法是采用自动化的工具软件，对虚拟服务器打补丁或更新时可以采用自动化的方法。例如，目前资产生命周期管理工具已经能够识别出需要更新的软件清单，也能够自动对软件进行更新。

总之，采用标准的管理维护工具，能够极大地降低虚拟服务器管理维护的复杂性。因此，系统的复杂度主要体现在开发能适应多个平台的多个 Web 服务版本。

5.4.3 基本效能与存在的不足

由于服务运行在具有不同操作系统、服务器软件和虚拟化平台的多种系统上，开发能适用于所有平台的攻击方法的难度会很大。攻击者很难预测任务调度程序会选择由哪个系统来处理用户请求，也难以预测系统何时会上线或离线，系统的不断变化会使被动扫描、收集信息等操作失去意义。此外，多种操作系统的使用能够有效防止内核攻击（如 Rootkit）。

本技术不能防止 Web 服务的逻辑缺陷，也不能保证输入的合法性。因此，SQL 注入等攻击仍可能奏效。调度程序和可信控制器都是静态的，可能成为攻击目标。如果攻击者破坏了可信控制器，就能控制或停止系统轮换。如果系统轮换的速度不够快，攻击者仍能实现攻击目的。攻击者还可能掌握能在某种配置下使用的攻击方法，而系统的轮换可能刚好出现这种配置。此外，本技术安全性的提高是以增加系统的冗余性和复杂度为代价的，系统部署和管理的成本较高。

5.5 基于入侵容忍的平台动态化

入侵容忍是指在发现有入侵行为、甚至某些组件已遭到破坏的情况下，通过采取一些必要的措施手段，保证关键应用或关键服务持续正常运行。入侵容忍通常采用冗余化和多样化等技术手段。

基于入侵容忍的平台动态化技术借鉴入侵容忍的技术原理，采用异构的多种服务系统，并采用动态变化的机制来处理用户的服务请求，对每种在线服务系统的响应结果，通过投票表决方式返回给用户正确的处理结果。

5.5.1 基本情况

当前，系统由于功能集成变得越来越复杂，一次性找出全部安全漏洞是不可能的，安全漏洞仍将不断被发现。而一旦攻击者发现了某漏洞，问题就会很严重。攻击者会利用这个漏洞攻击系统而不被一般入侵检测系统发现。正是由于不能确定所有的安全漏洞，通过对数据流的分析，准确判断是否是攻击变得非常困难。

入侵容忍就是在系统遭到入侵且一般的安全防御技术都失效或者不能完全排除入侵所造成影响的情况下，为系统提供的最后一道安全防线。其目的是，即使系统的某些组件遭到攻击者的破坏，整个系统仍能提供全部或降级的服务。入侵容忍是网络安全中的一种容错技术，是针对网络服务提出的一种容忍机制。入侵容忍用硬件或者软件容错技术来屏蔽任何入侵或攻击对系统功能的影响，保证系统关键部件的安全性和业务的连续性，使网络系统在受到攻击时，仍然能够为用户提供高质量的应用服务。

基于入侵容忍的平台动态化借鉴了入侵容忍技术冗余性和多样化的设计方

法，并使服务系统呈现出随机动态变化的特性，从而使攻击者难以对系统进行有效的侦察和探测，提升系统的防御能力。

5.5.2 技术原理

下面首先介绍入侵容忍的概念，给出其常用的手段和机制，然后讨论基于入侵容忍的平台动态化的设计结构，最后论述与该设计结构相关的关键技术。

1. 入侵容忍概念

入侵容忍的概念最早由 Fraga 于 1985 年提出[21]，其目标是保证系统在发生故障时也能正确运转，或当系统由于故障原因不能工作时，就以一种无害的、非灾难性的方式停止。可以看出，入侵容忍和容错技术的目的是一致的，都是研究如何保证系统服务的可用性。两者的区别在于，容错技术关注的是随机发生的自然故障，大多是非人为的；而入侵容忍关注的是人为的恶意攻击，具有智能性和不可控性。

图 5-20 形象地说明了防御保护、入侵检测、入侵容忍三者之间的关系[22]。当一个系统受到入侵威胁时，系统的保护措施（例如脆弱性检测等）会抵挡部分入侵。另外，有些入侵被系统入侵检测机制检测到并报告给系统管理员处理。但仍会有少数入侵不能被检测和排除掉，这时就需要用入侵容忍技术来保证系统的安全性和可用性。

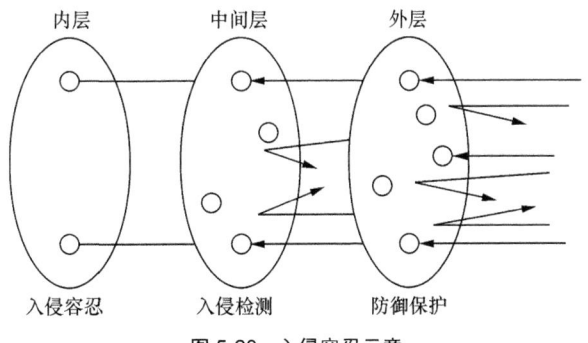

图 5-20　入侵容忍示意

从入侵容忍技术的概念可以看出，入侵容忍主要考虑系统在遭到入侵时的生存能力以及自我诊断、修复和重构的能力，它为系统提供一定的弹性，使系统在受攻击的情况下仍能为合法用户提供不间断的服务。基于入侵容忍的平台动态化技术借鉴了入侵容忍技术多样化、冗余化的设计方法，但两者的目的不同。入侵容忍关注的是系统在已经遭到入侵的情况下，如何屏蔽或遏制入侵，从而尽量使系统能够继续安全运行。平台动态化的目的是构建动态变化的平台，使攻击者观察到的系统架构呈现出不确定性、随机性，从而将攻击链阻断在侦察阶段。从这个意义上来说，基于入侵容忍的平台动态化除采用冗余化和多样化的手段外，还采用了随机化、动态化的机制。

2. 基于入侵容忍的平台动态化设计架构

图 5-21 是以 Web 服务为例，基于入侵容忍的平台动态化设计架构。整个系统由 3 种类型的服务器组成，分别是重定向服务器、代理服务器组和 Web 服务器组。其中，代理服务器和 Web 服务器都采用冗余的多样化设计，用于克服单一设计的脆弱性。

系统工作流程如下：当接收到用户的服务请求时，重定向服务器将用户请求随机转发给某个代理服务器；代理服务器首先对请求的合法性进行分析，然后将合法请求广播给 Web 服务器组去处理，并对服务器返回的结果进行投票表决，得出可信的结果返回给用户；同时，从中检测出可能存在异常的 Web 服务器，使其恢复到初始安全状态。

用户请求通过重定向服务器发送给代理服务器，再通过代理调用 Web 服务器。重定向服务器要尽可能随机地选择代理服务器，使攻击者不能预测请求和代理服务器之间的对应关系，从而使其难以对系统进行有效的侦察。

图 5-21 所示的平台动态化方法不仅采用冗余化的手段，构建了多个代理服务器和 Web 服务器，还采用多样化的手段。因为入侵行为不仅具有一定的随机性，还具有一定的智能性，如果仅采用冗余方法来对付网络入侵，则并不一定能达到预期的防御效果。例如，若采用相同的硬件冗余组件来备份系统中的重要数据，则当入侵者能够成功入侵其中一个组件时，往往意味着也可以用同样方法入侵另外的备份组件。因此，平台动态化还要采用多样化的技术手段。这里的多样化是指同一种冗余方法中不同冗余部件采用不同的实现方式。例如，系统在实现硬件冗余时，可以选用不同的硬件平台，而软件冗余则选用不同的操作系统和服务器程序。由于不同的系统或程序的漏洞不尽相同，一个服务器被成功入侵并不能迅速渗透到其他服务器，从而能够有效地增大攻击者入侵的难度。

在系统工作过程中，当通过投票表决发现某 Web 服务器的响应结果与预期不一致时，系统将命令发生故障的服务器退出群组执行恢复，此时，代理服务器将更新调度列表，不再为其分配任务。

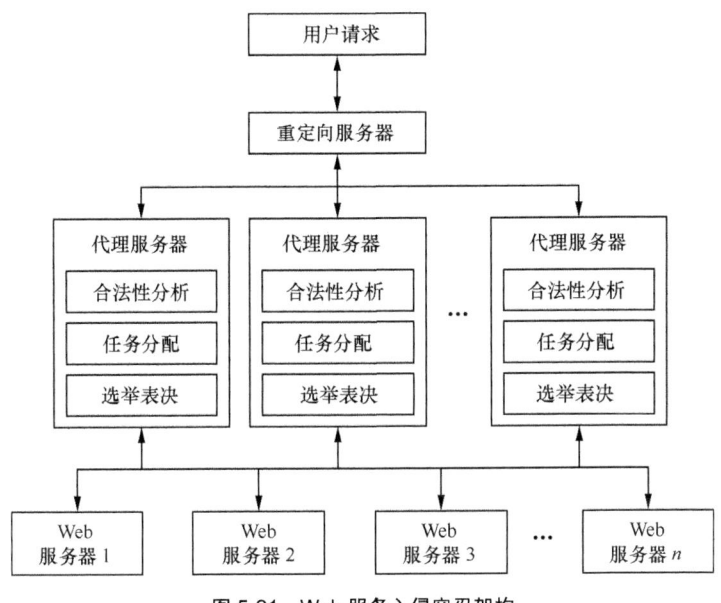

图 5-21　Web 服务入侵容忍架构

3. Web 服务器和代理服务器的多样化设计

Web 服务通常由 Web 应用程序、Web 服务器、操作系统等部分组成。为增强系统对攻击的防御能力，在保证系统功能一致性的前提下，每个 Web 服务器均采用不同的设计架构。其中，Web 应用程序可以采用 CGI、ASP、PHP、J2EE、.NET 等方法，Web 服务器可以采用 Apache、IIS 等，操作系统可以采用 Windows、Linux、AIX、Frebsd 等类型；针对每种操作系统，又可以采用不同的版本。在设计中，要综合考虑各组成部件之间的兼容性。这样，通过增加 Web 服务的冗余性和多样性，能够提高攻击者实施攻击的难度。

同样，代理服务器也可以采用与 Web 服务器相似的多样化设计方法。

4. 资源再分配算法

资源再分配算法适用于 Web 服务器的设计。通过动态调整分配给各个服务的资源，可达到即使受到入侵也能保证关键服务正常运行的目的，在一定程度上能够防御 DoS 攻击[23]。

在服务器上运行的服务根据重要程度可以分为两类：关键的和非关键的。为了提高服务器的总体性能，在服务器上除了运行关键服务外，还允许运行非关键服务。资源再分配算法关注关键服务的运行情况，当检测到入侵时，允许通过终止非关键服务来保障关键服务的正常运行。

服务的运行需要一定数量的资源，如 CPU、存储以及带宽等。通常很难判断是否有足够的资源支撑关键服务的运行，也很难决策在资源再分配过程中需要优先终止哪些非关键服务。为解决这两个问题，引入基线和占长两个指标。其中，基线指在最低可接受服务质量的情况下提供服务所需的资源数量最小值，可以用服务所需的资源（如 CPU、存储和带宽等）来描述。占长指固定时间内某个服务占用的资源超过基线的总时间，服务能够正常运行，占长要大于门限。当关键服务的占长低于门限时，系统优先牺牲占用较多资源的非关键服务来进行资源再分配。

算法的详细过程如图 5-22 所示，具体描述如下。

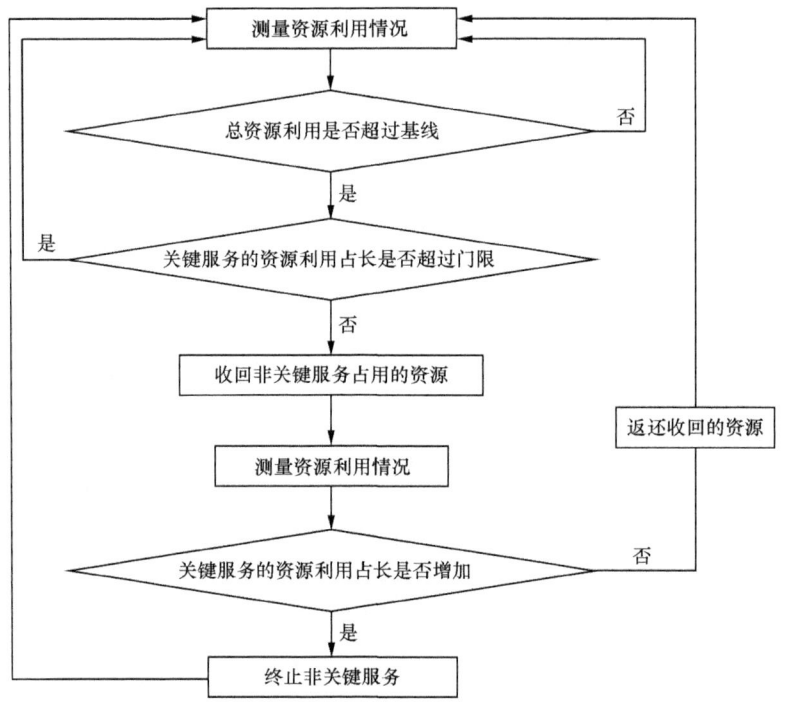

图 5-22　资源再分配算法处理流程

① 建立总资源利用的基线，测度资源利用情况。

② 若总资源利用低于基线，表示存在许多未占用的资源，算法继续对资源利用情况进行监控。若总资源利用占长高于门限，需要测量每个关键服务占用的资源情况。

③ 如果关键服务的资源利用占长高于门限，算法继续监控资源利用情况。反之，算法通过终止非关键服务来保障关键服务的正常运行。

④ 为了保障关键服务运行，算法根据服务的优先级收回非关键服务占用的资源。

⑤ 当有多余的资源可用时，关键服务的资源利用占长没有增加，表明关键服务不需要更多资源，将收回的资源返还给非关键服务，再返回到监控阶段。

⑥ 如果在收回非关键服务的资源后，关键服务的资源利用占长得到增加，则算法将中断非关键服务的运行。

资源再分配算法通过动态调整资源分配来保证关键服务运行所需的资源，能够在一定程度上对抗 DoS 攻击。当一个关键服务的运行依赖于其他服务时，其他服务也应作为关键服务来加以保护。该算法假设不存在针对关键服务的威胁，如果关键服务被攻击导致消耗了较多的资源，算法将不能够为其他关键服务分配足够的资源，这也是该算法的局限之处。

5. 多样化 Web 服务器数量分析

直观地说，采用多样化设计方法的 Web 服务器数量越多，攻击者成功入侵系统的难度就越大，系统安全性就越高。但 Web 服务器数量的增加带来了建设和维护成本的上升。因此，应考虑为满足系统的安全需求，需要部署多少台 Web 服务器。拜占庭一致性协议是解决这个问题的有效方法[24]。

拜占庭一致性协议技术起源于拜占庭将军问题，具体可以描述为：几个拜占庭将军围困一座城池，将军们必须通过商量来共同决定是进攻还是撤退，如果有的进攻、有的撤退，就可能会打败仗，但将军中有叛徒，他们可能会希望爱国的将军打败仗。拜占庭将军问题就是阐明在这样的环境下，如何让爱国的将军能够最终达成一致意见，叛国的将军虽然可以传递虚假消息，但不会影响爱国将军得到正确的决策。学者们已经证明，如果要容忍 n 个叛国将军，则将军总数至少要达到 $3n+1$。

在一个采用多样化冗余技术的系统中，其中一些服务器或许已经被入侵者控制并可能无法正常工作，而此时正常服务器间需要达成一致，显然该情况与拜占庭将军问题非常相似。拜占庭一致性协议技术就是基于传统的拜占庭将军问题，对服务器组中的各个服务器成员进行管理，保持各服务器间状态信息的一致，并能够容忍恶意服务器在服务器组中传播虚假信息。根据拜占庭一致性协议可知，要在 n 台服务器遭到入侵时仍能提供正常服务，至少需要 $3n+1$ 台服务器。

6. 投票表决功能分析

投票表决部分主要包括响应接收器、摘要计算器和投票表决器 3 个功能模块[24]。其中，响应接收器用于接收各异构 Web 服务器返回的响应结果，将它们缓存在指定的内存区域里，供计算摘要时使用。摘要计算器计算每一个响应结果的摘要值，作为投票表决器的输入。投票表决器则比较各响应结果的摘要值，如果一致的数量超过预先设定的门限值，则认为一致的响应为正确结果，将其作为最终结果返回给用户；如果一致的数量未超过门限值，则表明服务不可用。

现有的表决方法主要包括大数表决、动态表决、带权值的表决等[25]。其中，目前效率高、适应性好、使用最广泛的是大数表决法。下面介绍这种表决方法。在介绍之前，需要首先介绍一致性协商原则，因为它是这种方法的基础。

（1）一致性协商原则

假设表决器的输入就是 Web 服务器向表决器发出的消息序列，设为 $\{x_1, x_2, \cdots, x_n\}$，又设任意两个 Web 服务器 i 和 j 输入表决器的值分别为 x_i、x_j，门限值为 a。若 $|x_i-x_j| \leq a$，则认为 Web 服务器 i 和 j 满足一致性协商，否则为不满足。表决器的门限值是表决过程中判断任意两个复制品输入值是否满足一致性协商的基础。门限值在表决前预先确定但可以通过系统的重配置策略加以改变。

（2）大数表决

大数表决基本思想是在有 n 个 Web 服务器的响应结果输出到表决器时，若至少有 $(n+1)/2$ 个 Web 服务器的响应结果满足一致性协商原则可产生一个输出，此时会在满足一致协商的结果中任意地选择一个作为表决器的输出；否则，如果没有满足一致协商，大数表决器产生一个异常代码表明未达成大数一致性。在每一轮表决中，大数表决都可解决单点故障问题。

7. 服务重定向功能分析

服务重定向功能是将整个系统和外部网络隔离开[26,27]。重定向服务器接收到用户请求后，根据各代理的忙闲状态将请求随机定向到某个代理服务器上，由代理服务器处理用户的请求。当代理服务器受损程度达到一个阈值，认为可能有针对代理的攻击行为时，只需要通知重定向服务器，将合法用户的请求切换到其他代理的 IP 地址，即可完成整个系统服务的迁移。例如，系统接收某用户请求，依据负载均衡算法，将其请求随机传送到某个代理服务器，若监测到该代理的 TCP 连接使用率超过 90%，即表明该代理可能受到了攻击，重定向服务器可以将该用户的 IP 地址重新指向另一个性能较优的代理服务器，从而保证用户的请求不会意外中断。

重定向服务器就收到客户请求后，将选择提供服务的代理地址返回给用户浏览器，同时通知该代理将有请求到达，做好接收准备，用户端浏览器会自动重定向到代理服务器。如果代理未接收到重定向服务器的通知，将不会处理到达的请求，以防止客户不经过重定向服务，直接和代理建立连接，从而防范对代理服务器的攻击。

5.5.3　基本效能与存在的不足

基于入侵容忍的平台动态化技术采用多样化和冗余化技术能够在很大程度上避免因不同冗余组件具有相同安全漏洞而带来的风险，防止入侵者使用相同方法入侵多个冗余组件。由于代理服务器和 Web 服务器采用了多种操作系统，所以本技术能够防御针对某种操作系统内核层和应用层漏洞的攻击。同时，本技术通过重定向服务器随机选择代理服务器，在一定程度上增加了系统的不确定性和动态性。Web 服务器采用资源再分配算法，通过动态调整服务占用的资源，保障关键服务的运行，在一定程度上防御 DoS 攻击。代理服务器具有输入合法性检查功能，能够防止 SQL 注入等攻击。此外，本技术采用的投票表决机制使系统具有一定的入侵容忍性，在少量 Web 服务器被攻击的情况下，仍能可靠地提供服务。

重定向服务器是本系统的单点故障源，如果重定向服务器被攻击，会导致整个系统失效。同时，本系统安全性的提高是以复杂性为代价的，冗余性和多样化使系统部署困难，成本增加，不易进行管理和维护。

| 5.6　本章小结 |

本章对动态赋能的一个方面—平台动态化做了较深入的研究，主要介绍了 4 种平台动态化技术：基于可重构计算的平台动态化、基于异构平台的应用热迁移、Web 服务动态多样化和基于入侵容忍的平台动态化。这 4 种技术的比较见表 5-1。

表 5-1　平台动态化技术比较

序号	动态化技术	技术原理	发挥作用时机	防御效能
1	基于可重构计算的平台动态化	可编程硬件可重配置	侦察阶段、载入阶段	缓冲区溢出攻击、旁路攻击

续表 5-1

序号	动态化技术	技术原理	发挥作用时机	防御效能
2	基于异构平台的应用热迁移	操作系统级虚拟化、检查点	侦察阶段、编译阶段	二进制代码注入、内核攻击
3	Web 服务动态多样化	多样化虚拟服务器	侦察阶段、载入阶段	内核攻击
4	基于入侵容忍的平台动态化	多样化服务器、投票表决	侦察阶段、载入阶段	SQL 注入、DoS 攻击

由表 5-1 可见，这 4 种平台动态化技术的出发点相同，都是通过构建多样化的运行平台，并以管理者可控的方式随机变换应用运行的环境，使应用的运行环境呈现出多样性、不确定性、随机性、动态性，缩短应用在某种平台上暴露的时间窗口，使内外部攻击者难以对系统进行有效的侦察和探测，从而将攻击链阻断在侦察阶段。

这 4 种平台动态化技术采用的技术原理各有不同，具体实现手段和防御效能也不尽相同。

基于可重构计算的平台动态化利用可重构系统支持重配置的特性，通过多样化的软/硬件任务划分和差异化的逻辑电路设计，得到运行于通用处理器和可编程逻辑器件中的多个配置数据变体，并在系统运行过程中，随机变换加载在系统中的配置数据变体，实现应用运行平台的动态化。每种配置数据变体涉及不同的软件和可编程硬件设计方法，因此，这种技术能够防御针对特定软件漏洞的攻击和缓冲区溢出攻击，以及针对可编程硬件的旁路攻击。如果配置数据变体不够多，变换随机性不够，攻击者有可能会找到攻击方法对系统进行攻击。

基于异构平台的应用热迁移，采用操作系统级虚拟化和检查点编译技术来实现应用程序运行环境和运行状态的迁移，能够在保存应用运行状态的同时在异构平台间进行迁移。由于异构平台采用的处理器和操作系统不同，所以这种技术能够防御二进制代码注入攻击和内核攻击。如果平台迁移的速度不够快，攻击者可能会找到攻击方法并对当前所用的系统平台发起攻击。

Web 服务的多样化构建了多样化的虚拟服务器，并采用两种随机化方法：一是随机选择虚拟服务器来处理用户请求；二是随机选择某些虚拟服务器在离线与在线状态间变换来增加系统的不确定性和动态性。这种技术能够防御针对特定软件漏洞的攻击和针对操作系统漏洞的内核攻击，但不能防止 Web 服务的逻辑缺陷，也不能保证输入的合法性。同时，调度程序和可信控制器是单一架构的，有可能被攻击者成功攻击，进行控制整个系统。

第5章 平台动态防御

基于入侵容忍的平台动态化借鉴入侵容忍的技术原理，基于冗余化和多样化的思路，采用异构的多种服务系统，并随机选择代理服务器来处理用户的服务请求，对每种在线服务系统的响应结果，通过投票表决方式返回给用户正确的处理结果。由于采用了服务重定向和合法性检查方法，这种技术在一定程度上能够防御 DoS 攻击和 SQL 注入等攻击。但服务重定向服务器是静态的，有可能成为攻击者入侵整个系统的突破口。

以上 4 种平台动态化技术都能够在一定程度上提高攻击者对系统进行侦察和攻击的难度，但是，系统安全性的提高是以复杂性的上升为代价的，这 4 种技术都面临结构复杂、管理维护困难、建设成本高等问题。在实际应用中，需要综合考虑安全性、可靠性、实时性、成本等因素，在安全性和复杂性间做出合理权衡，实现效益的最大化。

参考文献

[1] CARDOSO J M P, DINIZ P C, WEINHARDT M. Compiling for reconfigurable computing: a survey[J]. ACM Computing Surveys(CSUR), 2010, 42(4): 13-27.

[2] CASOLA V, BENEDICTIS A D, ALBANESE M. A multi-layer moving target defense approach for protecting resource-constrained distributed devices[J]. Springer International Publishing, 2014, 263: 299-324.

[3] BSTRIN G, BUSSELL B, TURN R, et al. Parallel processing in a restructurable computer system[J]. IEEE Transactions on Electronic Computers, 1963, 12(6): 747-755.

[4] TODMAN T F, CONSTANTINIDES G A, WILTON S, et al. Reconfigurable computing: architectures and design methods[J]. IEEE Proceedings-Computers and Digital Techniques, 2005, 152(2): 193-207.

[5] JIDIN R, ANDREWS D Z, PECK W, et al. Evaluation of the hybrid multithreading programming model using image processing transforms[C]// 19th Parallel and Distributed Processing Symposium, Denver, Colorado, USA, 2005, (4-8): 153b.

[6] HUANG M, NARAYANA V K, SIMMLER H, et al. Reconfiguration and communication-aware task scheduling for high performance reconfigurable computing [J]. ACM Transaction on Reconfigurable Technology and Systems, 2010, 1(3).

[7] WU J O, FAN Y H, WANG S F, et al. Using grey relation to FPGA multi-objective task scheduling on dynamic reconfigurable system[C]// Proc. of the International Conference of Engineers and Computer Scientists, 2014.

[8] COMPTON K, HAUCK S. Reconfigurable computing: a survey of systems and software[J]. ACM Computing Surveys, 2002, 34(2): 171-210.

[9] GOLDSTEIN S, BUDIU M, MISHN M, et al. Reconfigurable computing and electronic nano technology [C]// Proceedings of IEEE International Conference on Application-Specific Systems, Architectures and Processors, 2003: 132-142.

[10] MU J, LYSECKY R. Autonomous hardware/ software partitioning and voltage/ frequency scaling for low-power embedded systems[J]. ACM Transactions on Design Automation of Electronic Systems(TODAES), 2009, 15(1): 2-11.

[11] OKHRAVI H, COMELLA A, ROBINSON E, et al. Creating a cyber moving target for critical infrastructure applications using platform diversity[J]. Elsevier International Journal of Critical Infrastructure Protection, 2012, 5(1): 30-39.

[12] YU Y, GUO F, NANDA S, et al. A feather-weight virtual machine for windows applications[C]// Proceedings of the 2nd International Conference on Virtual Execution Environments, 2006: 24-34.

[13] KEAHEY K, DOERINGAND K, FOSTER I. From sandbox to playground: dynamic virtual environments in the grid[C]// Proceedings of 5th IEEE/ACM International Workshop on Grid Computing, 2004: 34-42.

[14] KOLYSHKIN K. Virtualization in Linux, OpenVZ (ftp.openvz.org/doc/openvz- intro.pdf)[Z]. 2006.

[15] LEE S, JOHNSON T A, EIGENMANN R. Cetus-an extensible compiler infrastructure for source-to-source transformation[C]//

Proceedings of the Sixteenth International Workshop on Languages and Compilers for Parallel Computing, 2003: 539-553.

[16] RODRIGUEZ G, MARTIN M, GONZALEZ P, et al. CPPC: a compiler-assisted tool for portable check pointing of message-passing applications[J]. Concurrency and Computation: Practice and Experience, 2010, 22(6): 749-766.

[17] STELLNER G. CoCheck: check pointing and process migration for MPI[C]// Proceedings of the Tenth International Parallel Processing Symposium, 1996: 526-531.

[18] JAJODIA S, GHOSH A K, SWARUP V, et al. Moving target defense: creating asymmetric uncertainty for cyber threats[J]. Springer New York, 2011: 131-151.

[19] 殷丽华, 何松. 一种入侵容忍系统的研究与实现[J]. 通信学报, 2006, 27(2): 131-136.

[20] REYNOLDS J, JUST J, LAWSON E, et al. The design and implementation of intrusion tolerant system[C]// Proceedings of the 2002 International Conference on Dependable Systems and Network. USA, 2002: 285-292.

[21] FRAGA J S, POWELL D. A fault and intrusion-tolerant file system[C]// Proceedings of the 3rd International Conference on Computer Security, Ireland, 1985: 203-218.

[22] Deswarte Y, POWELL D. Internet security: an intrusion-tolerant approach[J]. Proceeding of the IEEE, 2006, 94(2): 432-441.

[23] Byoung J M, Joong S C. An approach to intrusion tolerance for mission-critical service using adaptability and diverse replication[J]. Elsevier Computer Science, 2003.

[24] 秦华旺. 网络入侵容忍的理论及应用技术研究[D]. 南京: 南京理工大学, 2009.

[25] HUANG Y, GHOSH A K. Automating intrusion response via virtualization for realizing uninterruptible web services[C]// Eighth IEEE International Symposium on Network Computing and Applications, 2009: 114-117.

[26] ARSENAULT D, SOOD A, HUANG Y. Secure, resilient computing clusters: self-cleansing intrusion tolerance with hardware enforced

security (SCIT/HES)[C]// Proceedings of the Second International Conference on Availability, Reliability and Security, IEEE Computer Society, Washington, D. C., 2007: 343-350.

[27] HUANG Y, ARSENAULT D, SOOD A. Incorruptible self-cleansing intrusion tolerance and its application to DNS security[J]. Journal of Networks, 2006, 1(5): 21-30.

第 6 章
数据动态防御

据是网络空间信息系统中的血液和脉络,存在于软件、网络、平台。数据本身既是信息系统的实体,又依赖于其他实体生存。数据动态防御能够根据系统防御需求,动态地改变相关数据在不同空间、不同维度的存在形式,使得常规攻击手段无法有效实施,达到增加攻击者攻击难度的效果。本章介绍了数据随机化、N变体数据多样化、面向容错的 N-Copy 数据多样化技术以及面向 Web 应用的数据多样化 4 类数据动态防御技术,并阐述了这些技术如何从不同角度提高系统防御能力。

6.1 引言

前文我们介绍了软件动态防御和网络动态防御的相关技术。从攻击面模型得知,攻击者除了从软件和网络两个方面入手进行攻击探测和实施攻击外,还可以发动从数据入手的攻击行为,因为数据也是攻击者对系统发动攻击所依赖或者所使用的主要系统资源之一。为了有效防范此类攻击,有必要探讨基于数据动态化技术的系统防御方法。

数据动态防御,主要是指能够根据系统防御需求,动态化地更改相关数据的格式、句法、编码或表现形式,从而增大攻击者的进攻攻击面,达到加强攻击者攻击难度的效果。在当前已知的研究中,数据动态化技术主要指代面向内存数据的随机化和多样化技术[1~3],但部分研究中也将应用程序中的协议语法和配置信息数据方面的多样化技术[4]归结为数据动态化技术研究范畴。为了保持概念的统一性,本书把包括上述两类的基于数据动态变化达到系统防御效果的相关技术统称为数据动态防御技术。

我们已在本书前文各章节看到了诸多动态化技术,如经典的指令集随机化(ISA)[5~9]技术、地址空间布局随机化(ASLR)[10,11]技术以及网络配置随机化技术等[12],这些技术通过对指令集、内存地址空间以及网络配置信息进行动态变化,从而达到防御效果。理论上,动态技术的方法可以相互借鉴,指令集随

第6章 数据动态防御

机化技术应该可以方便地拿过来进行数据随机化，软件多样化也可以延伸到数据多样化。但在具体实践中，数据动态化技术却与 ISA、ALSR 等技术既相似又存在差异。其中最为重要的一点就在于，无论是在 ISA 技术中，还是在 ALSR 技术中，变化的资源对象在原有系统中是相对固定的：一个系统的指令集可以与同类系统存在差异，但在面临用户输入时是相对稳定的；一个应用的内存地址分布变化后，可能与攻击者的想象不一致，但它自身在某一个阶段也是固定的。数据则不同，用户在使用某个系统时，输入的数据是千变万化的，是不可预测的。也就是说，数据本身就具有变化的特征，静止的数据相对于与用户交互的数据，只是少数。那么问题就来了，既然数据本身是变化的、多样化的，那么我们这里所称的数据动态技术到底是面向什么数据？又是如何进行动态化处理的？为解释这些问题，我们将从多个维度来探讨数据动态防御的相关概念。

（1）对什么样的数据进行动态化

数据是一个复杂而且模糊的概念。在经典的冯·诺依曼计算机体系架构下，指令和数据都是以二进制形式存储，在地址空间上也没有明显区别。宏观上，计算机中存储的应用程序、驱动程序、数据库数据都是二进制数据，网络上传输的字节流也都是数据。在这种解释意义下，就无法区分数据动态化技术和其他动态化技术。

从缓冲区溢出攻击的潘多拉盒子被打开的那天起，活跃在全球互联网上的木马、蠕虫和僵尸程序都乐此不疲地利用这一利器开疆扩土。时至今日，全球多数大规模、危害严重等级高的网络攻击都离不开对缓冲区溢出的利用。而发生缓冲区溢出的本源就在于冯·诺依曼计算机体系结构中指令和数据没有本质区分，指令没有被执行，就是普通数据；普通数据被 CPU 错误判断为指令，就可能变成指令，就有可能由静态被执行变成主动执行，从而产生恶意行为。因此，本书所称的数据动态化技术中的数据大多是相对于指令而言的普通数据。如果从编程语言层面上讲，这里的数据指的是操作数，而不是编程语法中定义的指令操作码或者运算符。本章讨论的动态化技术[1~3]中关注的数据多数指内存中的数据，但在最后一节"应对 Web 应用安全的数据多样化"则也涉及用户参与配置应用环境的数据信息[4]。

（2）数据动态防御的目标和技术特点

数据动态化是手段，不是目的。前文我们分析了数据动态化中数据概念的基本范畴，但这个范围仍然过大。在实践过程中，对什么样数据进行动态处理，完全是由其防御目标所决定的。相关研究已经表明，数据动态技术的防御效果可以体现在以下 3 个方面：① 防止系统中非有意而为之的设计错误；② 防止攻击者恶意注入代码而进行缓冲区溢出攻击；③ 防止 Web 应用程序中的 SQL 注入和跨站脚本攻击。那么，究竟是针对什么样的数据进行什么样的动态化操作才能实现以上防御目标？简单来说，数据动态防御技术并不是对任意数据进行动态化、随机化和多样化，而是为了特定目的对特定数据采用动态化技术。这些技术的共同点在于：① 寻找一种保持数据语义不变的策略，使数据动态化行为不影响数据语义本身；② 通过对选定数据的动态化，能规避漏洞或者有效发现攻击。具体实现技术将在下文详细介绍。

（3）数据加密技术属于数据动态防御技术

一个尚有争议的问题是，常规的数据加密技术是否算作数据动态化技术。我们的观点是，数据加密技术对数据进行了随机化处理，可以借助密钥的变化，实现数据的动态变化，并且能够达到系统防御效果，因此，根据前文对数据动态防御技术的定义，数据加密技术应属于数据动态技术的语义范畴。但由于通用的数据加密技术已经被广泛应用在数据安全存储和保密通信等多个领域，无论是技术实现还是理论完整性都已有相关详细描述，因此，本书不单独对数据加密技术的一般性实现进行详细描述。需要说明的是，下文我们仍然会采用数据加密技术作为基础，来实现一些数据动态化技术。

6.2 数据随机化

6.2.1 基本情况

如前文所述，指令集随机化技术（ISR）[5,6,8,13]可以对程序中的指令内容进行加密处理，进而阻止攻击者进行代码注入。ALSR[11]可以对内存中的数据和代码位置进行随机化，让溢出程序无法跳转到指定地址，从而阻止攻击。但两种方法在具体实践中都有弊端，ISR 技术需要硬件支持才能高效运行；ALSR 技术也面临着诸多问题，例如，攻击者可用利用重写内存地址[10]，或者在程序选定的地址空间放置多份数据，通过堆喷射[5]技术来试图重写内存数据。

微软公司的 Cadar 等人[1]注意到在解决无控制数据攻击问题[14]时，ISR 和 ALSR 技术存在明显缺陷。因为该攻击没有注入代码，所以 ISR 技术无法奏效。同时，ASLR 技术只随机化了堆栈、静态数据的基址等，对无控制数据攻击中的数据溢出也没有效果。为了解决该问题，Cadar 等人提出了一种称为数据随机化的方法[1]，该方法将程序中写入内存的数据分类进行加密处理，避免了一种类型的数据可以溢出到另一种类型数据的地址空间中，从而无法修改参数原有值。任何试图进行写操作的函数都在内存中写入经过随机化的数据，任何试图进行读操作的函数也都将读取到经过加密后的随机化数据。只要溢出攻击在不同类的数据中处理，通过本类密钥随机化处理的数据，必然在另外一个类中无法正确解密。

数据随机化处理方法是数据动态化处理的经典案例，考虑到 Windows 系统的普及率，如果该方法能够在 Windows 系统的实现中有所体现，必将有效提高互联网主机在防范缓冲区溢出方面的安全性。为更好地理解这种技术，下文将进一步描述该技术的实现原理和实现过程。

6.2.2　技术原理

在解释数据随机化技术前，有必要先了解其敌人——无控制数据攻击的攻击方法。无控制数据攻击是由 Chen 等人[14]于 2005 年在 USENIX 安全大会上提出的一种面向 SSH 服务的真实攻击。图 6-1 给出了 SSH 服务存在漏洞的代码。

```
1:    void ProcessConnection (connection *c) {
2:        cred_t user;
3:        char message [1024];
4:        int i=0;
5:
6:        auth_user (&user, c);
7:        while (lend_of_message (c))    {
8:            message [i]=get_next_char (c);
9:            i++;
10:
11:       }
12:       seteuid (user.user_id);
13:       ExecuteRequest (message);
14:   }
```

图 6-1　简化的远程 SSH 服务漏洞代码

在图 6-1 中，在第 8～10 行代码中，如果 Connection 对象 c 的长度更长一点，攻击者就可以造成 message 数组溢出，从而重写 user 变量。如果攻击者在溢出的数据中写入一个明确的 UserID 值，例如 Root 用户对应的 UserID，那么 SSH Server 就会使用 Root 用户的特权来执行命令。之所以该攻击被称为无控制数据攻击，是因为该攻击没有强制改变程序中的任何控制流，却将程序的控制权限进行了提升。

为了抵御该类攻击，数据随机化技术通过静态分析程序代码来把程序中的指针对象进行了划分，把可以通过相同指针访问的数据对象划分为同一类，否则重新分类。在图 6-1 中，message 和 user 两个数据对象就被划分到不同类中。在静态分析后，在系统加载时为每一个类分配一个随机掩饰码，通过该随机分配的掩饰码对同类中的所有指针对象进行随机化处理。为了实现该处理，需要修改程序，以便在需要的阶段写入处理代码。

为了更加清晰地描述该数据随机化过程，下文我们分 5 个步骤来具体描述。

1. 第一步：计算数据对象中的等价类

计算等价类是数据随机化技术的基础和难点。Cadar 使用 Phoenix 编译工具[1]来协助分析源代码，主要过程如下。首先使用 Phoenix 工具将代码转换为中间语言表示的代码，如图 6-2 所示；然后采用保守算法，对程序代码中所有有指针指向的数据对象进行全局扫描，收集子集约束，并依据指令操作数的引用情况进行迭代处理，直到所有数据对象都没有被任意指针引用。可以直接访问的数据对象，如图 6-1 中的常量 i，均单独划分为一类。产生的数据对象分类结果形式为：{i}、{[t277]，message}。结合图 6-2 可知，[t277] 是图中唯一的指针操作数，通过指针引用分析可以得出，[t277] 是指向 message 数组的，因此，这两个数据对象需要归到同一个等价类。

```
        _i =ASSIGN 0
        CALL &_auth_user, &_user, _c
$L6:    t274=CALL &_end_of_message, _c
        t275=COMPARE (NE) t274, 0
        CONDITIONALBRANCH (True) t275, $L7, $L8
$L8:    t278=CALL &_get_next_char, _c
        t277=ADD &_message, _ i
        [t277]=ASSIGN t278
        _i=ADD _i, 1
        GOTO $L6
$L7:    CALL &_seteuid, _user+4
        CALL &_ExecuteRequest, &_message
```

图 6-2　中间语言表示 MIR

2. 第二步：通过安全性分析优化等价类集合

如果程序代码量比较大，根据步骤 1 的等价类获取方法，静态分析将得到一个庞大规模的等价类集合。基于大规模的等价类进行数据随机化处理，显然是要耗费大量系统性能。因此，有必要对这些等价类进行进一步的筛选分析，摒弃多数没有安全威胁的等价类，只保留少量可能存在安全隐患的类集合。

Cadar 提出了以下分析原则。

原则 1：如果运行时访问该操作数一定不会影响内存安全，则认为该操作数安全，一般情况下，分析系统会把所有临时变量、本地变量以及 MIR 中的全局操作数标记为安全操作数。因为这些操作数总是指向寄存器，或指向开始于帧指针和数据段的固定偏移下的定长字节。

原则 2：对于指针操作数，判断通过该指针进行的读写操作是否都在长度范围内，如果访问长度没有超过界限，则认为该指针操作数是安全的。实际操作中，首先收集指针所指向的集合对象（例如结构体、类）以及静态数组等的长度，然后通过符号运算计算出指针指向对象的最小长度和最大长度。如果该长度无法计算，则保守地假定最小值为 0。给定指针指向对象长度的最大值、最小值以及当前读写访问的目标长度，就可以判断指针是否可以越界访问。如果不越界，则认定该指针操作数是安全的。

基于以上两个原则，就可以过滤掉大量安全的等价类集合，避免了在后面的随机化处理中安插大量冗余代码。举例来说，图 6-2 中就只有 [t277] 所属等价类是不安全的。

3. 第三步：分配掩饰码到等价类

为了对等价类中的操作数进行随机化处理，需要分配掩饰码到各个等价类，通过异或的方式对各个操作数进行加解密操作。在分配掩饰码的过程中，等价类之间以及等价类内部的操作数长度都有可能不一致，甚至同一操作数在运行时也可能有不同的访问方式，例如，一个 int 类型的数组可能通过 char * 来访问。因此，就需要在分配掩饰码到各个等价类时，采取有效策略，保证等价类中操作数的每一个字节都被相同的掩饰码进行了异或处理。

为解决此问题，Cadar 提出了两种解决方案。

方案 1：根据等价类中操作数的最小长度来决定该类掩饰码的长度。如果该等价类有两个操作数，一个有 4 B，一个有 2 B，那么该等价类的掩饰码就为 2 B。如果被加密的操作数超过了 2 B，则需要扩展掩饰码长度。

方案 2：对所有的等价类都分配 4 B 的掩饰码。等价类中所有操作数都可以根据自身长度去对齐类掩饰码，并动态获取适合自身的掩饰码。这种方案比方案 1 更安全，因为它保证了操作数的所有位都被独立不重复的掩饰码进行了异或操作，但该方法在某些使用条件下会带来较大的性能消耗。

4. 第四步：通过代码插桩来加/解密内存访问

计算完等价类和对应的掩饰码后，数据随机化编译器就需要添加代码来加/解密内存访问。因为前面的等价类获取均建立在中间语言 MIR 的基础上，代码插桩也需要将代码转化为 MIR 语言。具体实施时，编译器需要在执行内存写操作前插入代码来加密操作数，在执行内存读操作前插入代码来解密操作数。图 6-3 所示的是对 MIR 指令 "o1=OPERATION o2,o3" 的改造。其中，o1、o2 和 o3 是不安全的原始操作数，m1、m2 和 m3 是掩饰码。可见，在读取操作数 o2 和 o3 时，首先需要通过与对应的掩饰码进行异或操作，实现操作数解密读取；在获取真实指令的结果 t1 后，还需要使用掩饰码对 t1 进行异或处理，完成操作数加密写入。

```
t2=BITXOR o2, m2
t3=BITXOR o3, m3
t1=OPERATION t2, t3
o1=BITXOR t1, m1
```

图 6-3　内存代码插桩示例 1

在实际进行代码插桩过程中，只需要对不安全的操作数执行代码插桩，这将有效降低代码插桩的工作量和复杂度。Cadar 在其研究中，还讨论了如何在函数调用过程中进行代码插桩以及使用定长掩饰码的代码插桩方法。

5. 第五步：程序加载时更新掩饰码

掩饰码的产生和安全性也是实现数据随机化的重要部分。编译过程中，编译器会产生一个掩饰码文件，其中包含了每一个等价类对应的掩饰码和之前使用过的掩饰码。每次程序加载时，加载器将基于该掩饰码文件，读取之前的掩饰码，并根据该掩饰码查询相对应的新掩饰码值，并更新到二进制文件中。但在研究文献中并没有提及这一份掩饰码文件是如何安全保存的。

6.2.3　基本效能与存在的不足

数据随机化技术对内存不安全数据的读写进行了随机化处理，将有效增加攻击者攻击受保护应用程序的难度。攻击者在知晓原理的情况下，也必须通过某种方法获得或猜测到用于实现数据随机化的密钥才有可能破解该方法。如果密钥的长度为 4 B，攻击者采用暴力破解方法就必须面临 2^{32} 位大小的猜测空间。即使在最坏情况下，掩饰码只有 8 位，攻击者也必须猜测 2^8 种可能性。但暴力破解可能导致大量的程序故障，从而有较大的可能被检测到。

该技术也存在一定缺陷。由于同一组中的操作数使用相同的密钥，攻击者可能利用该漏洞而获得所希望的内存对象。为了使本技术有效，应要求所有链接库都通过封装来保护。如果有某个链接库被疏忽，攻击者就有可能绕过本技术的保护。

6.3 N变体数据多样化

6.3.1 基本情况

随机化技术是被动态防御技术中最为常用的技术之一，本书已在前文介绍了指令集随机化（ISR）技术[5,8]、地址空间布局随机化（ALSR）技术[10,11]以及数据随机化（DR）技术[1]，这些技术综合运用加/解密方法来对信息系统中的特定元素进行随机化处理，可有效抵御缓冲区溢出等类型的攻击。这些技术的可行性前提在于攻击者无法猜测出随机化密钥。但美国维吉尼亚大学的Evans和Nguyen-Euong等人[2,15]认为，在实践过程中保证这些随机化密钥的安全是十分困难的，且已有研究证明可以利用随机化的有限熵问题来对抗ISR技术和ALSR技术，于是Evans和Nguyen-Euong等人提出了一种新的数据多样化方法来对抗针对数据的攻击[2]。

该技术假定的对抗对象仍然是6.2节中介绍的无控制数据攻击问题[14]，攻击者可以利用数据溢出来写入特定数据以获取特权访问能力。与数据随机化方式不同，该技术主要是将N变体技术思想应用到数据对抗领域。通过对特定数据类型的数据进行多样化处理，构建出与原有程序语义一致的变体程序，且在设想的多样化处理效果中，攻击者一次输入不可能同时成功攻击两个变体。因此，系统管理者可以通过设置监控器来比较输入值在经各个变体执行后产生的行为，借此判断输入值的合理性，如果行为有差异就认为检测出了攻击行为。

6.3.2 技术原理

该技术的3个核心要点在于：基于重新解释函数构造变体；确保变体的语义一致性；如何进行行为检测。

1. 基于重新解释函数构造变体

每一个应用程序都是由一系列解释器组成。例如，一个Web应用就需要分别采用多种解释器来处理网络协议、HTTP、实现应用逻辑的解释性脚本、可执行的数据库查询、操作系统访问服务以及执行机器指令等。为实施一个有效供给，攻击者需要突破一系列解释器层次，并且最终控制输入到指定的解释器，进而获取所需资源。举例来说，恶意代码的有效载荷中包含的是 x86 机器指令，目标解释器就是机器硬件自身。如果有效载荷中需要打开一个 Shell，那么其中一个解释器就是文件系统。可以说，一次简单的漏洞利用攻击就可能涉及多个不同的解释器。

攻击者之所以能够发送恶意数据到目标解释器，就是因为高层解释器包含漏洞。软件开发和部署过程中经常带有人为疏忽，而这些非刻意的疏忽很可能会转换为安全漏洞。

图 6-3 给出了一个包含两个变体的 N 变体系统。这两个变体执行同样的程序，但在处理某些数据类型时，却采用了不同的解释器。攻击者可以精确构造外部输入来攻击系统，但面临的系统界面是在外部，因此只能使用一个通信通道。同一种包含恶意载荷的输入数据可能会由应用中的一系列解释器解析。这一系列解析器在图 6-3 中被简称为 APP 解释器。通过利用 APP 解释器中的漏洞，内嵌的恶意数据就会到达目标解释器。

一般的多样化技术试图通过改变解释器之间的接口来挫败攻击。如果攻击者不知道接口表示，就很难猜测到何种输入会在目标解释器上产生效果。数据多样化技术通过使用数据重新表示函数（Re-expression Function，R 函数）来构建新的变体。如果数据重新表示函数的可能性空间比较大，就意味着安全性较高。因为对于攻击者，如果希望注入特定的恶意数据欺骗到目标解释器，就必须首先知道特定的数据逆表示函数。

总体来说，N 变体数据多样化技术避免了随机性算法中对密钥的高安全性要求，其 R 函数的设计满足以下原则：对于某变体，任意的具体数据对其是合法的，则对其他的变体就不是合法的。其目标编译器的设计目的不在于能够直接区分恶意数据和正常数据，但需要保证：只有正常应用数据会被 R 函数重新表示，并在被发送到目标解释器后得到正确解析；恶意数据则会不经 R 函数解释，直接被发送到多个目标解释器。

以图 6-4 为例，两个变体包含不同的 R 函数，即 R_0、R_1，同一组合法数据在多个变体中基于 R 函数分别被转换。为了保持数据语义，目标解释器会在解释之前加上逆解释函数 R_0^{-1} 和 R_1^{-1}。这就在 APP 解释器和目标解释器之间建立了一个不同的数据解释。但恶意数据采取暴力注入方式，因此，会直接绕过 R 函数，即未经重新解释而直接发送到目标解释器。

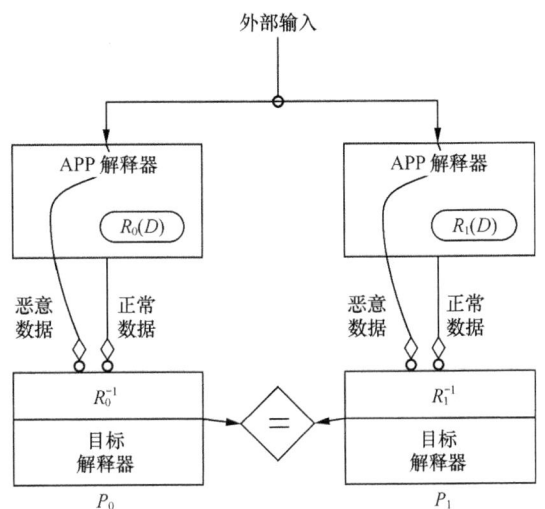

图 6-4　基于数据多样性的 N 变体

2. 确保变体的语义一致性

对于目标类型 T 和已知程序 P，为了给每一个变体 P_i 建立正常的等价属性，需要进行以下几个步骤。

① 所有 P 中关于类型 T 的合法数据会使用 R 函数 R_i。

② 所有 P_i 中直接操作 T 值的指令会被转变，使其操作 R 函数处理之后的数据时，能够保存原有语义。

③ 逆 R 函数应满足互逆属性，即

$$\forall x:T, R_i^{-1}\left(R_i(T)\right) \equiv T \tag{6-1}$$

前两步需要程序转换。转换合法程序数据需要鉴定 P 中目标类型的常量值，应用 R_i 函数来产生变体 P_i。如果目标类型容易确定，则这个操作可以直接进行，但是如何保持语义等价却是一个困难的问题，需要根据实际情况具体分析。

3. 如何进行行为检测

理想的检测效果要求：如果一个变体被攻击成功，那么另外的变体一定能够指出攻击。这就需要目标解释器在比较输入数据时，能够检测到对目标类型的任意注入数据。要达到此目标，就必须要求逆 R 函数满足以下不相交属性，即

$$\forall x:T, R_0^{-1}(x) \neq R_1^{-1}(x) \quad (6\text{-}2)$$

基于此属性可知,任意相等的数据发送到目标解释器,都会有警告产生。因为它们的逆函数是不一样的,会产生不同的解析结果。

实例分析:前文介绍了基于数据多样化技术的 N 变体系统设计思想,下面以 David 等人给出的基于 UID 数据类型构建 N 变体的实例来具体阐述此技术。此时,R 函数见表 6-1。

表 6-1 R 函数

变体	目标类型	R 函数	逆 R 函数
地址空间分区 [16]	地址	$R_0(\alpha)=\alpha$ $R_1(\alpha)=\alpha+0\text{x}80000000$	$R_0^{-1}(\alpha)=\alpha$ $R_1^{-1}(\alpha)=\alpha-0\text{x}80000000$
扩展地址空间分区 [9]	地址	$R_0(\alpha)=\alpha$ $R_1(\alpha)=\alpha+0\text{x}80000000+\text{offset}$	$R_0^{-1}(\alpha)=\alpha$ $R_1^{-1}(\alpha)=\alpha-0\text{x}80000000-\text{offset}$
指令集标签 [16]	指令	$R_0(inst) = 0 \parallel inst$ $R_1(inst) = 0 \parallel inst$	$R_0^{-1}(0 \parallel inst) = inst$ $R_1^{-1}(0 \parallel inst) = inst$
UID 变体	UID	$R_0(u) = u$ $R_1(u) = u \oplus 0\text{x7FFFFFFF}$	$R_0^{-1}(u) = u$ $R_1^{-1}(u) = u \oplus 0\text{x7FFFFFFF}$

对 UID 数据类型采取数据多样化技术,可以挫败针对用户 ID 数据的攻击。同 6.2 节一样,该技术防御的攻击类型之一也是 Chen 等人提出的无控制数据攻击[14]。具体攻击方法参见 6.2 节,这里不予详述。

具体实施过程中,要想实现数据多样化,不仅是构建变体自身,还需要操作系统提供配合和支持,该文所设计的变体需要修改 Linux 内核,以便变体执行时对相关系统调用进行同步,并负责监控各变体的运行结果。这样的设计有利于以下两个方面。

① 当多个变体调用系统时,会首先判断多个变体的调用是否一致,如果一致,则由封装的函数调用真正的系统调用函数接口,可保证真正的系统调用只会被调用一次,不影响程序的可用性。

② 攻击检测目的:根据基本 N 变体数据多样化的设计理念,如果检测到变体行为存在差异性,则认为发生恶意攻击。

总之,在具体实现过程中,主要需要解决以下几个问题:定义 R 函数;应用 R 函数;修改相关系统调用。

(1)定义 R 函数

R 函数是构建变体的基本条件。这里定义两个变体。

第一个 P_0 变体就是原程序自身，R 函数及逆解释函数就是 UID 的原有值。

$$R_1(u)=u \quad (6-3)$$

$$R_1^{-1}(u)=u \quad (6-4)$$

第二个变体 P_1，定义重解释函数 $R_1(u)$ 和逆函数 $R_1^{-1}(u)$ 为

$$R_1(u)=u \oplus 0 \times 7\text{FFFFFFF} \quad (6-5)$$

$$R_1^{-1}(u)=u \oplus 0 \times 7\text{FFFFFFF} \quad (6-6)$$

分析可知，每个变体的 R 函数和逆 R 函数都满足互逆属性，且两个变体的逆函数满足不相交性。

对于 P_1 的 R 函数，理想的、与 UID 值进行异或的对象应该是 0×7FFFFFFF，因为这样就可以保护所有比特位不被攻击。但 UID 值一般是无符号类型，在 Linux 系统内核中，负值的 UID 是有特殊含义的，因此，这里不便于过滤最高位，而且在实际攻击环境中，单比特攻击没有意义，所以这里不考虑这种情形。

（2）应用 R 函数

应用 R 函数到真实的使用环境中，不仅需要修改原有程序的源代码，还需要修改相关系统调用函数。根据以上的 R 函数定义，第一个变体 P_0 就是原有程序自身，第二个变体 P_1 则需要原有程序在内部应用 R 函数。以 C 语言编写的程序为例，首先需要找到 uid_t 类型的变量，然后执行以下操作。

① 所有 UID 值必须使用 $R_1(u)$ 函数转换。举例来说，if (!getuid ()) 为保持语义，首先将其转换为 getuid()==0，然后就需要根据 $R_1(u)$ 函数的定义，将常量值 0 进行同步转换。

② 程序中所有操作 UID 值的操作函数必须转换，以保持 UID 值的原有语义。但由于在实际应用环境中，程序操作 UID 一般是值分配和比较操作，而且 UID 数据本身已经转换，所以这两类操作可以不用转换，但是如果是其他操作，就需要额外地转换。

（3）修改系统调用

要想通过比较多个变体的运行行为来检测攻击，还需要补充系统调用函数来实施检测。表 6-2 中给出的新建系统调用函数主要分为三大类。

表 6-2 补充的系统调用

序号	函数	描述
1	uid_t uid_value (uid_t)	把当前 UID 值传入内核，通过内核比较多个变体间的 UID 值，相同则返回（应用逆解释函数后），不相同则触发攻击报警

续表

序号	函数	描述
2	bool cond_chk (bool)	检测变体间的条件值是否相同
3	cc_eq (uid_t,uid_t) cc_neq (uid_t,uid_t) cc_lt (uid_t,uid_t) cc_leg (uid_t,uid_t) cc_gt (uid_t,uid_t) cc_geq (uid_t,uid_t)	比较 UID 参数并返回比较结果

第一类用于获取 UID 值，但此值的真实大小还需要系统内核来比对多个变体间的当前值，如果一致（变体需执行逆解释函数），则返回结果；如果不一致，则认为变体行为发生异常，可以触发攻击预警。例如，getpwnname(uid) 需要修改为 getpwnname (uid_value (uid))。

第二类函数适用于变体使用 UID 类型变量与 UID 类型常量值进行比较的情形，例如，pw=Null 需要修改为 cond_chk (pw==Null)。

第三类函数适用于变体使用 UID 类型变量与 UID 类型变量进行比较的情形。在表 6-2 中，使用 cc 开头的函数分别代表以下操作：=、≠、<、≤、>、≥。例如，uid==variant_ROOT 需要修改为 cc_eq (uid, variant_ROOT)。

David 等人在 Apache Web Server 上实践了以上针对 UID 数据类型的数据多样化技术，其源代码中一共有 73 处改变：15 处应用 R 函数到常量 UID 值；16 处引用新的系统调用来暴露 UID 值到监控器；22 处比较 UID 值操作；20 处检查条件状态。

6.3.3 基本效能与存在的不足

David 等人[2]用实验验证了该技术的可行性，并分析了该技术带来的性能损耗，实验结果表明，对于不同的服务器，性能损耗在 1% ~ 4.5% 内，考虑到这一技术对安全性的明显提高，该损耗比例还在可接受范围内。

较之一般的数据随机化算法，该技术的最大优势在于，在不需要保证密钥安全的前提下，实现数据多样化，可有效防范无控制数据攻击。但本技术的保护范围也比较有限，系统中提及的方法中只有很少量的数据（UID 值）被随机化，且实施难度较大，为达到攻击检测目的，常需要修改或者添加系统调用，并修改操作系统源代码和程序源代码。在目前的研究阶段，由于主要依靠人工开发代码，开发和维护代价较高。

6.4 面向容错的 N-Copy 数据多样化

6.4.1 基本情况

N 版本编程（N-Version）和恢复区（Recovery Block）模型是构建容错软件的两种方法[16,17]，这两种技术都依赖设计的多样化，即对于一种方法，设计多种实现。

N 版本模型需要由多个独立开发的不同版本的程序分别接收相同的输入，通过投票方式检查各程序的输出，从而确定该输入是否可接受。一般来说，选择多票结果为正确输出结果。恢复区模型提交算法的结果到测试集，如果结果没有通过测试，则系统恢复机器状态到运行该算法之前，并执行其他候选算法，这个过程循环进行直到产生一个满意结果或者试验了所有候选算法。可以看到，这两种模型都需要对程序进行多种实现，还需要克服语义等价等问题，实施难度很大。需要说明的是，N 版本编程同前文介绍的 N 变体是同一概念的不同说法，这里的概念主要来源于文献 [16,17] 的介绍。

Paul 等人[3]认为，想要提高软件的容错性，不仅可以采用设计多样化技术，即构建等价的多个程序体，运行相同的数据，还可以采用数据多样化技术，即由一个程序体运行多个等价的数据集。需要说明的是，数据多样化在每一个具体技术里面并不总是表达相同的含义，英文中同为 Data Diversity，但在不同研究中其含义存在差异，比如，6.3 节介绍的数据多样化与本节所称面向容错的数据多样化就有较为明显的差异。Paul 认为，软件总是因为数据空间的特殊情况而发生故障。实践过程中，一个程序可以存活于大规模测试，在很多情况下工作良好，但是却在某些特殊情况下发生故障。这里的特殊情况可以看作是针对特定数据集输入而产生的输出。之所以大规模频繁测试没有精确揭示软件在特殊情况下引起的故障，是因为这些测试没有产生需要的准确环境。Paul 还观察到，某些软件在一系列特殊条件下产生故障，但如果把执行条件稍做改变，就有可能让软件重新工作。例如，对一些导致异步商业系统故障的固定错误，再一次提交执行时，并不一定会导致故障。

基于以上观察，Paul 认为，可以从输入数据入手，构建等价数据集或近似等价的数据集来多次测试系统。系统可能产生两种结果：一种是测试结果相同，所有输入都引起系统故障；另一种是部分等价数据集作为输入后，系统正常运行，没有产生故障。由此可知，这种方法有可能会提高有缺陷系统的运行成功率，而且产生的结果也在可接受范围之内。

6.4.2 技术原理

数据多样性是与设计多样性正交的方法。一组多样化算法产生一组相关数据点，在相同的软件上执行这些数据点（在一个软件的多个副本上并行运行，因此被称为 N-Copy 数据多样化），然后使用决策算法来决定系统输出。从前文分析来看，Paul 的思想很有启发性，如果该思想能够得以实践，确实可以在一定程度上提高软件的可靠性，降低软件产生故障的概率。但要想在真实软件使用环境中实现该想法还存在很多难点。首先，数据输入的形式千变万化，有的数据在面临固定程序时有等价输入，有的却并不一定能找到；其次，等价数据集能否在原输入数据引起系统故障的情况下使系统正常运行也是一个答案不确定的问题，可能有，也可能没有。Paul 在其研究中用概率理论进行描述，但并没有给出影响概率高低的因素，也恰恰说明了这一问题的难解之处。考虑到该思想的创新性，本文将进一步深入探讨 Paul 等人的研究思路和设计理念。

1. 故障区域

Paul 把所有可能导致系统发生故障的输入点集合以及分布情况统一描述为故障区域（Failure Region，FR），并认为系统之所以发生故障，是因为当前输入数据值是位于系统的故障区域内。某些输入点能使系统正常工作，则是因为这些数据点不在故障区域内。

因此，数据多样化的能力就在于，在给定位故障区域内某输入数据点的情况下，通过数据多样化解释程序产生出位于 FR 之外数据点的能力。我们把这里提到的产生多样化数据集的算法称为 R 算法。可以这么说，数据多样化在本节中的实现，最主要的问题之一就是如何设计 R 算法。

2. R 算法：数据多样化解释算法

R 算法（如图 6-5 所示）旨在产生

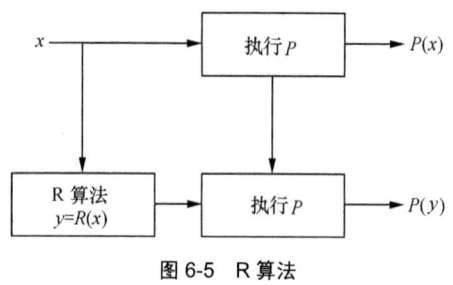

图 6-5　R 算法

不在故障区域内但能使系统成功运行的数据集。事实上，R 算法的设计可以有两种目标：一种是所谓的精确型 R 算法，确保产生的数据集与原数据集能产生完全等价的系统输出结果（如图 6-6 所示的等价输出集）；另一种是所谓的近似型 R 算法，其产生的数据集所对应的系统输出结果是在可接受范围内（如图 6-6 所示的合理输出集）。根据实践经验，Paul 给出下面多种 R 算法设计思路。

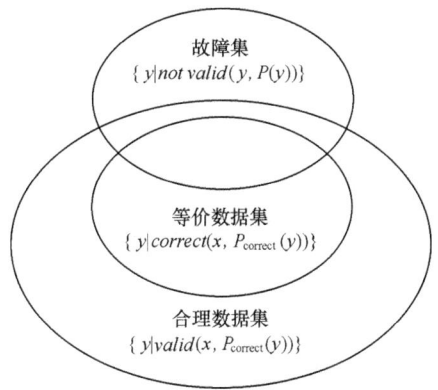

图 6-6　不同算法产生的输入数据所对应的输出结果分布

① 当输入数据为数值时，数值在一定阈值范围内进行大小调整，例如增大后者减小一定百分比。具体的比例需要根据系统的内在设计确定，对有些硬件系统可以根据传感器的敏感度来确定。

② 当输入数据为数值时，调整数据的存储顺序。

③ 当输入数据为数值时，调整数据的运算顺序。

④ 当输入数据为非数值时，调整数据的数据结构，例如，把以字符串形式存储的数据调整为树结构等。

⑤ 在前面 R 算法产生输入数据的基础上，对该输入在系统运行后得出的结果进行针对性修正，如图 6-7 所示。

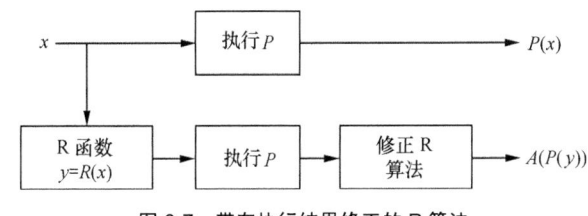

图 6-7　带有执行结果修正的 R 算法

⑥ 对输入数据进行拆分，在得出输出结果后，再进行合并，如图 6-8 所示。

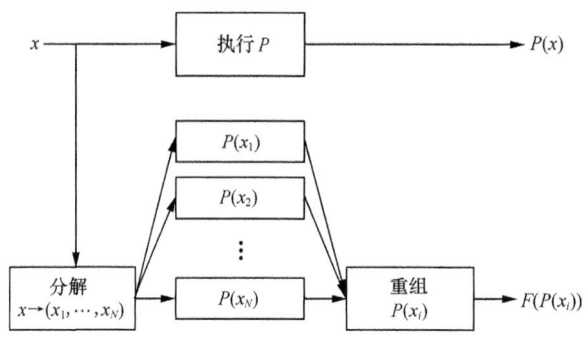

图 6-8　对输入进行重组和组合的 R 算法

R 算法的设计是一项极具挑战的任务。Paul 通过综合分析后认为,并不存在通用的 R 算法,应该结合具体问题来定制 R 算法;R 算法在设计时应求简求易;R 算法可能带来更多的设计缺陷。

3. 输出结果决策方式

不同的 R 算法可能产生不同的输入数据形式,这些不同的输入数据又可能产生不同的输出结果。系统可以用以下两种方式来对这些输出结果进行判定。

① 对于精确型 R 算法产生的输出结果,投票时将以多数输出结果作为好的输出结果。

② 对于近似型 R 算法产生的输出结果,投票时将更具主观性,因为此时可能生成多个不同的、但仍可接受的结果。

6.4.3　基本效能与存在的不足

区别于本章其他章节描述的数据多样化技术,本技术并不是为直接对抗恶意输入而设计的,而是更多地针对在非有意而为之的系统缺陷。由于重新产生输入数据,并通过对系统输出结果进行投票而选择较好结果,本技术有助于应对系统自身存在的部分编码缺陷,也能增大攻击者破坏或恶意操纵程序输出的难度。但在具体实施中,如果用来产生多样化输入数据的解释算法差异不够大,攻击者仍可能实现其目标;如果攻击者在无需程序输出的情况下就能达到目的,本技术可能失去作用。

同时,该技术依赖于投票机制,因此,攻击者仍可能为绕过更多保护而破坏全部或大多数进程。攻击者还可能找出在检查输出时看来有效的输出,从而不再用不同算法进行运算。另一种可能是,对于同一恶意输入,采用不同算法得到的结果并无差异。对于其输出在不断动态变化的程序或服务而言,可能难以创建一个可准确检测输出有效性的组件。

6.5 应对 Web 应用安全的数据多样化

6.5.1 基本情况

攻击者使用 SQL 注入、跨站脚本（Cross-Site Scripting，XSS）等手段时，必须对漏洞程序所用的后台系统有预先了解。对于几乎所有 SQL 注入攻击，攻击者必须清楚（或能够学到）数据库表的名称和表中列的类型和名称；对于命令注入攻击，攻击者必须清楚系统中可用的可执行文件名字；对于跨站脚本攻击，攻击者必须清楚 HTML 文档对象模型的结构和所关心的文档对象模型的节点标识符。但是，攻击者不可能轻松获得这类信息。在程序使用数据库中的表时，没有必要让程序用户知道它的名字。多态化技术可以利用这种信息不对称性，增大借助嵌入式子程序（SQL 查询语句、Shell 命令、含 JavaScript 代码的 HTML 文本）实施攻击的难度。如果把对子程序施加变换（如 SQL 查询）与对可执行环境（如数据库）施加变换结合起来，程序的每个实例都可能使用在语法和语义上都有明显不同的子程序。因此，当软件进行多态化处理后，攻击成功的比例将大幅降低。

Mihai 等人[4]认为，互联网服务的特点是有外部可见的接口，这些接口的语法和语义是固定的，其内部实现则是可以随意变化的，只要满足外部接口约束即可。因此，多态化可应用于这些实现的任何部分，并可应用于实现期望安全保证的任何程度。换句话说，只要能保持提供给用户的接口，具体实现可以采用任何组成方式，并且可以在运行时动态变化。在一个典型的多层结构网络应用程序中，有很多方面是可以进行多态化的：提供给客户端浏览器的 HTML 文档及其与网站服务器之间的通信、网站服务器上运行的应用程序及其与中间件之间的通信、中间件本身、中间件与数据库服务器之间的通信等。这样可以确保服务免遭多个种类而不是仅一个具体种类的攻击。

本书其他章节讨论的一些多态化技术，例如 SQL 关键字多样化，也可属于指令集随机化范畴或软件动态防御范畴，但本节在这里做进一步的讨论，主要是为了说明软件中不仅是指令集可以多态化、多样化，还有很多要素（如数据类型、数据接口和数据编码等）同样可以采取多态化技术，从而通过技术组合进一步提高应对攻击的能力。

6.5.2 技术原理

本技术的核心思想在于，在动态防御中，不仅可以采用某一种动态技术，而且可以组合多种不同的动态技术，并将其应用到服务的各个层面，且不影响该程序的功能。Mihai 等人[4]以对互联网服务进行多样化为例，提出了相关多样化技术的实现方案、技术组合以及通用设计原则。为清楚展现技术实现方式，这里给出相关示例介绍。

图 6-9 展示了一个复杂的 Web 服务——Facebook。这个服务的核心功能包括用户以不同方式持续输入数据、第三方脚本交互、用户直接进行数据检索。这个服务的实现必定复杂且易于出错，其每个特性都可能会给攻击者提供另一个方法，导致把引发漏洞的数据送入后台程序中。这里介绍与该系统相关的两种多样化处理方案。

图 6-9　Facebook 网络服务

（1）用 SQL 关键字/语法多样化应对 SQL 注入攻击

试想一个用户正在根据一个给定的名字，在表 Profiles 中搜索与之相符的各种信息。假设后台将给定用户的所有数据都存储在一个关系数据库中，且通过构建合适的 SQL 语句来回应搜索请求。在这种情况下，一部分后台代码可能看起来如图 6-10 所示。

```
1   string userName=request.getQueryString ();
2   string query="SELECT*FROM profiles WHERE
        name='"+userName+"'"
3
4   statement stmt=conn.createStatement ();
5   stmt. executeQuery (query);
```

图 6-10　Java 程序中的 SQL 注入漏洞

然而，由于开发者犯了很常见的错误，未能很好地清理用户提供的输入，这些代码容易遭受 SQL 注入攻击。例如，通过发起一次查询，把用户名设为"'123'；DELETE * FROM profiles；"，攻击者就可以强迫程序向数据库发起如下 SQL 查询。

SELECT * FROM profiles WHERE name = "123";
DELETE * FROM profiles;

这显然不是开发者预期的效果，因为开放供用户使用的搜索程序不应该删掉配置数据库中的内容。为解决这种问题，可以引入 SQL 关键数据多样化技术。

首先可以对数据库接口的各类标识符进行随机化，减少 SQL 注入攻击造成的损失，这种方式也不会影响程序的语义。在示例中，这一策略被简化为给这个查询建立一个新的数据库结构，具体见表 6-3。

表 6-3　新旧数据库名字

旧名字	新名字
table profiles	table fc11
column name	column bbd6

为反映这种改变，我们还必须更改这个程序与数据库的接口方式。

String query = " SELECT * FROM fc11 WHERE bbd6 = ' ' " + userName + " ' ";

上述攻击将要求执行以下查询，该查询将被数据库服务器视为非法操作而拒绝，因为它所指定的表和列都是不存在的。

SELECT * FROM profiles WHERE name = "123";
DELETE * FROM profiles;

实际上，这个 SQL 查询中的 DELETE 部分也会被认为是无效的，这样就挫败了攻击。

当然，对数据库结构只改变一次是不可能提供足够安全性的，因为攻击者最终可能获得数据库中对象的新名字。因此，另一个不同用户访问同一网络应用程序时，可以使用这样的数据库结构，具体见表 6-4。

表 6-4　修改表名称

旧名字	新名字
table profiles	table ae76e015705
column name	column beb38f0f750

这样，数据库的细节部分已经过随机化处理，对攻击者来说，此时想构建合法用以实施注入攻击的代码就变得非常困难。

（2）JavaScript 脚本多样化以应对 XSS 攻击

用户驱动型网站容易遭受到的另一种类型攻击是 XSS。用户有几十种方法向网络应用程序发送内容，这些内容随后就被提取出来放在 HTML 文档的上下文中。当前，用以防止用户发送 JavaScript 内容的最好方法是，在所有根据不受信任输入生成 HTML 文本的代码中正确地放置字符串清理标识，那些 JavaScript 内容随后就会在网络应用程序环境下运行。这通常被认为是一个容易出错的过程。放置清理标识的自动处理程序，必须能理解程序层级的信息流，同时理解不同 HTML 环境和字符串清理标识语义之间微妙的相互作用。由于这些因素，字符串清理操作远不能完全解决问题。带注入代码（第 5 ~ 15 行）的 HTML 页面如图 6-11 所示。

```
1   <input name="status">
2   <input type="submit" value="Share">
3
4   <!-- User-provided data starts here-->
5   <script>
6   //Find the status input box
7   statusBox=document.getElementById ("input");
8   statusBox.innerHTML="skipping work";
9   btns=document.getElementsByTagName ("input");
10  //Submit the form
11  foreach (var btn in btns) {
12      if (btn.getAttribute ("value")=="Share")
13          btn.onclick ();
14  }
15  </script>
```

图 6-11　带注入代码（第 5 ~ 15 行）的 HTML 页面

　　一个可行的解决方案就是对 JavaScript 运行环境进行多态化处理，以避免这种类型的攻击。首先，规划一个方案，把环境中一些不重要的特征变成随机的元素，在这个案例中，这些不重要的特征就是 API 方法函数名。接下来，对送到客户端的所有 JavaScript 源代码文件进行分析，看它是否引用了经多态化处理的 API 方法函数名，然后重写这个源代码文件以调用真正的方法函数。

　　图 6-12 给出在当前例子中使用多态化处理运行环境所带来的结果。这个页面中 JavaScript 代码最前面建立了新环境，删除默认的环境。浏览器中 JavaScript 松散的属性允许去做这些而不必修改解释器或浏览器的实现，只需要简单调换几个对必需文档对象模型方法的引用就可以了。需要注意的是，攻击中用到的每个文档对象模型中的 API 方法函数名都必须进行多态化处理，每一个应用程序接口的默认引用都必须设为 Null。最重要的是，由于对文档对象模型中的函数调用都指向 Null 引用，跨站脚本攻击的代码就不可能成功运行了。

```
1   <input name="status">
2   <input type="submit" value="Share">
3
4   <!-- User-provided data starts here-->
5   <script>
6   document.getelbyid10239=document.getElementById；
7   document.getElementById=Null；
8   document.getatt90254=document.getAttribute；
9   document.getAttribute=Null；
10  // ...Additional diversification setup
11  </script>
12
13  <!-- User-provided data starts here -->
14  <script>
15  statusBox=document.getElementById ("input");
16  statusBox.innerHTML="skipping work";
17  btns=document.getElementsByTagName ("input");
18  foreach (var btn in btns) {
19      if (btn.getAttribute ("value")=="Share")
20          btn.onclick ();
21  }
22  </script>
```

图 6-12　在多态化（第 5～11 行）保护下的 HTML 页面，其中包含有注入代码（第 14～22 行）

除了 SQL 中的数据类型、JavaScript 关键字可以被多样化外，Mohai 还列出了其他备选可用于多态化的元素，见表 6-5。

表 6-5　网络应用程序系统中备选用于多态化处理的部分

JavaScript 应用程序接口	SQL 关键字
JavaScript 变量	SQL 语法
HTML 文档对象模型结构	数据库表名
HTML 文档对象模型标识符	数据库列名
HTTP 关键字	SQL 返回格式
HTTP 语法	数据库服务器 IP 地址和端口号
HTTP 头部信息	ISA 数据库服务器
HTTP 内容编码	网站服务器使用的本地文件
网站服务器内存布局	数据库服务器使用的本地文件
网站服务器	ISA 数据服务器内存布局

需要说明的是，可能还有没有提到的其他部分也可以多样化。一般来说，可进行多样化的项目数量和类型依赖于所期望的服务和用以提供该服务的软件。但每种多样化方法都有自己的消极影响和性能开销，实际应用中应根据每种多

态化技术的特征选择合适的技术组合。

6.5.3 基本效能与存在的不足

本技术可有效抵御不同层次的代码注入攻击及某些认证攻击。其中，指令集随机化、脚本 API 随机化、存储数据参考名称随机化、代码组件随机化都有助于抵御高层次的代码注入攻击（如 SQL 注入攻击）和针对内部应用程序的低层次代码注入攻击。同时，这些技术也有助于防范旨在破坏认证的攻击，例如试图在高级别层次上注入代码的跨站脚本攻击。与本技术结合使用的其他多样化方法有助于防范其他层次上的注入攻击。

但这种组合思想也存在一些不确定性因素，举例来说，根据其具体实现，如果允许内存布局随机化，可能会增加较多系统开销。两个看上去不相关策略的组合可能会导致不希望的结果（如成倍的性能开销），因此其合成未必简单。

| 6.6 本章小结 |

数据动态防御技术，顾名思义，是通过数据的动态化来提高系统防护的能力。表 6-6 中分别介绍了数据随机化、N 变体数据多样化、面向容错的 N-Copy 数据多样化技术以及面向 Web 应用的数据多样化技术，这些技术的共同点都在于它们改变了数据在不同空间、不同维度的存在形式，使攻击者的常规攻击手段无法有效实施，但每一种技术又有各自的特点和应用范围。

表 6-6 多种数据动态化技术比较分析

序号	技术	数据对象	防御效能
1	数据随机化	内存数据	代码注入、控制注入
2	N 变体数据多样化	内存数据	控制注入
3	N-Copy 数据多样化	内存数据	系统缺陷
4	面向 Web 应用的数据多样化	脚本语法、数据编码、应用数据	SQL 注入、XSS 攻击、代码注入

数据随机化技术对内存数据中的不安全操作数进行了分类加密，确保由一种类型溢出到另一种数据类型的数据是无法被有效识别的，这一措施对解决大多数缓冲区溢出攻击都有非常明显的防御效果。但这种技术依赖于加密密钥，

因此也面临着暴力破解问题。

  N 变体数据多样化技术认识到随机化技术存在着对密钥暴力破解的问题，因此，这里提出不需要强度加密，只需要构建出针对特定数据类型的变体，只要这种变体能够在防御攻击时导致系统行为产生差异，就可以检测出攻击行为。但这种技术不像数据随机化技术那样可以直接防御攻击，它只能起到检测攻击行为的效果。

  面向容错的 N-Copy 数据多样化技术的主要设计目的并非是抵御外来攻击，而是为关键数据应用处理程序（如导弹发射程序、飞机航迹规划程序等）提供一种自动的容错处理能力。其核心思想就在于，一种数据输入可能导致系统发生故障，但这种数据输入的等价形式或类等价输入形式能够规避系统的缺陷，从而实现应有的系统输出能力。这种技术依靠投票机制，很多决策方法带有主观性，并不适合普遍应用来提高软件可靠性。

  最后我们介绍了面向 Web 应用安全的数据多样化。这里介绍的不是一种单纯的数据多样化技术，更多的是一种技术组合的理念。在防范 Web 攻击过程中，有很多数据元素是可以通过多样化技术来迷惑对手，一种多样化技术防范的领域可能有限，但组合出来的多样化矩阵能力就可能产生相乘的防御能力。该技术也面临着如何选择组合以及多样化技术组合带来的性能损耗问题。

  总体而言，以上提出的数据多样化技术都从不同角度有效提高了系统的防御能力，但考虑到各种技术的个性特征和使用范围，在具体应用实践时，应根据所用系统的开发语言、系统环境以及主要防范对象进行针对性选择。

参考文献

[1] CADAR C, AKRITIDIS P, COSTA M, et al. Data randomization[J]. Microsoft Research, 2008.

[2] NGUYEN-TUONG A, EVANS D, KNIGHT J C, et al. Security through redundant data diversity[C]// IEEE International Conference on Dependable Systems and Networks with FTCS and DCC, 2008.

[3] AMMANN P E, KNIGHT T J C. Data diversity: an approach to software fault tolerance[J]. IEEE Transactions on Computers, 1988, 37(4): 418-425.

[4] CHRISTODORESCU M, FREDRIKSON M, JHA S, et al. End-to-end

software diversification of internet services[J].Springer New York, 2011: 117-130.

[5] BARRANTES E G, ACKLEY D H, PALMER T S, et al. Randomized instruction set emulation to disrupt binary code injection attacks[C]// Proceedings of the 10th ACM Conference on Computer and Communications Security, 2003.

[6] JACKSON T, HOMESCU A, CRANE S, et al. Diversifying the software stack using randomized NOP insertion[J].Springer New York, 2013: 151-173.

[7] KC G S, KEROMYTIS A D, PREVELAKIS V. Countering code-injection attacks with instruction-set randomization[C]// Proceedings of the 10th ACM Conference on Computer and Communications Security, 2003.

[8] BOYD S W, KC G S, LOCASTO M E, et al. On the general applicability of instruction-set randomization[J]. IEEE Transactions on Dependable and Secure Computing, 2010, 7(3):255-270.

[9] XU J, KALBARCZYK Z, IYER R K. Transparent runtime randomization for security [C]// Proceedings of 22nd International Symposium on Reliable Distributed Systems, 2003.

[10] SHACHAM H, PAGE M, PFAFF B, et al. On the effectiveness of address-space randomization[C]// Proceedings of the 11th ACM Conference on Computer and Communications Security, 2004.

[11] BHATKAR S, DUVARNEY D C, SEKAR R. Address obfuscation: an efficient approach to combat a broad range of memory error exploits[J]. USENIX Security, 2003.

[12] AL-SHAER E. Toward network configuration randomization for moving target defense[J].Springer New York, 2011: 153-159.

[13] PAPPAS V, POLYCHRONAKIS M, KEROMYTIS A D. Practical software diversification using in-place code randomization[J]. Springer New York, 2013: 175-202.

[14] CHEN S, XU J, SEZER E C, et al. Non-control-data attacks are realistic threats[J]. USENIX Security, 2005.

[15] EVANS D, NGUYEN-TUONG A, KNIGHT J. Effectiveness of moving target defenses[J]. Springer New York, 2011: 29-48.

[16] AVIZIENIS A. The N-version approach to fault-tolerant software[J]. IEEE Transactions on Software Engineering, 1985,(12): 1491-1501.

[17] CHEN L, AVIZIENIS A. N-version programming: a fault-tolerance approach to reliability of software operation[C]// Digest of Papers FTCS-8: Eighth Annual International Conference on Fault Tolerant Computing, 1978.

第 7 章
动态赋能防御效能评估

评估是评估主体根据特定目的，遵循一定的准则和标准，运用科学方法，对客体相关性能或效能做出的评定和估算。通过网络配置随机化、指令集随机化、软件多态化等动态变化技术实现系统安全。其防御效能究竟如何，在实际网络攻防博弈中能否起到改变游戏规则的作用，还需要进行综合分析评估。本章从动态赋能防御系统整体、系统漏洞分析、攻击面度量、系统可用性等多个角度出发，借鉴现有安全防御评估相关方法，对动态赋能防御效能评估技术提出了一些解决方法，并比较了各方法的优点与不足。

7.1 引言

关于网络信息系统的整体安全性评估,目前还没有形成形式化的评估理论和方法。现有的安全评估方式可以大致归结为以下 4 类:安全审计、风险分析、系统安全工程能力成熟度模型(SSE-CMM)和安全测评等。相应的国际标准有 TCSEC、ITSEC、CTCPEC、ISO 17799 和 CC 准则(ISO 15408)等。各种评估方法不可避免地涉及评估主体的经验判断,并且动态赋能技术在工程实践上尚未广泛展开。因此,客观、合理地评估网络配置随机化、指令集随机化、软件多态化等[1~3]动态赋能技术的防御效能尚存在一定困难。

从本质上看,评估方法不外乎定性评估和定量评估。定性评估通过物理概念、意义来描述动态赋能技术的防御效能,这种方法概念清楚、简单,但客观性较差。定量评估通过定量计算来评估动态赋能技术的防御效能,具有较强的客观性,但需要建立完整的物理和数学模型。本章将综合利用定性评估和定量评估方法,探讨如何评估动态赋能技术的防御效能。

选取合理的评估指标体系是开展动态赋能技术防御效能评估的先决条件。评估指标的选择并非越多越好,关键在于指标在评估中所起作用的大小。如果评估指标太多,会增加评估过程的复杂性,甚至会影响评估结果的客观性。动态赋能技术的本质是基于软件、网络、平台和数据等方面的随机化而实现系统状态的随机化变迁。因此,合理的思路就是从软件、网络、平台和数据等方面的随机化描述能力角度来选取评估指标。初步设想的评估指标集见表 7-1。

第 7 章 动态赋能防御效能评估

表 7-1 动态赋能技术评价指标及度量方法

评价维度	随机化指标	指标说明	度量方法	性质
软件	指令（S_1）	指令随机化被分析的难度	分析随机化方法，判断被破解难度	定性
	内存地址（S_2）	进程组件和对象的内存地址空间位置及变化范围	根据系统特点计算内存地址变化空间	定量
	变体数量（S_3）	同一程序源代码可以通过编译得到的变体数量	基于编译器为同一源代码生成功能相同、内部结构不同的软件实体，分发给不同用户使用，计算同一源代码通过编译可得到的变体数量	定量
网络	IP 地址（N_1）	IP 地址可变化范围和平均变化速率	给定观察窗内（分/时/天/周/月）的变动频率	定量
	网络端口号（N_2）	网络端口的平均变化速率	给定观察窗内（分/时天/周/月）的变动频率	定量
	协议（N_3）	某类协议（如数据加密协议）可跳变种类	给定链路（时/分/秒）的跳变次数	定量
	数据分组路径（N_4）	覆盖式网络中路由的动态变化响应率	给定源和目的链路的成功路由比率	定量
平台	基础计算平台（P_1）	应用在承载其运行的硬件和操作系统上迁移的速率和随机性	给定观察窗内（天/周/月）的变动频率及平台的异构程度	定量
	可编程逻辑器件配置文件（P_2）	切换加载在可编程逻辑器件中配置文件的速率和随机性	给定观察窗内（天/周/月）的变动频率及变动程度	定量
	Web 服务器（P_3）	Web 服务器的异构程度、数量及选择的随机性	Web 服务器的异构程度，系统在给定观察窗内（天/周/月）的变动频率	定量
数据	内存数据（D_1）	内存数据随机化被分析的难度	分析数据随机化方法（混淆、加密等），判断被破解难度	定性
	N 变体数据（D_2）	特定数据类型多样化处理后，构建出与原有程序语义一致的变体能力	给定数据类型的数据变体数量	定量
Web 应用数据（D_3）	Web 应用数据（D_3）	Web 应用数据(SQL 查询语句、Shell 命令、含 JavaScript 代码的 HTML 文本等）的多样化能力	Web 应用数据类型、数据接口和数据编码等多态化表示程度	定性

在评估准则的选择方面，我们认为基于上述指标的全面评估固然能够衡量动态赋能技术的整体防御效能，但由于评估指标的准确客观度量存在不足，可

能导致评估结果的可信度和应用价值降低。另一方面，采用诸如漏洞评估这样的单一准则也可能直观、简洁地体现动态赋能效果。此外，如果引入攻击者要素，在网络攻防博弈中直接评估系统攻击面的动态变化，也能够对动态赋能技术的有效性和合理性验证提供途径。因此，本章拟分别从系统整体、系统漏洞、攻击面以及可用性等不同维度对动态赋能技术的防御效能进行综合评价。

7.2 动态赋能防御效能整体评估

本章初步选取了13个度量指标用以综合评估系统动态赋能防御效果。显然，不同信息系统的网络结构、计算环境、应用架构及随机化变化方式各不相同，各指标对于动态赋能整体评价的贡献各不相同。为此，需要对上述指标进行重要性排序，同时排除相对次要的指标以简化运算。另外，所选取的测量指标之间还存在着复杂的因果关系，这使动态赋能的综合评价具有不确定性的特点，模糊综合评估方法为处理这种不确定性提供了有力的工具。

鉴于此，动态赋能防御效能整体评估的基本思路如下：首先利用层次分析法（Analytical Hierarchy Process，AHP）[4,5]，通过计算重要性判断矩阵的最大特征根和进行指标一致性检验，得出各度量指标的权重，再根据重要性常数去除相对不重要的指标以简化计算；其次，建立系统各个观测时刻的模糊关系矩阵，利用模糊评估法求出系统动态改变后的随机化综合评价等级。此外，当系统观测数据足够多时，可以基于积累的先验数据，利用马尔可夫（Markov）链评估方法推测下一观测时刻系统的随机化综合评价等级。

7.2.1 层次分析法

层次分析法由美国运筹学家T. L. Satty于20世纪70年代提出，它是一种定性与定量分析相结合的多目标决策分析方法。其主要思想是通过分析复杂系统的有关要素及其相互关系，把这些要素归并为不同的层次，在每个层次上建立判断矩阵，得出该层次要素的相对权重，最后计算出多层次要素对于总体目标的组合权重，为决策和评选提供依据。

层次分析法的基本步骤如下。

（1）对实际问题进行分析，构造一个层次结构模型（层次结构图）

对问题所涉及的因素进行分类，然后构造一个各因素之间相互联结的层次结构模型。一般可将因素分为3类。

① 目标类：指要进行评估的对象。

② 准则类：指衡量目标能否实现的标准。

③ 措施类：指实现目标的方案、方法、手段等。

从目标到准则，再到措施，自上而下地将各类因素之间的直接影响关系排列于不同的层次，即可构成一个层次结构图。

（2）逐层进行成对比较，得到若干正逆称方阵

成对比较法是在考虑若干因素时，通过对所有可能的组合进行两两比较，确定出这些因素在某些方面的优劣性顺序。

为了使各因素之间进行的两两比较能够得到量化的判断矩阵，引进9级分制，见表7-2。

表7-2　9级分制

甲指标与乙指标比较	极重要	很重要	重要	略重要	相等	略不重要	不重要	很不重要	极不重要
评价值	9	7	5	3	1	1/3	1/5	1/7	1/9

注：取 8、6、4、2、1/2、1/4、1/6、1/8 为上述评价值的中间值。

各因素之间依据上表比较得出的数值，可构造矩阵 J 为

$$J = \begin{pmatrix} a_{11} & a_{12} & \cdots & a_{1n} \\ a_{21} & a_{22} & \cdots & a_{2n} \\ \vdots & \vdots & \cdots & \vdots \\ a_{n1} & a_{n2} & \cdots & a_{nn} \end{pmatrix} \qquad (7\text{-}1)$$

其中，元素 a_{ij}（$i, j = 1, 2, \cdots, n$）是第 i 个因素的重要性与第 j 个因素的重要性之比，上述矩阵称为两两判断矩阵。

这样，层次结构模型就可以通过成对比较法给出各层因素之间的判断矩阵。

（3）求正逆称方阵的主特征值及其相应的主特征向量，并对这些正逆称方阵进行相容性检验

当所有正逆称方阵都满足相容性条件时，可以根据层次复合原理求出组合权系数。计算特征向量可用和积法步骤如下。

① 将判断矩阵的每一列元素作归一化处理，其元素的一般项如式（7-2）所示。

$$\overline{a_{ij}} = \frac{a_{ij}}{\sum_{k=1}^{n} a_{kj}}, \quad i,j = 1,2,\cdots,n \qquad (7\text{-}2)$$

② 将每一列经过归一化处理后的判断矩阵按行相加。

$$\overline{\omega_i} = \sum_{j=1}^{n} \overline{a_{ij}}, \quad i = 1,2,\cdots,n \qquad (7\text{-}3)$$

③ 相加后的向量再归一化处理,所得的结果 ω 即为所求特征向量。

$$\omega_i = \frac{\overline{\omega_i}}{\sum_{j=1}^{n} \overline{\omega_j}}, \quad i = 1,2,\cdots,n \qquad (7\text{-}4)$$

④ 通过判断矩阵 J 和特征向量 ω,计算判断矩阵的最大特征根 $\lambda_{\max}$。

$$\lambda_{\max} = \sum_{i=1}^{n} \frac{(J\omega)_i}{n\omega_i} \qquad (7\text{-}5)$$

其中,$(J\omega)_i$ 代表向量 $J\omega$ 的第 i 个元素。

一致性检验的步骤如下。

① 计算一致性指标 CI,$CI=(\lambda_{\max}-n)/(n-1)$,$n$ 为判断矩阵的阶数。

② 选择随机一致性指标 RI,对于 1~9 阶矩阵,一致性指标见表 7-3。

表 7-3 一致性指标

阶数	3	4	5	6	7	8	9
RI	0.58	0.90	1.12	1.24	1.32	1.41	1.45

当阶数小于 3 时,判断矩阵永远具有完全一致性。

③ 计算 CR,$CR=CR/CI$。若 $CR<0.10$,则认为判断矩阵具有满意的一致性;否则就要对判断矩阵进行调整。

7.2.2 模糊综合评估

模糊综合评估是在不确定性环境下,考虑多种因素的影响,为了某种目的而对某一事物作出综合评价和决策[6~8]。

模糊综合评价的数学模型如下。

假设 $I = \{I_1, I_2, \cdots, I_n\}$ 是全体评估项的集合,$I_k(k = 1, 2, \cdots, n)$ 表示第 k 个评估项。

$L = \{L_1, L_2, \cdots, L_m\}$ 表示每个评估项 $I_k(k = 1, 2, \cdots, n)$ 各种可能的定性

评估结果，则对每一个 $L_i(i=1,2,\cdots,m)$ 可建立一个模糊子集 l_i。

设 $d_{ki}=l_i|I_k$ 表示 I_k 对 l_i 的隶属度，即第 k 个评估项可以被指定评估结果 L_i 的程度。有几种方法可以用来确定 d_{ki} 的值。当评估项目 I_k 是定性时，可采用模糊统计实验的方法来确定。为了使评估结果断言 L_i 所占的比例趋近于隶属度 d_{ki}，模糊统计实验法需要足够多的评估专家。当评估项 I_k 是定量时，d_{ki} 可以使用隶属度函数 $\mu_{ki}(x)$ 计算得到，这里 x 是 I_k 的测量值。

当所有 $d_{ki}(i=1,2,\cdots,n, k=1,2,\cdots,m)$ 经评估确定后，可以建立模糊关系矩阵。

$$R=(d_{ki})=\begin{bmatrix} d_{11} & d_{12} & \cdots & d_{1m} \\ d_{21} & d_{22} & \cdots & d_{2m} \\ \vdots & \vdots & & \vdots \\ d_{n1} & d_{n2} & \cdots & d_{nm} \end{bmatrix} \quad (7-6)$$

一般而言，n 个评估项 $I_1,I_2,\cdots,I_n$ 并非同等重要，它们对综合评价结果的影响是不同的，所以在进行综合评价前，必须先确定模糊权向量。设 $\boldsymbol{W}=(w_1,w_2,\cdots,w_n)$ 表示模糊权向量，$P=\{$对评价有意义的评估项$\}$ 是一个模糊子集，则 $w_j(j=1,2,\cdots,n)$ 代表评估项 I_j 对 P 的隶属度。

模糊权向量的确定可以采用专家估计的办法。专家的估值需要经平均和归一化处理。也就是说，假设 W_j' 是评估项 I_j 对 P 的平均隶属度，则归一化的模糊权向量为

$$W_j=W_j'\bigg/\sum_{i=1}^{n}W_j' \quad (7-7)$$

一旦确定了模糊权向量 $\boldsymbol{W}$，便可得到模糊综合评估结果 $\boldsymbol{E}$。

$$\boldsymbol{E}=\boldsymbol{W}\circ\boldsymbol{R}=(w_1,w_2,\cdots,w_n)\circ\begin{bmatrix} d_{11} & d_{12} & \cdots & d_{1m} \\ d_{21} & d_{22} & \cdots & d_{2m} \\ \vdots & \vdots & & \vdots \\ d_{n1} & d_{n2} & \cdots & d_{nm} \end{bmatrix}=(a_1,a_2,\cdots,a_m) \quad (7-8)$$

其中，"∘" 是模糊综合运算符，$a_i(i=1,2,\cdots,m)$ 是通过 $\boldsymbol{W}$ 和 $\boldsymbol{R}$ 的第 i 列元素运算得到的一个值，其含义是总的评估结果对模糊子集 l_i 的隶属度，也就是对总的评估结果可指定 L_i 的程度。

模糊评价的结果是一个向量 $\boldsymbol{E}$。为了能够比较多个系统总的评估结果，还应对 $\boldsymbol{E}$ 进行分析和单值化，可以采用最大隶属度原则或加权平均的办法进行处理。例如，加权平均计算为

$$Q = \sum_{i=1}^{m} i a_i^k \bigg/ \sum_{i=1}^{m} a_i^k \qquad (7-9)$$

其中，Q 表示总的综合评价结果，常数 k 对较大的 a_i 有影响。当 $k \to \infty$，Q 的值将与最大隶属度原则得到的值相同。

7.2.3 马尔可夫链评估

考虑一个可能具有 m 个状态的系统，状态的变化只发生在时刻 $t_1, t_2, \cdots t_n$ 上。X_{n+1} 表示 t_{n+1} 时刻的系统状态。一般地，系统将来处于状态 i 的概率与其经历的全部历史有关，用条件概率 $P(X_{n+1}=i|X_0=x_0, X_1=x_1, \cdots, X_n=x_n)$ 表示。其中，$X_0=x_0, X_1=x_1, \cdots, X_n=x_n$ 代表系统之前经历的状态。如果系统将来的状态只与当前状态有关，则可转变为

$$P(X_{n+1}=i|X_0=x_0, X_1=x_1, \cdots, X_n=x_n)=P(X_{n+1}=i|X_n=x_n) \qquad (7-10)$$

这样的离散随机过程称为马尔可夫链[9,10]。

对于马尔可夫链，可以将从时刻 t_m 状态 i 变为时刻 t_n 状态 j 的条件概率表示为

$$P_{ij}(m,n)=P(X_n=j|X_m=x_i), \quad n>m \qquad (7-11)$$

如果 $P_{ij}(m,n)$ 只与时间间隔 t_n-t_m 有关，而与时间起点 t_m 无关，则称该马尔可夫链为齐次的，此时，定义 $P_{ij}(k)=P(X_k=j|X_0=i)=P(X_{s+k}=j|X_s=i)(s \geq 0)$ 为 k 步转移概率。

① 当 $k=1$ 时，$P_{ij}(1)$ 为一步转移概率，简记为 P_{ij}，且 P_{ij} 具有下列性质：$0 \leq P_{ij} \leq 1, \; i,j=1,2,\cdots,m$。

② $\sum_{j=1}^{m} P_{ij} = 1, \; i=1,2,\cdots,m$。

对于有限状态空间 $E\{1,2,\cdots,m\}$，有下列一步状态转移概率矩阵，即

$$\boldsymbol{P} = \begin{bmatrix} P_{11} & P_{12} & \cdots & P_{1m} \\ P_{21} & P_{22} & \cdots & P_{2m} \\ \vdots & \vdots & \cdots & \vdots \\ P_{m1} & P_{m2} & \vdots & P_{mm} \end{bmatrix} \qquad (7-12)$$

其中，$P_{ij}=n_{ij}/n_i$，n_{ij} 表示 n 时刻到 $n+1$ 时刻状态 i 转换到状态 j 的样本数；n_i 表示状态 i 的样本总数，$n_i = \sum_{j=1}^{m} n_{ij}$。

设 $P(0)=(p_1(0), p_2(0), \cdots, p_m(0))$ 为初始状态概率，经一步转移后，处于状态 j 的概率 $p_j(1)$ 由全概率表达式求得：$p_j(1)=P(X_1=j)= \sum_i P(X_0=i)P(X_1=j|X_0=i)$，

即 $p_j(1) = p_j(1) = \sum_i p_i(0) p_{ij}$，矩阵表示为 $P(1)=P(0)\boldsymbol{P}$。

这样，经过 n 步转移后，系统状态概率为

$$P(n)=P(n-1)\boldsymbol{P}=P(n-1)\boldsymbol{P}\cdot\boldsymbol{P}=\cdots P(0)\boldsymbol{P}^n \qquad (7-13)$$

其中，$\boldsymbol{P}$ 为一步概率转移矩阵，式（7-13）即为马尔可夫预测模型，根据上述模型，就可以预测在未来某一时刻系统防御的整体效能。在上述基于马尔可夫链的效能分析中，如果系统状态变化趋势的概率转移矩阵保持不变，则此系统状态将趋于稳定。所谓稳定状态，就是指系统达到稳定状态（平衡状态）时的整体效能。在数学上描述为，若存在概率分布 $\{\pi_k, k \geq 0\}$，使对于马尔可夫链的任意状态 j、k，有 $\lim_{n\to\infty} P_{jk}(n) = \pi_k$，则称 $\{\pi_k, k \geq 0\}$ 为该马尔可夫链的极限分布。此时，对任意状态 k，均有 $\pi_k = \sum_{j=0}^{\infty} \pi_j p_{jk}$，$k \geq 0$，即

$$\pi = \pi \cdot \boldsymbol{P} \qquad (7-14)$$

其中，$\pi = (\pi_0, \pi_1, \pi_2, \cdots)$ 称式（7-14）为平稳方程。

马尔可夫链的状态空间中所有状态有两个重要类别：一类是不返回状态，一旦离开了这个状态，就永不返回；另一类是吸收状态（又称遍历状态），一旦进入了这个状态，就不会再出去。关于马尔可夫链的极限分布有如下重要定理。

定理 7-1：非周期不可约正常返的马尔可夫链存在唯一的平稳分布，即极限分布。

7.2.4 综合评估算例

如前所述，动态赋能技术的评价指标集 C 由 13 个度量指标组成，即 $C = \{S_1, S_2, S_3, N_1, N_2, N_3, N_4, P_1, P_2, P_3, D_1, D_2, D_3\}$。这 13 个度量指标对随机化综合评价的贡献各不相同，为此有必要对各个指标的重要性进行计算，同时，去除相对不太重要的绩效指标以简化运算过程。7.2.1 节已经详细地给出了各度量指标权重的计算过程。首先，根据专家打分结果建立重要性判断矩阵，然后通过求解判断矩阵最大特征根，并进行一致性检验得出各权重，整个计算过程可以用 Matlab 或其他 AHP 专用软件完成。针对某信息系统，通过计算去掉了 3 个相对不

重要的度量指标，即 $\{N_4, P_2, D_3\}$，剩下的 10 个度量指标的权重分别为：$w_{S_1}=0.30$，$w_{S_2}=0.05$，$w_{S_3}=0.08$，$w_{N_1}=0.12$，$w_{N_2}=0.07$，$w_{N_3}=0.02$，$w_{P_1}=0.11$，$w_{P_3}=0.12$，$w_{D_1}=0.03$，$w_{D_2}=0.10$。

经过上述基于 AHP 的指标集简化方法，得到了 10 个用于动态赋能综合评价的关键指标 $\{S_1, S_2, S_3, N_1, N_2, N_3, P_1, P_3, D_1, D_2\}$，这 10 个指标既有

定性的，也有定量的。实际评估中某些度量指标可能不易采集，为了便于处理，先进行等级化处理见表 7-4。

表 7-4 精简后的动态赋能技术评价指标

评价维度	随机化指标	指标说明	度量方法	性质	等级化方法（L1～L4 级）
软件	指令（S_1）	指令随机化被分析的难度	分析随机化方法，判断被破解难度	定性	L1：指令随机化易于被分析。 L2：在给定的约束条件下，指令随机化能够被分析。 L3：在给定的约束条件下，指令随机化难以被分析。 L4：在给定的约束条件下，指令随机化几乎不可能被分析
	内存地址（S_2）	进程组件和对象的内存地址空间位置及变化范围	根据系统特点计算内存地址变化空间	定量	L1：堆地址、栈基址、可执行文件映像基地址、PEB 和 TEB 地址、动态链接库地址等随机化粒度较低（如进程组件和对象的内存地址空间分布为 8 位）。 L2：堆地址、栈基址、可执行文件映像基地址、PEB 和 TEB 地址、动态链接库地址等随机化粒度中等（如进程组件和对象的内存地址空间分布为 16 位）。 L3：堆地址、栈基址、可执行文件映像基地址、PEB 和 TEB 地址、动态链接库地址等随机化粒度较高（如进程组件和对象的内存地址空间分布为 24 位）。 L4：堆地址、栈基址、可执行文件映像基地址、PEB 和 TEB 地址、动态链接库地址等随机化粒度很高（如进程组件和对象的内存地址空间分布为 32 位）
	变体数（S_3）	同一程序源代码可以通过编译得到的变体数量	基于编译器为同一源代码生成功能相同、内部结构不同的软件实体，分发给不同用户使用，计算同一源代码通过编译可望得到的变体数量	定量	L1：同一源代码通过编译得到的变体小于 3 种。 L2：同一源代码通过编译得到的变体为 3～6 种。 L3：同一源代码通过编译得到的变体为 6～10 种。 L4：同一源代码通过编译得到的变体为 10 种以上

续表

评价维度	随机化指标	指标说明	度量方法	性质	等级化方法（L1～L4级）
网络	IP地址（N_1）	IP地址可变化范围和平均变化速率	给定观察窗内（分/时/天/周/月）的变动频率	定量	L1：C网段变化，变化速率小于50次/月。 L2：C网段变化，变化速率为50次/月以上。 L3：B网段变化，变化速率小于50次/月。 L4：B网段变化，变化速率为50次/月以上
网络	网络端口号（N_2）	网络端口的平均变化速率	给定观察窗内（/时天/周/月）的变动频率	定量	L1：端口变化速率小于50次/月。 L2：端口变化速率为50～100次/月。 L3：端口变化速率为100～200次/月。 L4：端口变化速率为200次/月以上
网络	协议（N_3）	某类协议（如数据加密协议）可跳变种类	给定链路（时/分/秒）的跳变次数	定量	L1：给定协议的可跳变种类小于3类。 L2：给定协议的可跳变种类为3～6类。 L3：给定协议的可跳变种类为6～10类。 L4：给定协议的可跳变种类为10类以上
平台	基础计算平台（P_1）	应用在承载其运行的硬件和操作系统上迁移的速率和随机性	给定观察窗内（天/周/月）的变动频率及平台的异构程度	定量	L1：基础计算平台变动频率较低，异构程度小于30%。 L2：基础计算平台变动频率中等，异构程度为30%～60%。 L3：基础计算平台变动频率较高，异构程度为60%～90%。 L4：基础计算平台变动频率很高，异构程度大于90%
平台	Web服务器（P_3）	Web服务器的异构程度、数量及选择的随机性	Web服务器的异构程度，系统在给定观察窗内（天/周/月）的变动频率	定量	L1：Web服务器变动频率较低，异构程度小于30%。 L2：Web服务器变动频率中等，异构程度为30%～60%。 L3：Web服务器变动频率较高，异构程度为60%～90%。 L4：Web服务器变动频率很高，异构程度大于90%

续表

评价维度	随机化指标	指标说明	度量方法	性质	等级化方法（L1～L4级）
数据	内存数据（D_1）	内存数据随机化被分析的难度	分析数据随机化方法（混淆、加密等），判断被破解难度	定性	L1：数据随机化易于被分析。 L2：在给定的约束条件下，数据随机化能够被分析。 L3：在给定的约束条件下，数据随机化难以被分析。 L4：在给定的约束条件下，数据随机化几乎不可能被分析
	N变体数据（D_2）	特定数据类型多样化处理后，构建与原有程序语义一致的变体能力	给定数据类型的数据变体数量	定量	L1：给定数据类型的数据变体数量小于3种。 L2：给定数据类型的数据变体数量为3～6种。 L3：给定数据类型的数据变体数量为6～10种。 L4：给定数据类型的数据变体数量为10种以上

假设根据系统随机变化观测的历史经验，把随机化综合评价结果划分为L1、L2、L3、L4这4个等级，分别对应随机化综合评价为优、良、中、差的状态，其划分的依据见表7-5。

表7-5 随机化综合分级标准

等级	S_1	S_2	S_3	N_1	N_2	N_3	P_1	P_3	D_1	D_2
L4	4	4	≥10	4	≥200	≥10	≥90%	≥90%	4	≥10
L3	3	3	[6,10)	3	(100,200]	[6,10)	(60%,90%]	(60%,90%]	3	[6,10)
L2	2	2	[3,6)	2	(50,100]	[3,6)	(30%,60%)	(30%,60%)	2	[3,6)
L1	1	1	[0,3)	1	[0,50]	[0,3)	(0,30%)	(0,30%)	1	[0,3)

表7-5的含义是显然的，例如，第一行表示：若信息系统的指令随机化强度达到第4级，内存地址的随机化程度为第4级，软件源代码编译得到10种以上变体，IP地址变化能力达到第4级，网络端口变化速率达200次/月以上，给定协议的可跳变种类达10类以上，基础计算平台变动异构程度大于90%，Web服务器变动异构程度大于90%，内存数据随机化分析难度为第4级，并且给定数据类型的数据变体数量达10种以上，则认为该系统的随机化综合评估为优秀。

下面建立模糊关系矩阵。单因素评价矩阵取各个因素在评价集上的隶属度，为此，需要确定各单因素在评价集上的隶属度。针对定性评价指标 S_1、S_2、N_1、D_1，采用模糊统计试验方法确定其隶属度；针对其余定量指标，为计算方便起见，各隶属度函数均取为线性函数，根据分类标准表，建立 S_3 属于各类的隶属度函数如下。

$$\mu_{L_4}^{S_3}(x)=\begin{cases}1, & x\geqslant 10\\(x-6)/4, & 6\leqslant x<10\\0, & x<6\end{cases} \quad \mu_{L_3}^{S_3}(x)=\begin{cases}0, & x\geqslant 10, x\leqslant 3\\(10-x)/4, & 6\leqslant x<10\\(x-3)/3, & 3<x<6\end{cases}$$

$$\mu_{L_2}^{S_3}(x)=\begin{cases}0, & x\geqslant 6, x\leqslant 0\\(6-x)/3, & 3\leqslant x<6\\x/3, & 0<x<3\end{cases} \quad \mu_{L_1}^{S_3}(x)=\begin{cases}0, & x\geqslant 3, x\leqslant 0\\(3-x)/3, & 0<x<3\end{cases}$$

同理，可分别建立其他评估指标属于各类的隶属度函数。

（1）N_2

$$\mu_{L_4}^{N_2}(x)=\begin{cases}1, & x\geqslant 200\\(x-100)/100, & 100\leqslant x<200\\0, & x<100\end{cases} \quad \mu_{L_3}^{N_2}(x)=\begin{cases}0, & x\geqslant 200, x\leqslant 50\\(200-x)/100, & 100\leqslant x<200\\(x-50)/50, & 50<x<100\end{cases}$$

$$\mu_{L_2}^{N_2}(x)=\begin{cases}0, & x\geqslant 100, x\leqslant 0\\(100-x)/50, & 50\leqslant x<100\\x/50, & 0<x<50\end{cases} \quad \mu_{L_1}^{N_2}(x)=\begin{cases}0, & x\geqslant 50, x\leqslant 0\\(50-x)/50, & 0<x<50\end{cases}$$

（2）N_3

$$\mu_{L_4}^{N_3}(x)=\begin{cases}1, & x\geqslant 10\\(x-6)/4, & 6\leqslant x<10\\0, & x<6\end{cases} \quad \mu_{L_3}^{N_3}(x)=\begin{cases}0, & x\geqslant 10, x\leqslant 3\\(10-x)/4, & 6\leqslant x<10\\(x-3)/3, & 3<x<6\end{cases}$$

$$\mu_{L_2}^{N_3}(x)=\begin{cases}0, & x\geqslant 6, x\leqslant 0\\(6-x)/3, & 3\leqslant x<6\\x/3, & 0<x<3\end{cases} \quad \mu_{L_1}^{N_3}(x)=\begin{cases}0, & x\geqslant 3, x\leqslant 0\\(3-x)/3, & 0<x<3\end{cases}$$

（3）P_1

$$\mu_{L_4}^{P_1}(x)=\begin{cases}1, & x\geqslant 90\%\\(x-0.6)/0.3, & 60\%\leqslant x<90\%\\0, & x<60\%\end{cases} \quad \mu_{L_3}^{P_1}(x)=\begin{cases}0, & x\geqslant 90\%, x\leqslant 30\%\\(0.9-x)/0.3, & 60\%\leqslant x<90\%\\(x-0.3)/0.3, & 30\%<x<60\%\end{cases}$$

$$\mu_{L_2}^{P_1}(x)=\begin{cases}0, & x\geqslant 60\%, x\leqslant 0\\(0.6-x)/0.3, & 30\%\leqslant x<60\%\\x/0.3, & 0<x<30\%\end{cases} \quad \mu_{L_1}^{P_1}(x)=\begin{cases}0, & x\geqslant 30\%, x\leqslant 0\\(0.3-x)/0.3, & 0<x<30\%\end{cases}$$

(4) P_3

$$\mu_{L_4}^{P_3}(x) = \begin{cases} 1, & x \geq 90\% \\ (x-0.6)/0.3, & 60\% \leq x < 90\% \\ 0, & x < 60\% \end{cases} \quad \mu_{L_3}^{P_3}(x) = \begin{cases} 0, & x \geq 90\%, \ x \leq 30\% \\ (0.9-x)/0.3, & 60\% \leq x < 90\% \\ (x-0.3)/0.3, & 30\% < x < 60\% \end{cases}$$

$$\mu_{L_2}^{P_3}(x) = \begin{cases} 0, & x \geq 60\%, \ x \leq 0 \\ (0.6-x)/0.3, & 30\% \leq x < 60\% \\ x/0.3, & 0 < x < 30\% \end{cases} \quad \mu_{L_1}^{P_3}(x) = \begin{cases} 0, & x \geq 30\%, \ x \leq 0 \\ (0.3-x)/0.3, & 0 < x < 30\% \end{cases}$$

(5) D_2

$$\mu_{L_4}^{D_2}(x) = \begin{cases} 1, & x \geq 10 \\ (x-6)/4, & 6 \leq x < 10 \\ 0, & x < 6 \end{cases} \quad \mu_{L_3}^{D_2}(x) = \begin{cases} 0, & x \geq 10, \ x \leq 3 \\ (10-x)/4, & 6 \leq x < 10 \\ (x-3)/3, & 3 < x < 6 \end{cases}$$

$$\mu_{L_2}^{D_2}(x) = \begin{cases} 0, & x \geq 6, \ x \leq 0 \\ (6-x)/3, & 3 \leq x < 6 \\ x/3, & 0 < x < 3 \end{cases} \quad \mu_{L_1}^{D_2}(x) = \begin{cases} 0, & x \geq 3, \ x \leq 0 \\ (3-x)/3, & 0 < x < 3 \end{cases}$$

假设某信息系统的评估指标集取值为 $\{S_1, S_2, 8, N_1, 70, 2, 75\%, 50\%, D_1, 9\}$，其中，$S_1$、$S_2$、$N_1$、$D_1$ 的隶属度分别为 $\{1, 0, 0, 0, 0\}$、$\{0, 1/2, 1/2, 0\}$、$\{0, 0, 3/4, 1/4\}$、$\{0, 2/3, 1/3, 0\}$，那么根据上述隶属度计算式可以得出模糊关系矩阵为

$$\boldsymbol{R} = \begin{bmatrix} 1 & 0 & 0 & 0 \\ 0 & \frac{1}{2} & \frac{1}{2} & 0 \\ \frac{1}{2} & \frac{1}{2} & 0 & 0 \\ 0 & 0 & \frac{3}{4} & \frac{1}{4} \\ 0 & \frac{2}{5} & \frac{3}{5} & 0 \\ 0 & 0 & \frac{2}{3} & \frac{1}{3} \\ \frac{1}{2} & \frac{1}{2} & 0 & 0 \\ 0 & \frac{2}{3} & \frac{1}{3} & 0 \\ 0 & \frac{2}{3} & \frac{1}{3} & 0 \\ \frac{3}{4} & \frac{1}{4} & 0 & 0 \end{bmatrix} \quad (7\text{-}15)$$

由于权向量为 *W*=(0.30,0.50,0.08,0.12,0.07,0.02,0.11,0.12,0.13,0.10)，从而根据模糊综合评估法，计算得

$$W \cdot R = (0.470, 0.273, 0.220, 0.037) \quad (7-16)$$

于是，根据最大隶属度原则，判定该系统的动态赋能整体效能评估等级为L4级，即随机化综合评价为优秀。

7.3 基于漏洞分析的动态赋能防御效能评估

7.3.1 漏洞评估思想

当软件、网络、平台和数据等方面的随机化度量指标能够获取或存在较多的先验数据积累时，采用系统整体防御效能评估较有成效。然而有时上述度量指标数据并不易采集，此时采用如漏洞评估这样的单一准则也可能直观、简洁地体现动态赋能效果。原因在于动态赋能防御的核心思想是，通过软件、网络、平台和数据等要素的随机变化引起系统状态的随机变化，从而使攻击者难以直接利用已积累的"过时"系统漏洞，实质是系统的内在变化使攻击者精心准备的攻击技术和手段现场失效。然而这仅是理想化的网络空间防御场景，现实情况是，复杂的信息系统一旦配置调试完毕，其状态随机变化总有一个或短或长的间隔周期，在这个周期内娴熟的攻击者可能剖析出系统的潜在弱点，实施一次成功的网络攻击。理论上讲，系统随机改变状态后，其新状态比旧状态在漏洞数量和严重程度上均有所下降，在利用难度上有所上升时，系统的这种随机变化才有意义。因此，分析评估系统随机变化后的漏洞分布情况，对于评估系统动态防御效能具有积极意义。

7.3.2 漏洞分析方法

信息系统的多样化使漏洞分析方法也呈现纷繁复杂的状况，但通过归纳可以发现常见的漏洞分析技术种类并不多，而且很多具有共性。系统漏洞分析技术多种多样，相互之间的界限并不清晰。如果从分析对象、漏洞形态等因素出发，可以将软件漏洞分析划分为软件架构安全分析技术、源代码分析技术、二进制漏洞分析技术和运行系统漏洞分析技术四大类，对每类技术的特点和应用范围

进行描述[11~13]。根据软件描述模型、黑盒或白盒分析等因素，每类技术又可继续划分为若干小类。漏洞分析技术体系如图 7-1 所示。

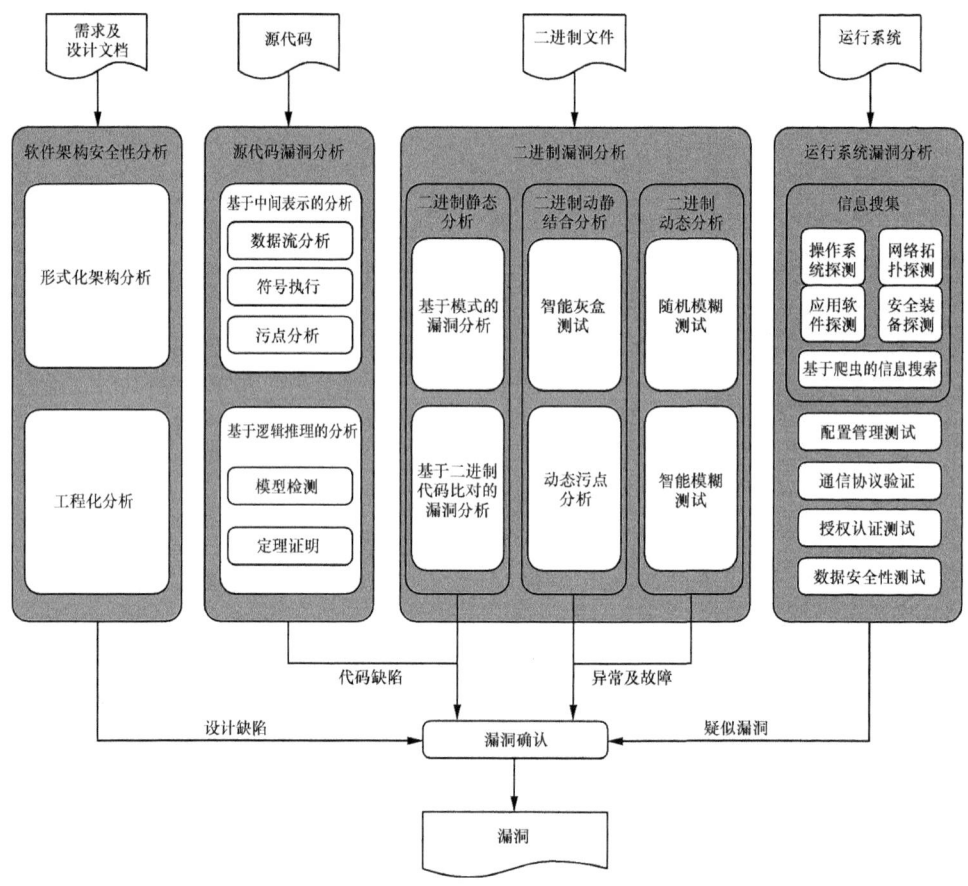

图 7-1 漏洞分析技术体系

软件架构安全分析技术可分为形式化分析方法和工程化分析方法。源代码漏洞分析技术又可分为基于中间表示的分析技术和基于逻辑推理的分析技术。其中，基于中间表示的分析方法包括数据流分析、符号执行和污点分析等；基于逻辑推理的方法包括模型检测和定理证明等。二进制漏洞分析技术又可分为静态分析技术、动态分析技术和动静结合分析技术。其中，静态分析技术包括基于模式的漏洞分析和二进制代码比对等；动态分析技术包括漏洞模糊测试和动态污点分析等；动静结合分析技术包括智能灰盒测试等。运行系统漏洞分析技术可细分为信息搜集、漏洞检测等。其中，信息搜集包括操作系统探测、网络拓扑探测、应用软件探测、安全装备探测、基于爬虫的信息搜集等；漏洞检测包括配置管理测试、通信协议验证、授权认证检测、数据验证测试等。4类技术分析所发现的问题最终都要经过漏洞确认，确定为真实漏洞。表7-6对4类具体技术进行了汇总，并且从基本原理、分析阶段、优/缺点等方面进行了比较说明。

表7-6 漏洞分析技术比较

技术类别	基本原理	分析阶段	优点	缺点
软件架构安全分析	通过对软件架构进行建模，并对软件的安全需求或安全机制进行描述，然后检查架构模型直至满足所有安全需求	软件设计	考虑软件整体安全性，在软件设计阶段进行，抽象层次高	缺少实用且自动化程度高的技术
源代码漏洞分析	通过对程序代码的模型提取及程序检查规则的提取，利用静态的漏洞分析技术分析结果	软件开发	代码覆盖率高，能够分析出隐藏较深的漏洞，漏报率较低	需要人工辅助，技术难度大，对先验知识依赖性较大，误报率较高
二进制漏洞分析	通过对二进制可执行代码进行多层次（指令级、结构化、形式化等）、多角度（外部接口测试、内部结构测试等）的分析，发现软件程序中的安全缺陷和安全漏洞	软件设计、测试及维护	不需要源代码，漏洞分析准确度较高，实用性广泛	缺乏上层的结构信息和类型信息，分析难度大
运行系统漏洞分析	通过向运行系统输入特定构造的数据，然后对输出进行分析和验证以检测运行系统的安全性	运行及维护	考虑由多种软件共同构成运行系统的整体安全性，检测项全面，准确度高	对分析人员经验的依赖度较大

7.3.3 漏洞分类方法

漏洞广泛存在于各类信息系统中，且数量日益增多、种类各异。为了更好地了解安全漏洞的具体信息，统一管理安全漏洞资源，需要对安全漏洞进行合理分类。安全漏洞的分类指对于数量巨大的漏洞按照成因、表现形式、后果等要素进行划分、存储，便于索引、查找和使用。本书将安全漏洞分为SQL注入、信任边界违背、操作系统命令注入、代码注入、格式化字符串、缓冲区溢出、整型溢出、拒绝服务、加密问题、竞争条件、跨站脚本、跨站请求伪造、路径遍历、配置错误、文件许可操纵、内存泄露、资源注入、文件上传、开放重定向、释放后再用、系统信息泄露等，漏洞含义见表7-7。

表 7-7 漏洞含义描述

名称	描述
SQL 注入	通过构造用户可进行输入的动态 SQL 指令,使攻击者能够修改指令含义或者执行任意的 SQL 命令
信任边界违背	在同一数据结构中,将可信赖数据和不可信赖数据混合在一起,导致程序错误地信赖未验证的数据
操作系统命令注入	执行不可信赖资源中的命令,或在不可信赖的环境中执行命令,导致程序以攻击者的名义执行恶意命令
代码注入	程序员在编写代码时,没有对用户输入数据的合法性进行判断,使应用程序存在安全隐患,用户可以提交一段数据库查询代码,获得某些想得知的数据。
格式化字符串	主要是利用由于格式化函数的微妙程序设计而错误造成的安全漏洞,通过传递精心编制的、含有格式化指令的文本字符串,使目标程序执行任意命令
缓冲区溢出	该程序在分配的内存边界之外写入数据,这可能会损坏数据,引起程序崩溃或为恶意代码的执行提供机会
整型溢出	算术运算会导致数值大于数据类型的最大值或小于数据类型的最小值,可能引起逻辑错误或缓冲区溢出
拒绝服务	攻击者可以造成程序崩溃或使合法用户无法使用
加密问题	使用弱加密算法、较短加密密钥、明文存储、空密码、硬编码、弱加密、密码放在注释中、密钥放在文件中等
竞争条件	多个线程或者进程在读写一个共享数据时,结果依赖于它们执行的相对时间,这种情形叫作竞争条件。竞争条件发生在多个进程或者线程读写数据时,其最终结果依赖于多个进程的指令执行顺序
跨站脚本	利用网站程序在对用户输入过滤方面的不足,输入可以显示在为页面上对其他用户造成影响的 HTML 代码,从而盗取用户资料、利用用户身份进行某种动作或者对访问者进行病毒侵害
跨站请求伪造	也称为 One-Click Attack 或者 Session Riding,通常缩写为 CSRF 或者 XSRF,是一种挟持用户在当前已登录 Web 应用程序上执行非本意操作的攻击方法
路径遍历	通过用户输入控制文件系统操作所用的路径,借此攻击者可以访问或修改其他受保护的系统资源
配置错误	允许对系统设置进行外部控制,可能导致服务中断或意外的应用程序行为
文件许可操纵	如果允许用户输入直接更改文件权限,则可能让攻击者访问受保护的系统资源
内存泄露	用动态存储分配函数动态开辟的空间,在使用完毕后未释放,导致一直占据该内存直到程序结束
资源注入	使用用户输入控制资源标识符,攻击者可借此访问或修改其他受保护的系统资源

续表

名称	描述
文件上传	允许用户上传文件，可能会让攻击者注入危险内容或恶意代码，并在服务器上运行
开放重定向	如果允许未验证的输入控制重定向机制所使用的 URL，可能会有利于攻击者发动钓鱼攻击
释放后再用	在释放内存后对其进行引用会导致程序崩溃
系统信息泄露	揭示系统数据或调试信息，有助于攻击者了解系统并制订攻击计划

7.3.4 漏洞分级方法

漏洞通常是按照其所造成影响的严重程度而划分成不同级别，这种分级有助于人们对数目众多的安全漏洞给予不同程度的关注，并采取不同级别的措施，也有利于评估在系统状态随机变化后安全性是否发生变化。因此，建立一个灵活、协调一致的漏洞级别评价机制是非常必要的。最初，漏洞被分为高、中、低 3 个级别，大部分远程和本地管理员权限漏洞对应高级别；普通用户权限、权限提升、读取受限文件、远程和本地拒绝服务大致对应中级别；远程非授权文件存取、口令恢复、欺骗、服务器信息泄露大致对应低级别。目前，主流的漏洞评级方式是采用正在普及的通用漏洞评分系统（Common Vulnerability Scoring System，CVSS）进行分级。本书主要基于改进后的 CVSS 进行系统漏洞综合评估。

1. CVSS 方法

CVSS 是由美国基础设施顾问委员会（National Infrastructure Advisory Council，NIAC）开发、时间响应与安全组织论坛（Forum of Incident Response and Security Teams，FIRST）维护的一个开放且能由产品厂商免费采用的评估系统，利用该系统可以对漏洞进行评分，进而帮助判断修复不同漏洞的优先等级。

CVSS 主要由基本度量、时效度量、环境度量 3 个部分组成，其中，基本度量包括攻击途径、攻击复杂度、认证、机密性影响、可用性影响、完整性影响和偏向因子等因素；时效度量包括可利用性、修复程度和报告可信度等因素；环境度量包括潜在间接危害、主机分布等因素。CVSS 度量标准如图 7-2 所示。

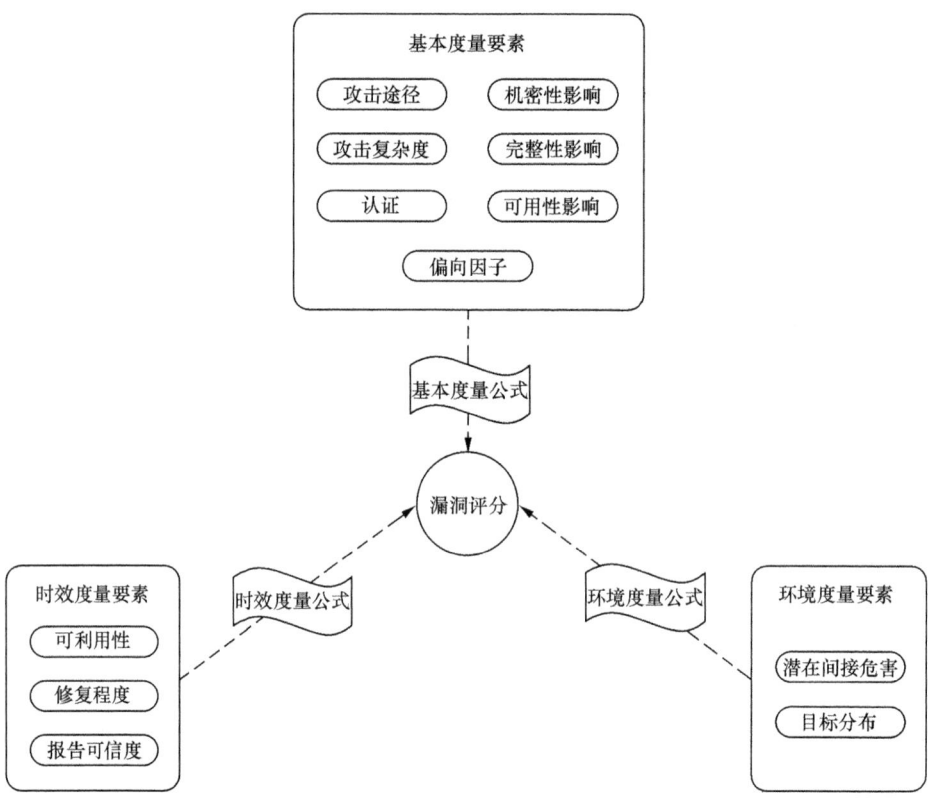

图 7-2 CVSS 度量标准

基本度量、时效度量、环境变量的要素及其取值范围见表 7-8 ～ 表 7-10。

表 7-8 基本度量要素取值范围

要素	符号	可选值	评分标准
攻击途径	AccessVector	本地 / 邻接 / 远程	0.3/0.6/1.0
攻击复杂度	AccessComplexity	高 / 中 / 低	0.6/0.8/1.0
认证	Authentication	需要 / 不需要	0.6/1.0
机密性影响	ConfImpact	不受影响 / 部分受影响 / 完全受影响	0/0.7/1.0
完整性影响	IntegImpact	不受影响 / 部分受影响 / 完全受影响	0/0.7/1.0
可用性影响	AvailImpact	不受影响 / 部分受影响 / 完全受影响	0/0.7/1.0
偏向因子	ImpactBias	正常 / 机密性 / 完整性 / 可用性	0.333/0.25/0.25/0.25

第 7 章 动态赋能防御效能评估

表 7-9 时效度量要素取值范围

要素	符号	可选值	评分标准
可利用性	Exploitability	未提供 / 验证方法 / 功能性代码 / 完整代码	0.85/0.90/0.95/1.0
修复程度	RemediationLevel	官方补丁 / 临时补丁 / 临时解决方案 / 无	0.85/0.90/0.95/1.0
报告可信度	ReportConfidence	传言 / 未确认 / 已确认	0.90/0.95/1.0

表 7-10 环境度量要素取值范围

要素	符号	可选值	评分标准
潜在间接危害	CollateralDamagePotential	无 / 低 / 中 / 高	0/0.1/0.3/0.5
目标分布	TargetDistribution	无 / 低 / 中 / 高	0/0.25/0.5/1.0

CVSS 评估就是将基本度量、时间度量、环境度量所得到的结果综合起来，得到一个综合分数。根据 CVSS 数学式，首先对基本度量进行计算，得到一个基础分数；然后，在此基础上对时效度量进行计算，得到一个暂时分数；最后，再对环境度量进行计算，得到最终的分数。每个度量都有各自的计算式。CVSS 满分是 10 分，分值越高，漏洞的威胁性越大；分值越小，威胁性越小。

基本度量的数学式为

$$BaseScore = round(10 \times AccessVector \times AccessComplexity \times Authentication \times ((ConfImpact \times ConfImpactBias) + (IntegImpact \times IntegImpactBias) + (AvailImpact \times AvailImpactBias))) \quad (7\text{-}17)$$

注意：当偏向因子偏向机密性影响、可用性影响、完整性影响之一时，其偏向值增加 0.25，例如，当 *ImpactBias* 取值为机密性时，*ConfImpactBias*=0.5，*IntegImpactBias*=0.25，*AvailImpactBias*=0.25。

时效度量的数学式为

$$TemporalScore = round(BaseScore \times Exploitability \times RemediationLevel \times ReportConfidence) \quad (7\text{-}18)$$

环境度量的数学式为

$$EnvironmentalScore = round((TemporalScore + ((10 - TemporalScore) \times CollateralDamagePotential)) \times TargetDistribution) \quad (7\text{-}19)$$

2. 改进后的 CVSS 方法

CVSS 度量标准存在可重复性较差、缺乏攻击链和攻击者不可达等方面的考虑，本节对此进行改进，主要有 3 个方面。

① 增加了与漏洞自身特性相关的若干指标，基本度量中增加了使用权限指标，时效度量中增加了技术细节和入侵检测能力指标。

② 去除了随意性较大的环境度量指标，去除了时效度量中的报告可信度指标。

③ 根据系统实际情况，对部分度量要素的取值进行了调整，如时效度量中修复程度指标，拉大了有无补丁分值的差别，因为在实际网络空间攻防中 0day 漏洞的风险更大。

改进后的 CVSS 度量标准如图 7-3 所示。

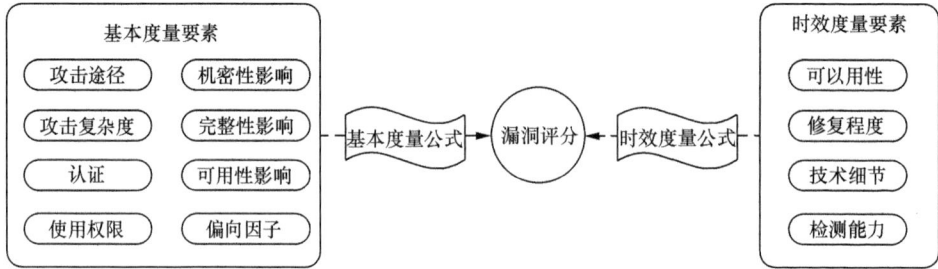

图 7-3　改进后的 CVSS 度量标准

改进后的 CVSS 度量标准中评估指标被分为了两个部分，即基本度量和时效度量，分别见表 7-11 和表 7-12。

表 7-11　基本度量要素取值范围

要素	符号	可选值	评分标准
攻击途径	AccessVector	本地 / 邻接 / 远程	0.8/0.9/1.0
攻击复杂度	AccessComplexity	高 / 中 / 低	0.8/0.9/1.0
认证	Authentication	需要 / 不需要	0.8/1.0
使用权限	Privilege	管理员 / 不确定 / 普通用户	0.8/0.9/1.0
机密性影响	ConfImpact	不受影响 / 部分受影响 / 完全受影响	0/0.7/1.0
完整性影响	IntegImpact	不受影响 / 部分受影响 / 完全受影响	0/0.7/1.0
可用性影响	AvailImpact	不受影响 / 部分受影响 / 完全受影响	0/0.7/1.0
偏向因子	ImpactBias	正常 / 机密性 / 完整性 / 可用性	0.333/0.25/0.25/0.25

表 7-12　时效度量要素取值范围

要素	符号	可选值	评分标准
可利用性	Exploitability	未提供 / 验证方法 / 功能性代码 / 完整代码	0.85/0.90/0.95/1.0

续表

要素	符号	可选值	评分标准
修复程度	RemediationLevel	官方补丁 / 临时补丁 / 临时解决方案 / 无	0.85/0.90/0.95/1.0
技术细节	TechniqueDetail	未公开 / 已公开	0.9/1.0
检测能力	DetectionCapability	高 / 中 / 低	0.8/0.9/1.0

改进后的 CVSS 度量标准数学式也有相应变化。首先按照新的要素对基本度量进行计算，得到一个基础分数；然后，在此基础上按照新的要素对时效度量进行计算，得到最终分数。

基本度量的表达式为

$$BaseScore = round(10 \times AccessVector \times AccessComplexity \times Authentication \times Privilege \times ((ConfImpact \times ConfImpactBias) + (IntegImpact \times IntegImpactBias) + (AvailImpact \times AvailImpactBias))) \quad (7-20)$$

时效度量的表达式为

$$TemporalScore = round(BaseScore \times Exploitability \times RemediationLevel \times TechniqueDetail \times DetectionCapability) \quad (7-21)$$

3. 漏洞评估实例

关于改进后的 CVSS，下面给出一个计算实例。这个例子是 Apache Web Server 分块编码（Chunked Encoding）远程溢出漏洞，该漏洞的描述可参考 TechNet 技术资源库对其的描述。假设系统在某时刻以 Apache 提供 Web 服务，Apache 在处理以分块方式传输数据的 HTTP 请求时存在设计漏洞，远程攻击者可能利用此漏洞在某些 Apache 服务器上以 Web 服务器进程的权限执行任意指令或进行拒绝服务攻击。分块编码传输方式是 HTTP 1.1 协议中规定的 Web 用户向服务器提交数据的一种方法，当服务器收到分块编码方式的数据时，会分配一个缓冲区存放，如果提交的数据大小未知，客户端会以一个协商好的分块大小向服务器提交数据。Apache 服务器默认提供对分块编码的支持。Apache 使用了一个有符号变量储存分块长度，同时分配了一个固定大小的堆栈缓冲区来储存分块数据。出于安全考虑，在将分块数据拷贝到缓冲区前，Apache 会对分块长度进行检查，如果分块长度大于缓冲区长度，Apache 将最多只拷贝缓冲区长度的数据，否则根据分块长度进行数据拷贝。然而在进行上述检查时，没有将分块长度转换为无符号型进行比较，因此，如果攻击者将分块长度设置成一个负值，就会绕过上述安全检查，Apache 会将一个超长（至少大于 0x80000000 B）的分块数据拷贝到缓冲区中，造成缓冲区溢出。

现在已经证实，对于 Apache 1.3 到 1.3.24（含 1.3.24），在 Windows 32 系统下，远程攻击者可以利用这一漏洞执行任意代码。在 Unix 系统下，也已经证实至少在 OpenBSD 系统下可以利用这一漏洞执行代码。据相关研究报告称，下列系统也可能被攻击者成功利用：Sun Solaris 6-8（sparc/x86）、FreeBSD 4.3-4.5（x86）、OpenBSD 2.6-3.1（x86）、Linux（GNU）2.4（x86）。

对于 Apache 2.0 到 2.0.36（含 2.0.36），尽管存在同样的问题代码，但它会检测错误出现的条件并使子进程退出。根据不同因素（包括受影响系统支持的线程模式影响），本漏洞可导致各种操作系统下运行的 Apache Web 服务器拒绝服务。

在改进后的 CVSS 评价中，基本度量要素的取值见表 7-13，时效度量要素的取值见表 7-14。

表 7-13　基本度量要素评估分数

要素	符号	评估值	分数
攻击途径	AccessVector	远程	1.0
攻击复杂度	AccessComplexity	中	0.9
认证	Authentication	不需要	1.0
使用权限	Privilege	普通用户	1.0
机密性影响	ConfImpact	完全	1.0
完整性影响	IntegImpact	部分	0.7
可用性影响	AvailImpact	部分	0.7
偏向因子	ImpactBias	正常	0.333

表 7-14　时间度量要素评估分数

要素	符号	可选值	评分标准
可利用性	Exploitability	功能性代码	0.95
修复程度	RemediationLevel	官方补丁	0.85
技术细节	TechniqueDetail	已公开	1.0
入侵检测能力	DetectionCapability	低	1.0

基本度量为

$$BaseScore = round(10 \times 1.0 \times 0.9 \times 1.0 \times 1.0 \times ((0.7 \times 0.25) + (0.7 \times 0.25) + (1.0 \times 0.5))) = 7.65 \qquad (7-22)$$

时间度量为

$$TemporalScore=round(7.65×0.95×0.85×1.0×1.0)=6.18 \quad (7-23)$$

由于系统具有随机动态变化特性，假设在下一时刻切换成以 IIS 对外提供 Web 服务，但是存在 MS15-034 远程执行漏洞，该漏洞的描述可参考 TechNet 技术资源库对其的描述（https://technet.microsoft.com/zh-CN/library/security/ms15-034.aspx）。IIS 是微软提供的 Web 服务程序，其可以提供 HTTP、HTTPS、FTP 等相关服务，同时，支持 ASP、JSP 等 Web 端脚本，有比较广泛的应用。从 MS15-034 的等级和相关描述来看，攻击者可以获得运行有 IIS 服务的远程主机的执行代码和提权能力，其针对了驱动 HTTP.SYS 实现特殊构造的 HTTP 请求，就可以在 System 账户上下文中执行任意代码。这一漏洞影响的版本包括：Windows 7（多数版本默认不安装 IIS）、Windows Server 2008 R2、Windows 8、Windows 8.1、Windows Server 2012、Windows Server 2012 R2。

在改进后的 CVSS 评价中，基本度量要素的取值见表 7-15，时效度量要素的取值见表 7-16。

表 7-15 基本度量要素评估分数

要素	符号	评估值	分数
攻击途径	AccessVector	远程	1.0
攻击复杂度	AccessComplexity	低	1.0
认证	Authentication	不需要	1.0
使用权限	Privilege	普通用户	1.0
机密性影响	ConfImpact	完全	1.0
完整性影响	IntegImpact	部分	0.7
可用性影响	AvailImpact	部分	0.7
偏向因子	ImpactBias	正常	0.333

表 7-16 时间度量要素评估分数

要素	符号	可选值	评分标准
可利用性	Exploitability	验证方法	0.9
修复程度	RemediationLevel	官方补丁	0.85
技术细节	TechniqueDetail	已公开	1.0
入侵检测能力	DetectionCapability	低	1.0

基本度量为

$$BaseScore=round(10\times1.0\times1.0\times1.0\times1.0\times((0.7\times0.25)+(0.7\times0.25)+(1.0\times0.5)))=8.5 \quad (7-24)$$

时间度量为

$$TemporalScore=round(8.5\times0.9\times0.85\times1.0\times1.0)=6.50 \quad (7-25)$$

根据上述计算结果可以看出，系统对外 Web 服务从 Apache 服务器切换到 IIS 服务器时，虽然状态发生了变化，但是 Web 服务漏洞等级从 6.18 提升到 6.50，即从攻击者角度看，状态变化后的漏洞似乎更容易被利用。这说明系统状态的每一次变化并非都是有效的，如果系统改变未能从根本上消除安全漏洞的数量和降低其等级，则反而会给攻击者以可乘之机。当然，在实际的网络攻防博弈中，攻击者是否能抓住这样的机会成功侵入系统，尚需要对攻击者行为进行精细建模。下一节将尝试从网络攻防博弈角度对攻击面变化进行度量和综合评估。

7.4 基于攻击面度量的动态赋能防御效能评估

前文已经介绍了基于系统随机化度量指标集的整体效能评估和基于漏洞分级的单一准则评估。上述评估方法都是站在"知己"角度考虑，即暂不考虑攻击者行为和策略的变化。在实际的网络攻防博弈中，无论是攻击方还是防御方，其行为和策略都是动态变化的，两者之间是一种此消彼长的零和游戏。如果引入攻击者要素，对攻击者行为进行建模，在攻防博弈过程中直接评估系统攻击面的动态变化，则能够对动态赋能技术的科学性和合理性进行有效验证。

攻击面是攻击者进入信息系统并可能造成破坏的一系列途径，即攻击系统时使用的操作系统、软件、数据和网络等系统资源。攻击面越大，系统越不安全。系统的安全漏洞是很难彻底根除的，在漏洞必然存在的情况下，降低安全风险的办法是转移或缩小系统攻击面。动态赋能防御的基本思想就是赋予系统对攻击者呈现不断变化的攻击面的能力，增加攻击者探测、利用攻击面的难度，以期达到减小系统攻击面的效果。简而言之，安全防护体系不断完善的过程，就是促使攻击面不断缩小的过程。

目前，业界的研究工作，重点关注动态防御的具体实现技术，尚缺乏对系统变化攻击面的形式化分析和度量方法，难以评估动态赋能防御方法的实际效能。本节的工作是站在系统攻击面动态变化角度，尝试对动态赋能防御进行综合评估。需要说明的是，由于网络攻击者（国家级／团伙／个人等）的行为方式和攻击过程诡谲多变，目前业界对其进行客观描述和理论建模尚无定论，因此，下文阐述的基于随机 Petri 网和基于马尔可夫链的攻击面度量方法尚需更多的攻防实践来进行验证。

7.4.1 基于随机 Petri 网的攻击面度量方法

1. 攻击行为描述模型

相对于给定时间间隔的离散时间模型，使用随机模型更容易对网络及安全的系统状态进行全面有效的描述，精确刻画信息系统随机行为以及攻击者之间的相互关系，便于计算各种安全性指标，求解各类安全性质。

网络攻击行为描述模型如图 7-4 所示。

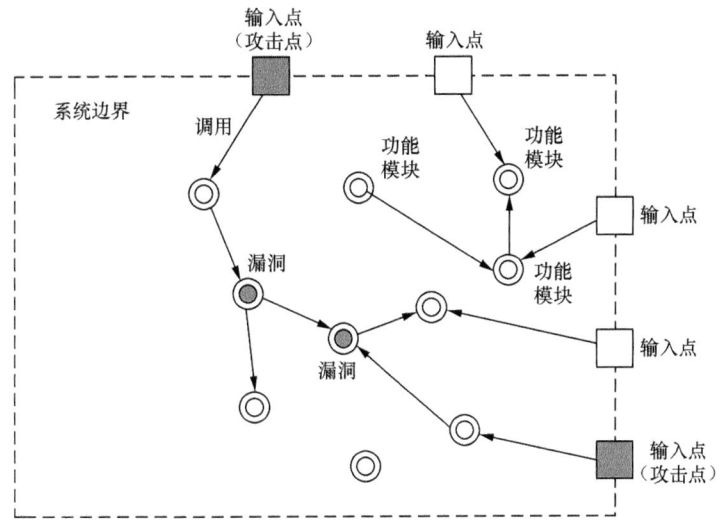

图 7-4　网络攻击行为描述模型

上述模型由以下要素组成。

① 系统边界：规定系统的功能、输入／输出边界。

② 功能模块：系统完成自身功能的代码单元。

③ 漏洞：存在被恶意利用可能的功能模块，对于系统而言是常量，数量不会变化。

④ 输入点：系统接受外部信息，改变自身运行状态的接口，输入的数据分组包括正常调用的数据和恶意注入的数据。

⑤ 攻击点：能够通过调用路径触发漏洞的输入点。

⑥ 攻击序列：用于在攻击点触发漏洞的输入信息流。

⑦ 攻击面：在某一时刻系统存在的攻击点数量。攻击面的大小可以因系统的动态变化特征而改变。

⑧ 动态策略：根据某种预先制订的配置，令系统具备动态特征，动态改变输入点和功能模块的连接关系，有可能使原先是攻击点的输入点不再是攻击点，反之亦然，从而引起系统攻击面的动态变化，如图 7-5 所示。动态策略的变化在一定时间间隔内完成，为简化描述起见，本节的模型中假设这种变化瞬时到位。

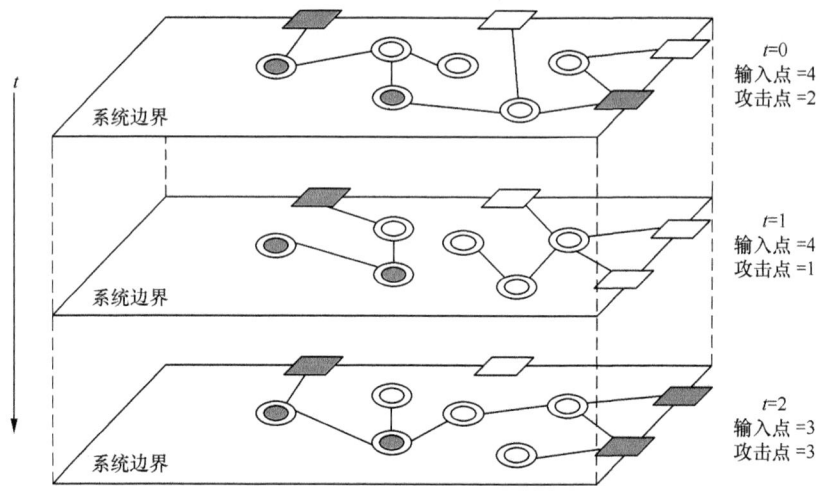

图 7-5　系统攻击面动态变化示意

由此可见，在动态变化策略的影响下，系统输入点的数量也可能受到控制策略的额外影响而产生变化。

2. 攻击者能力描述

攻击者希望突破信息系统的安全防御体系，找到安全漏洞并进行利用，以达到破坏系统、窃取数据的目的。攻击者可以调动空间资源、时间资源和个人技能 3 个方面的要素来加速攻击进程。对于通常的攻击者而言，其需要对系统的每一个输入点进行遍历，寻找可能触发漏洞生效的攻击点。假设攻击者在找到攻击点后，其突破耗时符合位置参数 μ、尺度参数 σ 的概率分布，如图 7-6 所示，其中，σ 反映了攻击者的空间资源，μ 反映了攻击者的个人技术，攻击者的时间资源在快速动态变化的信息系统中反而无法发挥较大作用。

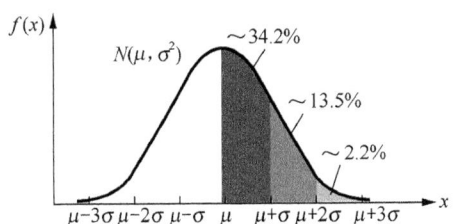

图 7-6 攻击者突破系统耗时概率模型

该分布的描述为

$$f(x) = \frac{1}{\sqrt{2\pi}\sigma} \exp\left(-\frac{(x-\mu)^2}{2\sigma^2}\right) \quad (7-26)$$

可以看出，系统的攻击面越大，攻击者找到攻击点的可能性就越大；攻击者的个人技术越强，预期攻破漏洞的时间越早；攻击者可利用的空间资源越充裕，漏洞攻破的整体耗时就越短。

将攻击者的能力与系统的随机变化结合起来，可以得到如图 7-7 所示的攻击者视图。

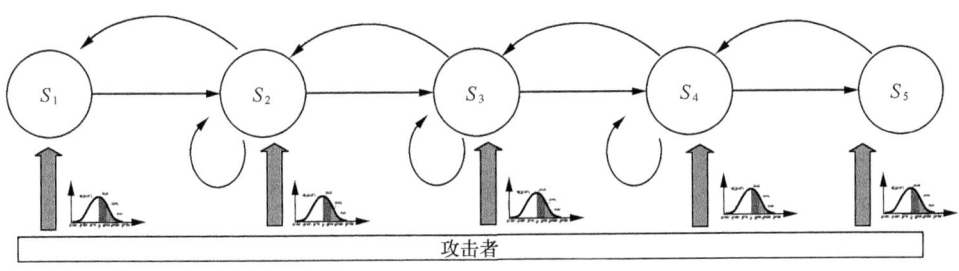

图 7-7 攻击者视角的系统状态变化模型

在系统进入每一个状态时，攻击者重置时间，按照系统中存在的攻击平面大小、攻击者的能力和攻击者可利用的空间资源产生相应的正态概率分布，据此可以得出系统面临的威胁系数。

情形 1：系统将要转移至另一状态，且在状态转移完成时，攻击者仍未取得突破，在这种情况下，认为系统在该时间段内面临的威胁为 0。

情形 2：系统将要转移至另一状态，且在状态转移完成前，攻击者已经取得突破，在这种情况下，认为系统在该时间段内面临的威胁为从攻击者攻破之时起到系统完成状态转移止的时间间隔乘以攻击者的个人能力。

情形 3：系统的下一状态仍是本状态。在状态转移完成后，攻击者不重置时间，仍然按照原有参数运行正态分布突破的概率。如果在该时间段内取得突破，则参见情形 2。

假设攻击者不记录所有的攻击点，则在一定时间的执行区间内，系统面临的威胁值可以通过仿真得出。可以通过调整系统动态变化随机时间的参数，而控制威胁值。可以预期，减少系统在攻击面状态的停留时间将有利于减少威胁。

3. 系统动态变化的随机 Petri 网模型

随机 Petri 网（Stochastic Petri Network，SPN）是基于状态的随机模型分析方法中一种行之有效的手段[14]，它对系统的并发性、异步性和不确定性具有很强的动态分析能力，同时具有建模原语少、符合直观的图形表示等优点，既能描述系统状态，又能表现系统行为，特别适合于对系统建模与分析。同时，可以通过随机 Petri 网与马尔可夫过程同构的特性，求解信息系统的各种特性参数。随机 Petri 网可以在一个系统模型的框架上采用图形化的方式完成系统的描述、安全性分析以及验证和测试，如图 7-8 所示。

可以利用随机 Petri 网在同一体系中反映系统随机动态变化的参数和攻击者的能力。给定一个用户感兴趣的性质，能够通过仿真的方式运行模型并对问题求解，给出如下问题的答案。① 活性问题：如果威胁累加到一定值，则可认为攻击者攻陷了系统，计算平均多长时间攻击者可以攻陷系统一次。② 路径可达性问题：给定限制条件为某时间内系统威胁不超过一定值，能否找出一条系统的路径（变化图案）满足该限制条件。③ 参数问题：在系统的状态转移概率条件不变的情况下，给定限制条件为某时间内系统威胁不超过一定值，且系统具有最小变化时间，优化系统为各个转移配置的时间参数。

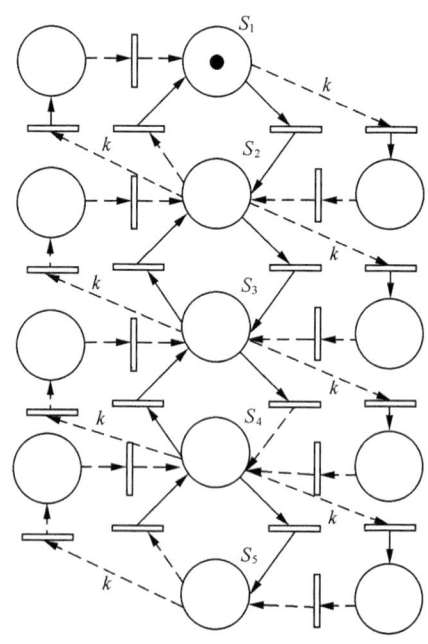

图 7-8 随机 Petri 网描述模型

7.4.2 基于马尔可夫链的攻击面度量方法

下文提出了一种基于马尔可夫链的攻击面建模度量方法，通过攻击探测概率指标，对变化攻击面进行定量度量，并对网络攻防博弈中动态防御方法的有效性和实施策略进行分析验证。

1. 模型描述

控制、检测和动态等3类安全防护手段可作用于攻击面W，假设系统的每个输入点都可能成为一个攻击点，这些攻击点汇集成攻击面，因此，W可以看作系统所有输入点的数量。

① 控制手段：是一种直接减小攻击面状态空间的方法，采用控制后攻击面变化为$W_c = W - \sum C$，其中，C为具体控制措施。

② 检测手段：是一种间接减小攻击面状态空间的方法，检测可以为控制提供辅助支持。采用检测后攻击面变化为$W_m = W_c - \sum M$，其中，M为具体检测措施。

③ 动态手段：是攻击面在各个状态间以某种概率进行的状态迁移。在各个状态间迁移的概率构成一个转移概率矩阵，某时刻之后的状态只与该时刻的状态有关，而与之前的状态无关。这种数学模型符合时间离散、状态离散的马尔可夫过程条件[10]，即马尔可夫链。

不管初始状态如何，系统经过有限步迁移后最终会达到一个平衡状态。因此，系统攻击面最终落在某个状态的概率是可以确定的，也就可以算出攻击面的数学期望值，即动态变化期望达到的防御效果。相关计算模型如图7-9所示。

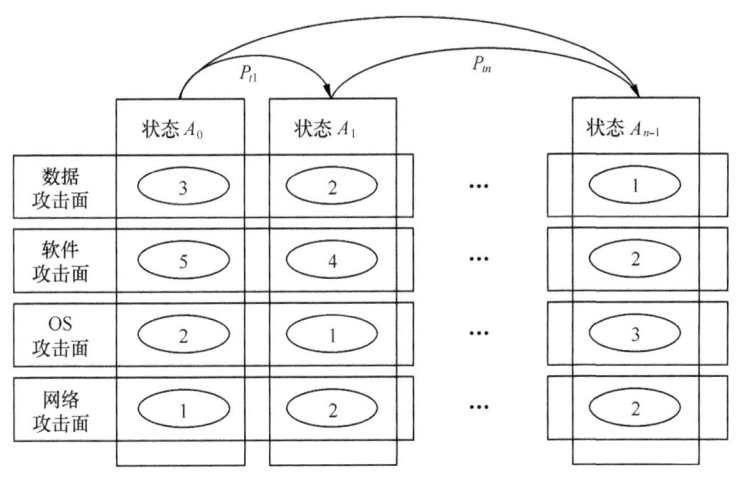

图7-9 攻击面状态迁移示意

定义 7-1：假设系统状态S为离散集合$A = \{A_0, A_1, \cdots, A_n\}$，每种状态$A_i$的攻击点数量为$K_i$，状态间迁移概率为$P_{ti}$，攻击面探测概率$P_{di}$。那么，系统状态转移矩阵是一个$n+1$阶方阵，可定义为

$$\boldsymbol{P} = \begin{bmatrix} P_{0,0} & \cdots & P_{0,n} \\ \vdots & \ddots & \vdots \\ P_{n,0} & \cdots & P_{n,n} \end{bmatrix} \qquad (7-27)$$

2. 变化攻击面度量方法

根据攻击者、防御者是否清楚状态攻击面具体情况，可以将模型细化为以下 4 种情况。

① 第一种情况：防御者不清楚状态攻击面具体情况，系统攻击点的迁移是随机的，攻击者具有足够的能力在时间间隔内去掌握每个时刻的攻击路径，即 $P_{di}=1$。具体如图 7-10 所示。

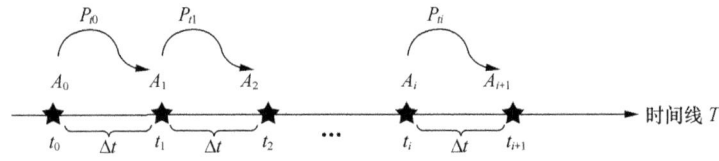

图 7-10 攻击面马尔可夫链状态迁移

② 第二种情况：假设防御者清楚状态攻击面具体情况，防御者有意引导系统向攻击面减小的方向迁移，即 $\forall i, k_i \leqslant k_0$。同时，攻击者具有足够的能力在时间间隔 Δt 内去掌握每个时刻的攻击路径。此种情况与第一种情况类似，仅相当于系统状态空间有所缩减。

③ 第三种情况：假设防御者不清楚状态攻击面具体情况，即系统攻击点的迁移是随机的，而攻击者可能没有足够的能力在时间间隔 Δt 内去掌握每个时刻的攻击路径。假设每种状态的攻击面探测概率为 P_d，$P_d \in [0,1]$，此种情况与第一种情况类似，相当于在状态空间集合 $\{A_i P_{di}\}$ 中求解马尔可夫链平稳状态方程。如果 $\forall i, P_{di}=1$，此时退化为第一种情况。具体如图 7-11 所示。

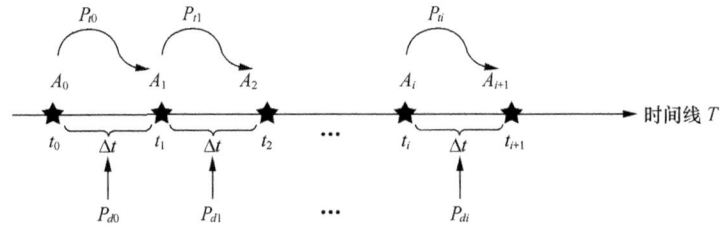

图 7-11 攻击面马尔可夫链状态迁移

④ 第四种情况：假设防御者清楚状态攻击面具体情况，而攻击者可能没有

足够的能力在时间间隔 Δt 内去掌握每个时刻的攻击路径，此种情况对防御者最为有利。假设每种状态的攻击面探测概率为 P_d，$P_d \in [0,1]$，此种情况与第二种情况类似，相当于在状态空间集合 $\{A_i P_{di}\}$ 中求解马尔可夫链平稳状态方程。若 $\forall i$，$P_{di}=1$，此时退化为第二种情况。

若系统状态间迁移概率矩阵为 $\boldsymbol{P}_t$，那么根据式（7-28）可以求出马尔可夫链的平稳分布 X^*。

$$X^* = X^* \times P \quad (7\text{-}28)$$

如果攻击面探测概率向量为 $\boldsymbol{P}_d$，则系统状态的期望为

$$A^* = X^*(k \times P_d) \quad (7\text{-}29)$$

站在防御者角度，希望采用合适的动态手段和系统状态迁移策略，使

$$X^*(k \times P_d) \leqslant k_0 \quad (7\text{-}30)$$

其中，k_0 为静态系统攻击面初始值，即使系统攻击面往缩小的趋势发展。

3. 攻击探测概率度量方法

攻击探测概率 P_d 是影响动态系统攻击面的重要指标，对攻击面的数学期望值影响甚大。可从状态迁移速率、随机化程度和状态空间大小等几个维度，对攻击探测概率进行量化，并对状态迁移速率、随机化程度、状态空间大小和探测防护能力对攻击探测概率的总贡献进行评估。

定义 7-2：假设动态系统 S 的状态迁移时间间隔 $\Delta t \in [0, T_0]$，随机化程度为 $R \in [0,1]$，状态空间大小为状态数 $N \in [0, N_0]$，探测防护能力为探测报文拦截率 $L \in [0,1]$，则动态系统 S 的状态攻击面探测速率 P_d 为

$$P_d = \frac{\Delta t}{T_0} \times R \times \frac{N}{N_0} \times L \quad (7\text{-}31)$$

其中，T_0 定义为探测到所有攻击面所需的最大时间，N_0 定义为防御者可变换的最大状态空间数。

4. 算例分析

假设某云中心初始状态的攻击面可在 5 个状态间迁移，攻击面 S 的状态空间为 $A=\{A_0, A_1, A_2, A_3, A_4\}$。假设该状态的转移规则是：如果在迁移前它在 A_1、A_2、A_3 这几个状态上，那么就分别以 1/3 的概率向前或向后迁移一个状态，或者停留在原处；如果迁移前，它在 A_0 这点上，那么就以概率 1 迁移到 A_1 这一点；如果在移动前，它在 A_4 这点上，那么就以概率 1 转移到 A_3 这一点，因此，系统转移概率矩阵为

$$P = \begin{bmatrix} 0 & 1 & 0 & 0 & 0 \\ \frac{1}{3} & \frac{1}{3} & \frac{1}{3} & 0 & 0 \\ 0 & \frac{1}{3} & \frac{1}{3} & \frac{1}{3} & 0 \\ 0 & 0 & \frac{1}{3} & \frac{1}{3} & \frac{1}{3} \\ 0 & 0 & 0 & 1 & 0 \end{bmatrix} \quad (7-32)$$

平稳状态向量 $X=(x_1,x_2,x_3,x_4,x_5)$ 由 $X=XR$ 计算得出,即

$$\begin{cases} x_1 = 0 \cdot x_1 + \frac{1}{3}x_2 + 0 \cdot x_3 + 0 \cdot x_4 + 0 \cdot x_5 \\ x_2 = x_1 + \frac{1}{3}x_2 + \frac{1}{3}x_3 + 0 \cdot x_4 + 0 \cdot x_5 \\ x_3 = 0 \cdot x_1 + \frac{1}{3}x_2 + \frac{1}{3}x_3 + \frac{1}{3}x_4 + 0 \cdot x_5 \\ x_4 = 0 \cdot x_1 + 0 \cdot x_2 + \frac{1}{3}x_3 + \frac{1}{3}x_4 + x_5 \\ x_5 = 0 \cdot x_1 + 0 \cdot x_2 + 0 \cdot x_3 + \frac{1}{3}x_4 + 0 \cdot x_5 \\ x_1 + x_2 + x_3 + x_4 + x_5 = 1 \end{cases} \quad (7-33)$$

上述方程解得

$$X = \left(\frac{1}{11}, \frac{3}{11}, \frac{3}{11}, \frac{3}{11}, \frac{1}{11}\right) \quad (7-34)$$

因此,经过有限步状态转移后,系统状态的期望值为

$$A^* = \frac{1}{11}k_0 P_{d0} + \frac{3}{11}k_1 P_{d1} + \frac{3}{11}k_2 P_{d2} + \frac{3}{11}k_3 P_{d3} + \frac{1}{11}k_4 P_{d4} \quad (7-35)$$

(1)变化攻击面结果分析

① 第一种情况:防御者不清楚状态攻击面具体情况,系统攻击点的迁移是随机的,攻击者具有足够的能力在时间间隔内去掌握每个时刻的攻击路径。

假设初始状态攻击面 $k_0=4$,$k_1=7$,$k_2=3$,$k_3=2$,$k_4=5$,那么攻击面的期望 $A^*=4.09$。

② 第二种情况:防御者清楚状态攻击面具体情况,即有意引导系统向攻击面减小的方向迁移,攻击者具有足够的能力在时间间隔内去掌握每个时刻的攻击路径。

假设初始状态攻击面 $k_0=4$,$k_1=3$,$k_2=2$,$k_3=4$,$k_4=1$,那么攻击面数学期望 $A^*=2.90$。

③ 第三种情况:防御者不清楚状态攻击面具体情况,系统攻击点的迁移是

随机的，攻击者可能没有足够的能力在时间间隔内去掌握每个时刻的攻击路径。

与第一种情况类似，假设初始状态攻击面 $k_0=4$，$k_1=7$，$k_2=9$，$k_3=2$，$k_4=5$，攻击面探测概率 $P_{d0}=0.3$，$P_{d1}=0.5$，$P_{d2}=0.4$，$P_{d3}=0.2$，$P_{d4}=0.6$，那么攻击面的数学期望 $A^*=2.43$。

④ 第四种情况：防御者清楚状态攻击面具体情况，即有意引导系统向攻击面减小的方向迁移，攻击者可能没有足够的能力在时间间隔内去掌握每个时刻的攻击路径。

与第二种情况类似，假设初始状态攻击面 $k_0=4$，$k_1=3$，$k_2=2$，$k_3=4$，$k_4=1$，攻击面探测概率 $P_{d0}=0.3$，$P_{d1}=0.5$，$P_{d2}=0.4$，$P_{d3}=0.2$，$P_{d4}=0.6$，那么攻击面的数学期望 $A^*=1.009$。

站在防御者角度，希望采用合适的防护手段和系统状态迁移策略，使

$$A^* = \frac{1}{11}k_0 P_{d0} + \frac{3}{11}k_1 P_{d1} + \frac{3}{11}k_2 P_{d2} + \frac{3}{11}k_3 P_{d3} + \frac{1}{11}k_4 P_{d4} \leqslant k_0 \quad (7-36)$$

在上述第三种情况下，对攻击者探测概率形成如下约束，即

$$4P_{d0} + 21P_{d1} + 27P_{d2} + 6P_{d3} + 5P_{d4} \leqslant 44 \quad (7-37)$$

转换成向量相乘为

$$[4\ 21\ 27\ 6\ 5] \cdot P_d^{\mathrm{T}} \leqslant 44 \quad (7-38)$$

为简化起见，假设每次攻击探测概率 P_{di} 为相同常量，则 $P_d^* \leqslant \dfrac{44}{63} = 0.698$，此即为系统状态调整策略是否有效的拐点，如图 7-12 所示。

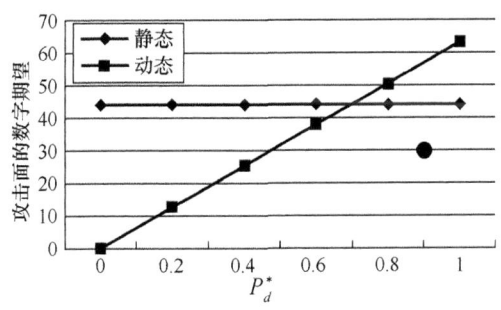

图 7-12 系统动态调整拐点

由图 7-12 可知，当 $P_d^* \geqslant 0.698$ 时，动态系统攻击面的数学期望值大于静态系统攻击面的值，此时，系统进行动态变化调整没有防护效果。

（2）攻击探测概率简化分析

探测概率与多种因素密切相关，例如攻击者的技能水平、事先对系统的掌

握程度、计算资源的多寡和分析时间的长短等。为简化起见，假设在给定计算资源、不考虑随机化程度和状态空间等情况下，探测概率仅与允许攻击者分析系统的时间呈线性关系，且系统状态进行周期变化，则式（7-31）变为

$$P_d = \Delta t / T_0 \tag{7-39}$$

其中，Δt 为系统状态发生变化的时间间隔，T_0 为攻击者研究出当前时刻系统所有攻击点需要的时间周期。

假定在攻击资源一定的情况下，某攻击者组织可在 12 h 内分析系统当前状态的所有攻击点。在上述算例第三种情况下，可由 $\dfrac{\Delta t_S}{12} \times 63 \leqslant 44$ 计算出为使系统状态调整策略生效的最小时间周期 $\Delta^* t_S$ 为 8.38 h，即系统状态调整时间周期至多为 8.38 h，若调整周期大于该值，则攻击者将能够捕获比静态状态更多的攻击面，导致系统状态动态调整策略失去意义。

7.5 动态赋能防御与系统可用性评估

如前所述，防御者并不总是能够转移或减小攻击面。为了向系统的用户提供所需服务，防御者可能需要启用新特征或修改原有特征，从而增大攻击面。例如，用户可能需要远程访问系统，为了满足这样的要求，防御者就得打开一条新的通信通道，比如 TCP 端口。攻击面的增大可能会使系统遭受新的攻击。同样，攻击面的减小也需要付出一定的代价，因为它会禁用或者修改系统的特征，使系统可能无法提供某些服务。因此，防御者在实施动态防御时，必须在安全性和可用性之间权衡取舍。

在实际系统中应用动态赋能技术时，需要回答诸如要付出多大代价（性能、可用性等）、这些代价如何进行建模和度量、动态赋能如何根据上述代价进行最优部署等问题。K. A. Farris 和 G. Cybenko[15] 总结了现有动态防御系统效能、实施代价、性能代价、可用性和安全优先级的综合测度方法，见表 7-17。

表 7-17 动态赋能系统综合测度方法

方法 维度	分析学（数学或数据）	测试床网络	仿真	红队测试	专家调查	实际运维网络
效能	√	○	○	√	○	○
实施代价	√	○	×	×	○	√

续表

方法 维度	分析学（数学或数据）	测试床网络	仿真	红队测试	专家调查	实际运维网络
性能代价	×	√	○	×	○	√
可用性	×	×	×	×	○	√
安全优先级	√	×	√	√	○	×

表 7-17 中各属性的含义如下。

效能：成功地通过增加负担来抑制敌人得手。

实施代价：在企业系统中部署防御手段付出的代价。

性能代价：在企业系统中部署防御手段后主机和网络的性能损失。

可用性：管理员和端用户用于管理和运用防御手段付出的努力。

安全优先级：解决攻击面问题的重要性。

分析学（数学或数据）：用数学手段或数据分析进行网络防御评价的方法，包括参数适配、数学建模等，相关模型可能来自于运维研究、博弈论、计算机性能模型等。

测试床网络：在隔离的网络环境里利用仪表测试评估系统的负载、流量等。

仿真：在单台计算机或小型网络上运行业务、负载和流量，再现系统的防御行为，仿真结果输出给出了防御手段或系统可靠性结论。

红队测试：由专家充当渗透测试者，对实际网络或测试床进行压力测试，找到并利用系统漏洞，评价防御手段效能，并指出系统应优先关注的安全侧重点。

专家调查：遴选专家的判断和结论，不能用于定量度量。

实际运维网络：利用真实环境里的实际网络实施评价。

表 7-17 中，符号"√"表示该属性能采用相应方法可靠度量，符号"○"表示该属性有效但不保证总是能采用相应方法进行可靠度量，符号"×"表示该属性在绝大多数情况下不能采用相应方法进行可靠度量。

根据 K. A. Farris 和 G. Cybenko 等诸多研究者的初步结论，控制和博弈论推理是较好评估网络攻防博弈中动态赋能防御技术和系统可用性的方法，具体评估方法在下文详述。

7.5.1 博弈论方法

在前期研究中，我们尚未对攻击者的攻击策略变化做任何假设。在本节，我们将考虑动态赋能防御系统减小和转移攻击面的方法,即防御者通过减小和转移攻击面,达到持续保护系统、免受攻击的目的。对此,从二人博弈的角度,就防御者和进攻者之间的相互关系建模,运用博弈论确定最佳防御策略,博弈论模型有助于明确建立攻击者模型。因此,防御者可以针对脚本小子、老牌黑客、有组织的罪犯以及敌对国家等不同对象及其攻击方式,选择最佳防御策略。

下面按照一种二人随机扩展式博弈[16]对系统防御者与进攻者之间的相互关系进行建模。

1. 博弈模型

我们的模型是一个七元组 $\langle S, A^d, A^a, T, R^d, R^a, \beta \rangle$,其中,$S$ 是系统状态集,A^d 是防御者动作集,A^a 是攻击者动作集,$T: S \times A^d \times A^a \times S \to [0,1]$ 是状态转换函数,$R^d: S \times A^d \times A^a \to R$ 是防御者的回报函数,其中,R 是实数集,$R^a: S \times A^d \times A^a \to R$ 是攻击者的回报函数,$\beta \leq 1$ 是一个折扣因子,表示预期回报的折扣。

防御者与攻击者之间以下面的方式展开博弈:系统在 t 时处于状态 $s_i \in S$。防御者发出动作 $a^d \in A^d$,而攻击者发出动作 $a^a \in A^a$。随后,系统以概率 $T(s_t, a^d, a^a, s_{t+1})$ 移动至状态 $s_{d+1} \in S$。防御者发出该动作的回报为 $r_t^a = R^d(s_t, a^d, a^a)$,而攻击者的回报为 $r_t^a = R^d(s_t, a^d, a^a)$。防御者和攻击者的目的均为尽可能地使其折扣后的回报达到最大。

2. 状态、动作与转换

在对系统建模时,我们将之处理成一个特征集 F。F 包括了系统能够提供的各种功能,例如,网络服务器的登录特征为用户提供了认证功能。可以禁用特征,若启用,这一特征就会成为系列配置之一,而每种配置就是状态变量与其值之间的一个映射关系。系统的一个状态 $s_i \in S$ 就是特征与其配置之间的一个映射关系,即 $s_t: F \to$ 配置。在一定的系统状态下,防御者可以通过在特征上的动作选择转移和减小攻击面,例如,防御者可以启用某个已禁用的特征,或者禁用某个已启用的特征,或修改某个已启用特征的配置,或让某个特征的配置保持不变。因此,防御者的动作 $a^d \in A^d$ 就是特征与防御者在该特征上发出的动作之间的一种映射关系,即 $a^d: F \to \{$ 启用,禁用,修改,保持不变 $\}$。在一定的系统状态下,防御者可以从动作集 A^d 的某一个子集中进行选择。例如,若某个特征 f 在某个状态 s 启用的配置中,则防御者不能发出任何启用 f 的动作,而只能禁用 f、修改 f 或者让 f 保持不变。当防御者发出某个动作后,系统的攻击面就会发生改变。随后,攻击者会利用攻击面的这一改变来发出某个动作攻击系统;攻击者的动作又会进一步启用和禁用系统的特征。由于防御者和攻击者的动作都能启用和/或禁用一定的系统特征，因此，系统会按照概率转换函数转移至某个新的状态。转换概率的具体值由系统及其运行环境决定。

该模型存在两个不足，一是可能发生状态空间爆炸，二是可能发生动作空间爆炸。状态数量和操作数量与特征数量直接为指数关系。为了简化和便于处理，这里仅关注系统特征的重要子集，同时限制动作所启用、禁用或修改的特征数量。

3. 回报函数

当防御者发出某个动作时，可能给防御者带来以下3个方面的好处：一是防御者可通过启用特征，为系统用户提供便利；二是防御者可通过转移攻击面，消减系统的安全风险；三是防御者可通过减小攻击面的度量指标，削减系统的安全风险。但若该动作禁用某些特征，或提高系统的攻击面度量指标，则防御者可能需要付出一定的代价。因此，防御者的回报取决于特征值的变化、攻击面的转移以及攻击面度量指标的变化。

同理，当攻击者发出某个动作时，攻击者会因为攻击面度量指标的提高而获得好处。但攻击面的转移也会让攻击者付出一定的代价。因此，攻击者的回报取决于攻击面的转移和攻击面度量指标的变化。

下面以系统的某个状态 s 为例，若防御者在该状态 s 下发出了动作 a^d，而攻击者发出了动作 a^a，则将系统特征的变化表示为 ΔF，并将攻击面的转移表示为 ΔAS，而攻击面度量指标的变化表示为 ΔASM。因此，可以对防御者的回报 R^d 和攻击者的回报 R^a 建立以下模型。

$$R^d(s, a^d, a^a) = B_1(\Delta F) + B_2(\Delta AS) - C_1(\Delta ASM) \quad (7-40)$$

$$R^a(s, a^d, a^a) = B_3(\Delta ASM) - C_2(\Delta AS) \quad (7-41)$$

B_i 和 C_i 是将特征变化、攻击面转移变化以及攻击面度量指标变化映射为实数的函数，这些数量反映的是与变化相关的好处和代价。在实际选择 B_i 和 C_i 时，视具体系统及其运行环境而定。请注意，在选择回报函数时，博弈方式采用的是普和博弈。

4. 最佳防御策略

上文提出的博弈是一种完全且完美的信息博弈。双方都知道对手的策略和回报，并熟悉这场博弈的历史，即熟知双方在博弈中已采取的各项操作[17]。各方的目的是最大化其预期折扣回报。

每方的策略指的是这一方在博弈中可以发出的动作计划；策略具体说明了这一方在博弈的不同阶段可针对另一方策略而发出的动作。最佳策略可以使参与博弈一方的回报最大化。

静态策略指的是与时间和历史无关、只与系统状态有关的策略。纯策略指一个状态对应一个动作的策略，混合策略则指一个状态下各种可能的动作之间存在一定概率分布的策略。可以运用纳什均衡解法得出防御者的最佳静态策略。菲拉尔和乌瑞兹建立了一个非线性程序，用于寻找零和博弈中的静态均衡策略[18]。

防御者可能需要一个依时间和历史而定的最佳策略，针对每种博弈历史获得最佳的防御者动作。因此，防御者可以在博弈过程的任一时间点，针对攻击者的动作采取最佳策略。可以运用子博弈完美均衡概念确定防御者的最佳策略[16]。默里和戈登建立一种动态编程算法，用于寻找零和博弈中的子博弈完美均衡[19]。

由此，防御者可以运用纳什均衡和子博弈完美均衡概念，确定转移和减小攻击面的最佳策略。运用最佳策略，防御者在全面掌握各种信息后在安全性与可用性之间进行权衡取舍；而这样一来，系统就可以为其用户提供所需的服务，同时又不降低其安全性。

7.5.2 对系统开发、部署、运维的影响

动态赋能技术旨在实现网络配置随机化、指令集随机化、软件多态化等，相较于传统静态技术，可能会对信息系统的开发、部署和运维等带来多方面影响[20,21]。

（1）在软件开发方面

由于大量漏洞是由程序员疏忽或水平差造成的，所以不能指望程序员们会以可靠和一致的方式去为每个多态化策略应用转换。应该在开发过程的结束阶段自动应用多态化，这可以作为编译过程的一部分。实际上这不可能完全自动化，因为开发者必须提供功能需求的信息，这些信息必须保留下来，由此带来另一个挑战，即如何把工具链所需功能规范的规模和复杂性降到最低。然而，很多软件组件在设计和开发时，对该组件将来如何与整个系统集成只是一知半解。因此，确定在整个程序中流转的每个数据项的出处就是一个挑战。一个解决方案是建立一个符号来源图表，以此来绑定输入和输出，而不再去考虑一个输入是不是用户生成的。在系统编译阶段，当组件连接起来且输入源清楚定义情况下，系统体系结构设计者或开发者可能识别出由用户发送的少数几个输入，

而剩下的输入和输出将被多态化处理。

（2）在性能影响方面

多态化策略具有不同寻常的重大性能影响。例如，随机化指令集体系结构，虽然能有效对抗缓冲区溢出攻击，但也会导致巨大的运行时性能开销，因为商业硬件平台缺乏对此功能的内建支持。因此，ISA（互联网安全和加速服务器）的多态化取决于系统仿真器，它把运行时的多态化指令转换成真实硬件的指令。这种仿真器是极其昂贵的，使 ISA 多态化成为一项代价高昂的技术，并限制了其使用。目前还没有找到优化多态化策略的通用方法，但仍可乐观地认为，具体多态化策略所带来的性能开销有可能会降低，而且与系统中其他性能瓶颈相比，这些性能开销将变得无关紧要。

（3）在软件部署方面

多态化引入了新的故障模式，端—端多态化使故障模式数量倍增。在一个网络应用程序实例中，XSS 多态化可能不会在遇到攻击时带来新的故障，因为在这种情况下攻击仅是没有成功而已，实际上多态化没有什么副作用。但在同样的例子中，一个针对 SQL 多态化应用程序的攻击会导致数据库返回一个"没有指定的表单"的错误，而应用程序对这个错误可能毫无准备。这里的挑战是在转换应用程序时要把错误处理纳入其多态化部分。

（4）在运维管理方面

主要存在两个不同的问题：一是这种复杂系统的准备成本，二是持续管理该系统的挑战。例如，建立 N 个不同的虚拟服务器比建立一个单独系统需要更多的资源和工作。这个问题可以通过增量推出方式予以缓冲。与其在系统开始动作前一次性地设置好所有 N 台虚拟服务器类型，不如在刚开始时降低多态化程序等级，当准备好一些新的虚拟服务器类型后再引入进去。对于日常管理任务，降低复杂性的要点就是对每类虚拟服务器软件堆栈管理使用一台作为标准模板的虚拟服务器。当一种虚拟服务器的某个组件有补丁或更新时，要对包含这个组件的所有虚拟服务器标准模板进行更新。接下来，要用更新过的标准虚拟服务器对这 K 台新的虚拟服务器进行克隆。为避免遭受攻击，不能把标准虚拟服务器部署上线。

7.6 本章小结

本章对动态赋能防御效能评估做了较深入的探讨，主要介绍了 3 类评估方法：基于可度量指标集的综合评估、基于系统漏洞的单一准则评估、基于攻击面度量的评估。这 3 种技术的比较见表 7-18。

表 7-18 评估方法比较

序号	评估方法	技术原理	优点	不足
1	基于可度量指标集的综合评估	层次分析法，模糊综合评价	全面系统	指标采集困难，需要先验数据
2	基于系统漏洞的单一准则评估	漏洞分析挖掘	简洁直观，易于理解	人员技术要求较高
3	基于攻击面度量的评估	随机 Petri 网模型，马尔可夫链模型	紧贴攻防实践，易于理解	模型解算复杂，攻击者建模困难

从表 7-18 可以看出，各种评估方法各有优缺点。基于可度量指标集的综合评估固然能够全面衡量动态赋能技术的整体防御效能，但由于评估指标的准确客观度量存在不足，可能导致评估结果的可信度和应用价值降低；另一方面，基于系统漏洞的单一准则评估能够直观、简洁体现动态赋能效果，但是对于漏洞分析人员技术水平要求较高；基于攻击面度量的评估引入了攻击者要素，在攻防博弈中直接评估系统攻击面的动态变化，具有较好的实践性，但是攻击者建模并不容易，并且模型解算要更为复杂。

由于目前业界对于动态赋能技术的理论和应用尚不成熟，其效能综合评估方法还在探索中。本章的工作仅是对动态赋能技术效能的初步分析，尽管如此，我们仍然可以通过研究结果得出以下结论：① 动态赋能技术未必一定能减小攻击面，有可能适得其反；② 防御者是否清楚状态攻击面具体情况时，动态系统攻击面具有重要影响，在防御者不清楚状态攻击面具体情况时，动态系统攻击面很可能比静态系统攻击面更大；③ 攻击探测概率是影响动态系统攻击面的重要指标，探测概率越低，动态系统攻击面越小，而探测概率值主要受到状态迁移速率、随机化程度、状态空间大小和探测报文拦截率等因素的影响。

要实现动态防御效果，动态赋能技术必须具有以下特征：① 快速而不可预测的状态迁移，动态状态迁移必须快速，以保证攻击者没有足够的时间和空间去侦察、探测目标，实现减少实际攻击面的防护效果；② 足够多的状态空间，减少不同状态间攻击面的重复度，增加攻击者对系统掌握的难度；③ 透明的状态迁移，在状态迁移过程中，被保护目标必须是透明的，保证整个会话和服务不会因状态迁移而中断。

此外，在实际系统中应用动态赋能技术时，必然要在系统效能与实施代价、性能损失、可用性和安全优先级之间进行平衡。本章利用博弈论方法就防御者和攻击者之间的相互关系进行建模，对动态赋能防御与系统可用性进行了综合评估，指出了动态赋能技术可能会对信息系统的开发、部署和运维等带来的影响。

参考文献

[1] AL-SHAER E, MORRERO W, EL-ATAWY A, et al. Network configuration in a box: towards end-to-end verification of network reachability and security [C]// Proceedings of 17th International Conference Network Communication and Protocol (ICNP'09), 2009: 123-132.

[2] BOYD S, LUCASTO M, LOCASTO M E, et al. On the general applicability of instruction-set randomization[J]. IEEE Transaction on Dependable and Secure Computing, 2010, 7(3):255-270.

[3] SALAMAL B, JACKSON T, SANTA CLARA C A, et al. Run-time defense against code injection attacks using replicated exception[J]. IEEE Transaction on Dependable and Secure Computing, 2011.

[4] SATTY T L. How to make a decision: the analytic hierarchy process[J]. European Journal of Operational Research, 1990.

[5] 侯定丕，王战君. 非线性评估的理论探索与应用 [M]. 合肥：中国科学技术大学出版社，2001.

[6] 刘普寅，吴孟达. 模糊理论及其应用 [M]. 长沙：国防科技大学出版社，2000.

[7] ZADEH L A. Fuzzy sets[J]. Information and Control, 1965, 8(3): 338-353.

[8] NOLA A D, SESSA S, PEDRYCZ W, et al. Fuzzy Relation Equations and Their Applications to Knowledge Engineering [M]. Kluwer Academic Publishers, 1989.

[9] BOLCH G, GREINER S, MEER H D, et al. Queuing Networks and Markov Chains-Modeling and Performance Evaluation with Computer Science Applications (2nd Edition)[M]. A John Wiley & Sons, Inc., Publication, 2006.

[10] 陆大金. 随机过程及其应用 [M]. 北京：清华大学出版社，1986.

[11] 吴世忠. 软件漏洞分析技术 [M]. 北京：科学出版社，2014.

[12] 萨顿，格林，阿米尼. 模糊测试——强制发掘安全漏洞的利器 [M]. 段念，赵勇译，北京：电子工业出版社，2013.

[13] PERLA E, OLDANI M. 内核漏洞的利用与防范 [M]. 吴世忠，译. 北京：机械工业出版社，2012.

[14] 林闯. 随机 Petri 网和系统性能评价 [M]. 北京：清华大学出版社，2005.

[15] FARRIS K A, CYBENKO G. Quantification of moving target cyber defenses[C]// Edward M. Carapezza (Ed.), Sensors, and Command, Control, Communications, and Intelligence (C3I) Technologies for Homeland Security, Defense and Law Enforcement XIV. Baltimore: USA, 2015.

[16] OSBORNE M, RUBINSTEIN A. A course in game theory [M]. MIT Press, 1994.

[17] ROY S, ELLIS C, SHIVA S, et al. A survey of game theory as applied to network security[J]. Hawaii International Conference on System Sciences 0, 2010: 1-10.

[18] FILAR J, VRIEZE K. Competitive Markov decision processes[J]. Springer, Berlin, 2012, 36(4):343-358.

[19] MURRAY C, GORDON G. Finding correlated equilibria in general sum stochastic games[J]. Tech. Rep. CMU-ML-07-113, Carnegie Mellon University, 2007.

[20] JAJODIA S, GHOSH A K, SWARUP V. 动态目标防御——为应对赛博威胁构建非对称的不确定性 [M]. 杨林，译. 北京：国防工业出版社，2014.

[21] YIU H, GHOSH A K, BRACEWELL T, et al. A security evaluation of a novel resilient web serving architecture: lessons learned through industry/academia collaboration[C]// International Conference on Dependable Systems and Networks Workshops (DSN-W), 2010.

名词索引

安全开发流程　18
变化赋能　29
变形网络　33 ~ 35
博弈论　33，233，234，239
不可预测性　27 ~ 29
动态防御技术　32，34 ~ 36，39，40，42，44 ~ 46，57，58，98，99，
　　　　　　106，136，141，175 ~ 177，181，196
动态赋能　22，29，31，34，35，43，44，47，53，136，140，141，170，
　　　　　199 ~ 201，206，207，212，223，233，236，238，239
动态攻击面　47，50，51，53
动态网络地址转换　39，106，115，116，121，135
端信息跳变　39，106，115，116，121，135
多变体执行　37 ~ 39，58，90，94，95，98，99
返回导向编程　81
攻击面度量　47，48，51 ~ 53，223，224，227，229，235，236
节点随机接入　105
就地代码随机化　37，38，58，81，86，88，89
可重构计算　141，142，144 ~ 146，149，151，170，171
联动赋能　29
漏洞分析　100，212 ~ 214，238，240
模糊评估　201

平台动态防御　35, 40, 46, 138, 139

平台动态化　40, 41, 141, 142, 149, 151, 163 ~ 165, 170, 171

软件动态防御　35, 36, 44, 45, 57, 58, 98, 99, 105, 175, 191

软件多态化　37, 38, 58, 70, 88, 89, 91, 93 ~ 95, 99, 199, 236

数据动态防御　35, 42, 46, 175 ~ 177, 196

数据多样化　42, 43, 46, 175, 176, 181 ~ 188, 190, 191, 193, 196, 197

数据随机化　35, 42, 46, 90, 175, 177 ~ 182, 187, 196, 197, 200, 209

随机化程度　209, 230, 232, 238

随机跳变　105, 127

体系赋能　29

网络安全　4, 9, 13, 15, 16, 27, 29, 31, 32, 35, 53, 60, 81, 103, 107, 116, 121, 164

网络地址随机化　116, 135

网络动态防御　35, 39, 44, 45, 103, 105, 106, 127, 135, 136, 175

网络犯罪　9, 10

网络攻防　23, 199, 201, 223, 227, 236

网络空间防御　29, 31, 34, 35, 43, 212

网络战争　9

虚拟覆盖网络　129, 131

异构平台　40, 41, 141, 152 ~ 154, 156, 157, 159, 160, 170, 171

应用热迁移　40, 41, 152 ~ 154, 160, 170, 171

指令集随机化　35, 37, 42 ~ 45, 58, 71, 72, 75, 77, 99, 175, 177, 181, 191, 196, 199, 236

主动防御　20 ~ 22

0day 漏洞　11, 13 ~ 16, 219

APT 攻击　11 ~ 13, 94

Web 数据　104